全国高职高专电气类精品规划教材

电 气 运 行

主　编　袁铮喻　张国良
副主编　杨　萍　沈胜标　余龙辉

中国水利水电出版社
www.waterpub.com.cn

内 容 提 要

本教材根据高等职业教育国家规划教材而编写。

本教材为电力系统专业的主要课程。主要内容包括：电气运行与安全知识、发电厂与变电站一次系统及自用电系统的运行及事故处理、水轮发电机的运行与事故处理、变压器的运行及事故处理、断路器的运行及事故处理、常见供配电装置的运行及事故处理、电动机的允许运行及事故处理、UPS 电源的运行及事故处理、二次回路的运行。

本教材可作为高等职业院校的教材，也可作为发电厂（水电厂）、变电站、供配电，特别是供用电技术的培训教材用。

图书在版编目（CIP）数据

电气运行/袁铮喻，张国良主编 . —北京：中国水利水
电出版社，2004（2017.7 重印）
全国高职高专电气类精品规划教材
ISBN 978 - 7 - 5084 - 2276 - 3

Ⅰ . 电…　Ⅱ . ①袁…②张…　Ⅲ . 电力系统运行-高等学
校：技术学校-教材　Ⅳ . TM732

中国版本图书馆 CIP 数据核字（2004）第 073472 号

书　　名	全国高职高专电气类精品规划教材 **电气运行**
作　　者	主编　袁铮喻　张国良
出版发行	中国水利水电出版社 （北京市海淀区玉渊潭南路 1 号 D 座　100038） 网址：www. waterpub. com. cn E - mail：sales@waterpub. com. cn 电话：（010）68367658（营销中心）
经　　售	北京科水图书销售中心（零售） 电话：（010）88383994、63202643、68545874 全国各地新华书店和相关出版物销售网点
排　　版	中国水利水电出版社微机排版中心
印　　刷	北京嘉恒彩色印刷有限责任公司
规　　格	184mm×230mm　16 开本　15.25 印张　298 千字
版　　次	2004 年 8 月第 1 版　2017 年 7 月第 12 次印刷
印　　数	52101—54100 册
定　　价	**29.00 元**

序

教育部在《2003－2007年教育振兴行动计划》中提出要实施"职业教育与创新工程"，大力发展职业教育，大量培养高素质的技能型特别是高技能人才，并强调要以就业为导向，转变办学模式，大力推动职业教育。因此，高职高专教育的人才培养模式应体现以培养技术应用能力为主线和全面推进素质教育的要求。教材是体现教学内容和教学方法的知识载体，进行教学活动的基本工具；是深化教育教学改革，保障和提高教学质量的重要支柱和基础。因此，教材建设是高职高专教育的一项基础性工程，必须适应高职高专教育改革与发展的需要。

为贯彻这一思想，2003年12月，在福建厦门，中国水利水电出版社组织全国14家高职高专学校共同研讨高职高专教学的目前状况、特色及发展趋势，并决定编写一批符合当前高职高专教学特色的教材，于是就有了《全国高职高专电气类精品规划教材》。

《全国高职高专电气类精品规划教材》是为适应高职高专教育改革与发展的需要，以培养技术应用为主线的技能型特别是高技能人才的系列教材。为了确保教材的编写质量，参与编写人员都是经过院校推荐、编委会答辩并聘任的，有着丰富的教学和实践经验，其中主编都有编写教材的经历。教材较好地反映了当前电气技术的先进水平和最新岗位资格要求，体现了培养学生的技术应用能力和推进素质教育的要求，具有创新特色。同时，结合教育部两年制高职教育的试点推行，编委会也对各门教材提出了满足这一发展需要的内容编写要求，可以说，这套教材既能适应三年制高职高专教育的要求，也适应两年制高职高专教育的要求。

　　《全国高职高专电气类精品规划教材》的出版，是对高职高专教材建设的一次有益探讨，因为时间仓促，教材可能存在一些不妥之处，敬请读者批评指正。

《全国高职高专电气类精品规划教材》编委会

2004 年 8 月

前　言

　　本教材是根据市场发展与社会需要，结合科学技术的新知识和高等职业技术学院电力类"电气运行"课程教学要求编写的。

　　本教材的最大特点就是面向广大的供用电市场，针对供用电企业、工矿企业、城镇和农村供用电技术及小型水电站实际情况，力求将概念、理论、知识、技能融为一体，深入浅出、循序渐进，以便使读者在提高理论水平的同时，提高电力系统运行的操作技能。

　　本教材共设9个单元。第1、4章由四川电力职业技术学院袁铮喻编写，第2、3章由四川水利职业技术学院杨萍编写，第5、9章由福建水利电力职业技术学院张国良编写，第6、7章由浙江水利水电专科学校沈胜标编写，第8章由江西电力职业技术学院余龙辉编写。全书由袁铮喻、张国良主编。

　　由于编者水平有限，错谬之处恳请读者批评指正。

编　者

2004 年 8 月

目录

第1章

电气运行基础知识

1.1 电气运行概述

电能是电力系统的产品，由于它使用的广泛性，更是一种特殊商品。电能在整个"发、输、配、供、用"过程中是连续而同时的，其量值也是时间的函数。用户的用电量连续越大，产生的社会性和经济性就越好。提供优质、可靠而充足的电能，是电力工作者的最大愿望，也是社会的根本需求。

1.1.1 电气运行及主要任务

电能在"发、输、配、供、用"环节中是依靠电气设备及输配电线路来完成的，而完成这些任务的电气设备及输配电线路又是在电业人员的监督、控制、调节中完成的。完成电能的这些过程，电气设备及线路是具体的执行者，而电业人员是间接执行者。因此，电气设备与输配电线路的健康状况及电业人员的素质的高低，是保证电能在"发、输、配、供、用"过程中顺利进行的根本保证。

进行电气运行的电业人员，常称为电气运行工作者或运行值班人员。所谓电气运行，就是电气运行值班人员对完成电能在"发、输、配、供、用"过程中的电气设备与输配线路所进行的监视、控制、操作与调节的过程。在整个电气运行中，对电气设备及有关元件的事故分析、判断及处理是至关重要的部分，它关系到设备及整个装置的生存和人身安全问题；而防止事故的发生，又是最重要的根本前提，要尽量做到防患于未然。

电气运行，实质是根本的电力生产。因此，其安全性和经济性是对其主要的要求。

(1) 电气运行的安全性，是从设备安全和人身安全两个角度去考虑的。电气设备及输配电线路是完成电能从生产→流通→消费环节的具体执行者，必须要求其健康、可靠，而且每个环节中的电气设备与输配电线路都必须健康、可靠。只有这样，才能保证电能的"发、输、配、供、用"不被中断，才能提高用电的可靠性与社会的经济性。要保证电气设备的健康性与可靠性，首先要保证电气设备的原始的健康性与可靠性，如设备的出厂合格性、设备的先进性、设备的安装与调整是否合乎要求。其次，设备在运行过程中，由于环境影响、时间的推移及其他因素的影响，设备的质量老化而下降，特别是过电压、大电流、电弧的危害而造成设备直接与间接的损害。对这一过程的损害现象，设备是通过"声、光、电、温度、气味、颜色"等表现出来的。若电气设备的声音突变沉闷、不均匀、不和谐、产生弧光；电流表、电压表、功率表、频率表指示发生剧烈变动、颤动；温度突然升高；突然产生浓的化学异味；颜色突然改变，都是电气设备遭受冲击而连锁产生损害（甚至是报废）的具体表现。电气运行人员此时必须判定清楚，准确、快速地作出反应，采取对应措施，将故障切除，并使故障范围尽量缩小而快速恢复供电。在这一过程里，电气运行人员对设备的这些"现象"的判断处理，就像一个医生对病人治病一样。电气运行人员必须有过硬的"医治"设备的技术本领与心理素质。

电力系统中出现的安全事故，有时是毁灭性的，既可能造成大面积的停电，也会因电压、电流、电弧等的原因造成电厂、变电站配电室的破坏；有时也因为小原因造成大事故。如2003年美国及加拿大都因设备老化或污闪造成大面积的停电事故。

电气工作人员如因违章操作或欠缺电气知识，不仅导致个人触电伤亡事故，也给家庭和社会带来不可挽回的损失，还会严重打击工作人员的积极性，从而影响企业的工作气氛，同时也导致系统中的停电事故。

因此，电力系统的安全问题，必须时时讲，必须做到把安全生产放在第一位。安全生产、预防为主，并做到有章可依，违章必究。只有这样，才能保证或减少电气运行人员误操作的事故发生，才能保证设备检修维护质量，也反过来促进生产与管理的科学性，才能保证电能的生产、流通和使用的连续性。

（2）电气运行的另一主要要求就是必须做到经济运行。由于电能是商品，电力系统在生产、输送和使用电能过程中，必须尽量降低其生产成本、流通损耗和节约用电。在保证系统安全运行的前提下，提高电气运行的经济性主要是从以下入手：发电部门应尽量降低燃料成本和厂用电率，降低每千瓦小时的生产成本。供电部门应做好计划用电、节约用电和安全用电，并在社会上做好有关的宣传工作。节约用电问题在我们国家尤为突出。加强电网管理，是降低网损的主要手段。分时计费制，也是一项重大的科学的经济技术调节手段。这在电能"储存"问题没有得到解决的情况下，使电能得到了最大的充分合理的利用，同时又使电气设备负荷均匀的运行，避免了过负荷对设备的冲击危害。

电气运行的安全和经济是相辅相成的两大基本问题，但安全必须在前，安全就是经济，而且安全是最根本的经济。

随着社会的进步与发展，现代电力系统的特点就是电压等级高、自动化程度高，加上社会生产对电力供应的连续性与质量性的提高，电气运行的安全性与经济性要求显得更加突出。因此，训练有素的电气工作人员是保证安全生产的决定因素，完好的设备与先进技术是保证安全生产的物质基础，科学的规章制度是保证电气运行人员正确工作的指南。

1.1.2 电气运行必须做到"四勤"

在电气运行中，为了提高安全运行和经济运行，运行生产中必须做到"四勤"，即勤联系、勤调整、勤分析和勤检查。勤联系，就是在负荷的增减和事故处理过程中，有关人员必须相互及时联系和配合。勤调整，就是对系统中的电能质量和有关设备运行的工作参数必须随时调整到规定允许值范围。勤分析，就是对运行的设备状态随时进行分析、联想和总结，以便采取更科学的对策和做到更完善的管理。勤检查，为了及时和消除设备的隐患与故障，电气运行人员必须根据运行规程的规定，定时、定责、定岗地巡查对应的运行设备。

必须强调的是，"四勤"中的"勤"，就是经常、定时、思想集中的意思。

1.1.3 电气运行的运行组织和调度原则

1.1.3.1 电力系统的运行组织

在电力系统中，设有各级运行组织和值班人员，分别担负系统中各部分的运行工作。

1. 电网调度机构

各级电网均设有电网调度机构。电网调度机构是电网运行的组织、指挥、指导和协调的机构，负责电网的运行。各级调度机构分别由本级电网管理部门直接领导，它既是生产运行单位，又是电网管理部门的职能机构，代表本级电网管理部门在电网运行中行使调度权。

电网调度机构（或称电网调度管理机构）是随电网的发展逐步健全的。目前，我国的电网调度机构是五级调度管理模式，即国调、网调、省调、地调和县调。

国调是国家电力调度通信中心的简称，它直接调度管理各跨省电网和各省级独立电网，并对跨大区域联络线及相应变电站和起联网作用的大型发电厂实施运行和操作管理。

网调是跨省电网电力集团公司设立的调度局的简称，它负责区域性电网内各省间电网的联络线及大容量水、火电骨干电厂的直接调度管理。

省调是各省、自治区电力公司设立的电网中心调度所的简称。省调负责本省电网的运行管理，直接调度并入省网的大、中型水、火电厂和220kV及以上的网络。

地调是省辖市级供电公司设立的调度所的简称，它负责供电公司供电范围内的网络和大中城市主要供电负荷的管理，兼管地方电厂及企业自备电厂的并网运行。

县调是负责本县城乡供配电网络及负荷的调度管理。

2. 发电厂变电站运行值班单位

目前，发电厂、变电站运行值班实行四值三倒或五值四倒，8h或6h轮换值班制度。无人值班的变电站，由变电站控制中心值班人员监控。发电厂、变电站运行值班的每一个值（或变电站控制中心的每一个值）称为运行值班单位。

采用主控制室方式的发电厂，其运行值班单位由值长、电气值班长、汽轮机值班长（水电厂是水轮机值班长）、锅炉值班长、燃料值班长、化学值班长及各班值班员组成。

电气值班长下设主值班员、副值班员、厂用电工、副厂用电工等。

集控方式的发电厂，一台机组设置一个机长，机长下设锅炉主控、副控和辅机值班员；汽机主控、副控和辅机值班员；电气主控、副控和电气巡视员等。

变电站的运行值班单位由值班长、主值班员、副值班员、值班助手等组成。

变电站的控制中心监视、控制多个无人值班变电站，控制中心每值设置值班人员2~3人。

3. 调度指挥系统

由于电力系统是一个有机的整体，系统中任何一个主要设备运行工况的改变，都会影响整个电力系统。因此，电力系统必须建立统一的调度指挥系统。电网调度指挥系统由发电厂、变电站运行值班单位（含变电站控制中心）、电网各级调度机构等组成。电网的运行由电网调度机构统一调度。

我国《电网调度管理条例》规定，调度机构调度管辖范围内的发电厂、变电站的运行值班单位，必须服从该级调度机构的调度，下级调度机构必须服从上级调度机构的调度。

调度机构的调度员在其值班时间内，是系统运行工作技术上的领导人，负责系统内的运行操作和事故处理。直接对下属调度机构的调度员、发电厂的值长、变电站的值班长发布调度命令。

值长在其值班时间内，是全厂运行工作技术上的领导人，负责接受上级调度的命令，指挥全厂的运行操作、事故处理和调度技术管理，直接对下属值班长、机长发布调度命令。

变电站的值班长在其值班时间内，负责接受上级的调度命令，指挥全变电站的正常运行和事故处理。

1.1.3.2 电力系统的调度原则

电力系统的发电、供电和用电是一个不可分割的整体。为了保障电力系统的安全、经济运行，必须实行集中管理、统一调度。

一个完整的电力系统包括各种能源形式的发电厂、各种电压等级的变电站、输配电线路和各种用电性质不同的用户，是一个涉及很多单位的复杂网络。统一调度管理要做到统一计划、统一调度、分层控制、分级指挥，统一平衡电源和负荷，分配发电厂发电任务，指挥电力网络中各种倒闸操作，以实现整个电网的安全、经济运行。为此，需要将系统中各个单位调度管理范围的划分、运行方式的变更、倒闸操作、事故处理等各项要求用规程的形式确定下来，强制各有关单位统一执行，协作配合，共同努力保证电网的安全、经济运行，这就是制定调度规程的必要性。

调度规程本质上也是一种运行规程。它与一般设备运行规程的不同之处在于强调了各个部门和各级人员的运行责任，兼有技术规程和管理制度的双重性质，因此，称作《电网调度管理规程》。

各级调度机构都应制定本部门管理范围内的调度管理规程。在我国，电力系统调度管理机构的设置，是根据系统容量的大小、接线方式的繁简以及系统中行政管理体制的不同，由小到大，设置一级到多级调度机构。目前有县级调度所、地区调度所、省级调度所、电网总调度所以及调度总局等五个层次。由于目前尚未形成全国性大电网，在多数地区，调度管理机构只有四级或三级。

调度机构是电网的生产运行单位，又是网局、省局、供电局的职能部门，代表网局、省局、供电局在电网运行工作中行使指挥权。各级调度在电力系统的运行指挥中是上下级关系。因此，按照下级服从上级的原则，下级调度机构制定的调度规程不应与上级调度部门制定的调度规程相矛盾，各发电厂和变电站的现场运行规程中涉及调度业务的部分，均应取得相应调度机构的同意，如有与调度规程相矛盾的条文，应根据调度规程原则予以修订。在跨省大区电网中，网调是最高调度管理机构；在省内电网中，中调是最高调度管理机构。

调度规程中，对各级调度机构中的值班调度员，发电厂和变电站的值长、班长、值班员的权限、职责都有明确的规定：

（1）各级调度机构的值班调度员在其值班期间是系统运行和操作的指挥人员，按照批准的调度范围行使指挥权。下级调度机构的值班员、发电厂值长和电气班长、变电站值班员在调度关系上受上级调度机构值班调度员的指挥，接受上级调度机构值班调度员的调度命令。发布调度命令的值班调度员对其发布的调度命令的正确性负责。

（2）下级调度机构、发电厂、变电站的值班人员（值班调度员、值长、电气值班长、值班员），接受上级调度机构值班调度员的调度命令后，应复诵命令，核对无误，并立即执行。调度命令的内容在调度端应记入调度日志，在厂站端应记入运行日志，有条件时应予以录音。任何人不得干涉调度命令的执行。下级调度机构、发电厂、变电站的值班人员不执行或延迟执行上级值班调度员的调度命令，则未执行命令的值班人员和允许不执行命令的领导人均应负责。如值班人员认为接受的调度命令不正确时，应对发布命令的上级值班调度员提出意见，如上级值班调度员重复他的命令时，值班人员必须迅速执行；威胁人员、设备或系统的安全时，则值班人员应拒绝执行，并将拒绝执行的理由及改正命令的建议报告上级值班调度员和本单位直接领导人。

（3）发供电单位领导人发布的命令，如涉及值班调度员的权限，必须经值班调度员的许可才能执行，但在现场事故处理规程内已有规定者除外。

（4）下级值班调度员、发电厂、变电站值班人员，在接班后应迅速向上级值班调度员汇报主要运行状况，上级值班调度员应将系统的有关情况和预定的有关工作向上述值班人员说明。

（5）当发电厂或电网发生异常运行情况时，下级调度机构、发电厂、变电站的值班人员，应立即报告上级值班调度员，以便在系统上及时采取防范措施，预防事故扩大。

（6）属于调度机构调度管理的设备，未经相应调度机构值班调度员的命令，发电厂、变电站或下级调度机构的值班人员不得自行操作（开、停、退出备用、检修、改变运行方式等）或自行命令操作，但对人员或设备安全有威胁者除外。上述未得到命令进行的操作，在操作后应立即报告相应调度机构的值班调度员。

（7）不属于上级调度机构调度管理范围内的设备，但其操作影响系统正常运行方式、通信、远动或限制设备出力时，则发电厂、变电站和下级调度机构只有得到上级调度机构的许可后才能进行操作。

（8）在系统事故或紧急情况下，上级值班调度员有权直接下令给厂、站值班员操作属于厂、站或下级调度管理的设备，厂站值班员应立即执行，事后按管理体制向有关主管部门报告。

（9）严禁未经调度许可就在自己不能控制电源的设备上工作；即便知道这些设备不带电也不得进行工作。

（10）值班调度员应由有相当业务知识和现场实际经验的人员担任。值班调度员在独立值班前，需经培训和实习并经考试合格由主管局主管生产的领导批准后方可正式值班，并通知全系统。

调度规程的主要内容是各级调度人员的行为规范，对发电厂和变电站电气运行人员来说，执行调度规程的重点在于运行操作。

1.1.3.3 值班人员应正确对待调度的操作命令

电网的电气设备实行三级调度。按照调度权利的划分，分别隶属总调度所（简称总调或网调）、中心调度所（简称中调）和地区调度所（简称区调）。设备归谁调度，倒闸操作时就由谁下令操作。

1. 调度的操作命令

操作命令分综合令和具体令。

（1）综合令。倒闸操作只涉及一个发电厂或一个变电所或不必观察对电网影响的操作，一般下综合令。受令单位接令后负责组织具体操作，地线自理。

（2）具体令。倒闸操作涉及两个及以上单位或新设备第一次送电，一般下具体令。具体令由调度按操作票内容逐项下达。每一项操作完成，接到回令，再下达下一项，直到操作全部结束。

2. 怎样对待调度的操作命令

（1）对于调度下达的操作命令，值班人员应认真执行。

（2）如对操作命令有疑问或发现与现场情况不符，应向发令人提出。

（3）发现所下操作命令将直接威胁人身或设备安全时，则应拒绝执行。同时将拒绝执行命令的理由以及改正命令的建议，向发令人及本单位的领导报告，并记入值班记录中。

3. 允许不经调度许可的操作

紧急情况下，为了迅速处理事故，防止事故的扩大，允许值班人员不经调度许可执行下列操作，但事后应尽快向调度报告，并说明操作的经过及原因。

（1）直接对人员生命有威胁的设备停电或将机组停止运行。

（2）将已损坏的设备隔离。

（3）恢复厂用或站用电源或按规定执行《紧急情况下保证厂用电、站用电措施》。

（4）母线已无电压，拉开该母线上的断路器。

（5）将解列的发电机并列（指非内部故障跳机）。

（6）按现场运行规程的规定：①强送或试送已跳闸的断路器；②将有故障的电气设备紧急与电网解列或停止运行；③继电保护或自动装置已发生或可能发生误动，将其停用；④失去同期或发生振荡的发电机，在规定时间不能恢复同期，将其解列等。

1.2 电气运行的管理制度

电力系统中科学的生产运行管理制度，是每个运行值班人员在生产运行中的行为准则及指导思想。尽管各单位具体有一些出入，但最基本的内容是相同的，因此各级电气运行人员，必须熟悉本单位本部门的各种管理制度，只有这样，才是胜任本职工作的基础。

1.2.1 工作票制度

1.2.1.1 工作票的作用

工作票是批准在电气设备上工作的书面命令，也是明确安全职责，严格执行安全组织措施，向工作人员进行安全交底，履行工作许可手续，工作间断、工作转移和工作终结手续，同时实施安全技术措施等的书面依据。因此，在电气设备上工作时，必须按要求填写工作票。

1.2.1.2 工作票的种类及使用范围

根据工作性质的不同，在电气设备上工作时的工作票可分为三种：①第一种工作票；②第二种工作票；③口头或电话命令。

1. 第一种工作票的使用范围

（1）凡在高压电气设备上或在其他电气回路上工作需要将高压电气设备停电或装设遮栏的。

（2）凡在高压室内的二次回路和照明等回路上工作，需要将高压设备停电或做安全措施者，均应填用第一种工作票。

一份工作票中所列的工作地点以一个电气连接部分为限，之所以这样规定是因为在一个电气连接部分的两端或各侧施以适当的安全措施后，就不可能再有其他电源窜入的危险，故可保证安全。

2. 填写第一种工作票的规定

（1）为使运行值班员能有充分时间审查工作票所列安全措施是否正确完备，是否符合现场条件，第一种工作票应在工作前24h交给值班员。

（2）工作票中下列几项不能涂改：

1）设备的名称和编号。

2）工作地点。

3）接地线装设地点。

4）计划工作时间。

（3）工作票一律用钢笔或圆珠笔填写，一式两份，不得使用铅笔或红色笔，要求书写正确、清楚，不能任意涂改。如有个别错别字要修改时，应在要改的字上划两道横线，即被改的字也能看清楚。

（4）应在工作内容和工作任务栏内填写双重名称即设备编号和设备名称，其他有关项目可不填写双重名称。

(5) 当工作结束后,如接地线未拆除,除允许值班员和工作负责人先行办理工作终结手续,将其中一份工作票退给检修部门(不填接地线已拆除)作为该项工作的终结外,要待接地线拆除、恢复常设遮栏后,才可作为工作票终结。

(6) 当几张工作票合用一组接地线时,若其中有的工作终结,只要在接地线栏内填写接地线不能拆除的原因,即可对工作票进行终结,当这组接地线拆除后,恢复常设遮栏,方可给最后一张工作票进行终结。

(7) 凡工作中需要进行高压试验项目,则必须在工作票的工作任务栏内写明。在同一个电气连接部分发出带有高压试验项目的工作票后,禁止再发出第二张工作票;若确实需要发出第二张工作票,则原先发出的工作票就收回。

(8) 用户在电气设备上工作,必须同样执行工作票制度。

(9) 在一经合闸即可送电到工作地点的断路器及两侧隔离开关操作把手上均应挂"禁止合闸,有人工作!"的警告牌。

(10) 如工作许可人发现工作票中所列安全措施不完善,而工作票签发人又远离现场,则允许在工作许可人填写栏内对安全措施加以补充和完善。

(11) 值班人员在工作许可人填写的栏内,不准许填写"同左"等字样。

(12) 工作票应统一编号,按月装订,评议合格,保存一个互查周期。

(13) 工作票要求进行的验电,装拆接地线,取、放控制回路熔丝等操作均需填写安全措施操作票,其内容、考核同倒闸操作票。

(14) 计划工作时间与停电申请批准的时间应相符。确定计划工作时间应考虑前、后留有 0.5~1h,作为安全措施的布置和拆除时间。若扩大工作任务而不改变安全措施,必须由工作负责人通过工作许可人和调度同意,方可在第一种工作票上增加工作内容。

若需变更安全措施,必须重新办理工作票,履行许可手续。

(15) 工作票签发人在考虑设置安全措施时,应按本次工作需要拉开工作范围内所有断路器、隔离开关及二次部分的操作电源,许可人按实际情况填写具体的熔丝和连接片。

工作地点所有可能来电的部分均应装设接地线,签发人注明需要装设接地线的具体地点,不写编号,许可人则应写接地线的具体地点和编号。

(16) 对工作地点、保留带电部分和补充安全措施栏,是运行人员向检修人员交代安全注意事项的书面依据。

1) 检修设备间隔上、下、左、右、前、后保留带电部分和具体设备名称编号,如:××××隔离开关××侧有电。

2) 指明与保护工作地点相邻的其他保护盘的运行情况。

3）其他需要向检修人员交待的注意事项。

（17）工作票终结时间应在安全措施执行结束之后，不得超出计划停电时间。工作票应在值班负责人全面复查无误签名后方可盖"已终结"章，向调度汇报竣工。

3. 第二种工作票的使用范围

（1）带电作业和在带电设备外壳上的工作。

（2）控制盘、低压配电盘、配电箱、电源干线上的工作。

（3）二次接线回路上的工作，无需将高压设备停电的。

（4）非当值值班人员用绝缘棒对电压互感器定相或用钳形电流表测量高压回路的电流等。

（5）在同期调相机的励磁回路或高压电动机转子电阻回路上的工作。

第二种工作票与第一种工作票的最大区别是不需将高压设备停电或装设遮栏。

4. 填用第二种工作票的规定

（1）第二种工作票应在工作前交值班员。

（2）建筑工、油漆工和杂工等非电气人员在变电站内工作，如因工作负责人不足，工作票交给监护人，可指定本单位经安规考试合格的人员作为监护人。

（3）在几个电气部分上依次进行不停电的同一类型的工作时，可发给一张第二种工作票。工作类型不同，则应分别开票。

（4）第二种工作票不能延期。若工作没结束，可先终结，再重新办理第二张工作票手续。

（5）注意事项栏内应填写的项目为：

1）带电工作时重合闸的投、切情况。

2）做保护定校、检查工作时，该套保护及母线有关连接的保护连接片的投、切情况。工作设备与其他相邻保护应用遮栏隔开的情况。

3）在直流回路、低压照明回路或低压干线上工作时，电源开关及熔断器切除情况，按需要装设的接地线或挡板情况。

4）在邻近运行设备工作时应注明设备运行情况，安全距离应以数字表示。

5）在蓄电池室内工作，应提醒工作人员注意"禁止烟火"。在控制室、直流室或蓄电池室顶部工作时，下面应设遮栏布及注明其他注意事项。

6）在高处作业时，应注明下层设备及周围设备运行情况。

7）工作时防止事故发生的措施，不要笼统地写"注意"、"防止"等字样，如："防振动、防误跳、防误拔继电器、防跑错间隔"等，而写明具体措施，如："加锁、切连接片"或"贴封条"等。

8）带电拆引线时，应注明该引线是否带负荷的具体情况；进行带电测温、核相等工作时，应注明设备的运行情况。

9）在变电站内地面挖掘时，应注明地下电缆及接地装置情况。

5．口头或电话命令的工作

该种工作一般指变电值班人员按现场规程规定所进行的工作。如检修人员在低压电动机和照明回路上工作，可用口头联系。口头或电话命令必须清楚正确，值班员将发令人、负责人及工作任务详细记入操作记录簿中，并向发令人复诵，核对无误。

在事故抢修情况下可以不用工作票。事故抢修系指设备在运行中发生了故障或严重缺陷，需要紧急抢修，而工作量不大，所需时间不长，在短时间能恢复运行的。此种工作可不使用工作票，但在抢修前必须做好安全措施，并得到值班员的许可。如果设备损坏比较严重，或是等待备品、备件等原因，短时间不能修复、需转入事故检修的，则仍应补填工作票，并履行正常的工作许可手续。

1.2.1.3 执行工作票的程序

1．签发工作票

在电气设备上工作，使用工作票必须由工作票签发人根据所要进行的工作性质，依据停电申请，填写工作票中有关内容，并签名以示对所填写内容负责。

2．送交现场

已填写并签发的工作票应及时送交现场。第一种工作票应在工作前一日交给变电值班员，临时工作的工作票可在工作开始以前直接交给变电值班员。第二种工作票应在进行工作的当天预先交给值班员，主要目的是为使变电值班员能有充分时间审查工作票所列安全措施是否正确完备，是否符合现场条件等。

若距离较远或因故更换新工作票，不能在工作前一日将工作票送到现场时，工作票签发人可根据自己填好的工作票用电话全文传达给变电值班员，传达必须清楚。变电值班员根据传达做好记录，并复诵校对。

3．审核把关

已送交变电值班员的工作票，应由变电值班员认真审核，检查工作票中各项内容，如计划工作时间、工作内容、停电范围等是否与停电申请内容相符，要求现场设置的安全措施是否完备，与现场条件是否相符等。对工作票中所列内容即使发生很小疑问也必须向签发人问清楚，必要时应要求重新签发工作票。为不影响按时间开工且留给变电值班员的审核把关时间，除了要求工作票应提前送交外，同时也要求变电值班员在收到已签发的工作票后及时审核，以便于及时发现问题及时得到纠正。审核无误后应填写收到工作票时间，审核人签名。

4．布置安全措施

变电值班员应根据审核合格的工作票中所提要求，填写安全措施操作票，并在得到调度许可将停电设备转入检修状态的命令后执行。应从设备开始停电时间起即开始对设备停电后时间开始考核。因此，变电值班员在接到调度命令后即应迅速、正确地布置现场安全措施，以免影响开工时间。

5. 许可工作

变电值班人员在完成了工作现场的安全措施以后，应会同工作负责人一起到现场再次检查所做的安全措施。以手触试证明被检修设备确无电压，向工作负责人指明带电设备的位置，指明工作范围和注意事项，并与工作负责人在工作票上分别签字以明确责任。完成上述手续后工作人员方可开始工作。

6. 开工会

工作负责人在与工作许可人办理了许可手续后，即向全体检修工作人员逐条宣读工作票，明确工作地点、现场布置的安全措施。而且工作负责人应在工作前确认：人员精神状态良好，服饰符合要求，工具材料备妥，安全用具合格、充分；工作内容清楚；停电范围明确；安全措施清楚；邻近带电部位明白；安全距离足够；工作位置及时间要求清楚；工种间配合明白。

7. 收工会

收工会就是工作一个阶段的小结。工作负责人向参加检修人员了解工作进展情况，其主要内容为工作进度、检修工作中发现的缺陷以及处理情况，还遗留哪些问题，有无出现不安全情况以及下一步工作如何进行等。工作班成员应主动向工作负责人汇报：①对所布置的工作任务是否已按时保质保量完成；②消除缺陷项目和自检情况；③有关设备的试验报告；④检修中临时短接线或拆开的线头有无恢复，工器具设备是否完好，是否已全部收回等情况。收工会后检修人员应将现场清扫干净。

8. 工作终结

全部工作完毕后，工作负责人应先做周密的检查、撤离全体工作人员，并详细填写检修记录，向变电值班人员递交检修试验资料，并会同值班人员共同对设备状态、现场清洁卫生工作以及有无遗留物件等进行检查。验收后，双方在工作票上签字即表示工作终结，此时检修人员工作即告完成。

9. 工作票终结

值班员拆除工作地点的全部接地线（由调度管辖的由调度发令拆除）和临时安全措施，并经盖章后工作票方告终结。

工作票流程图如下：

填写工作票→签发工作票→接收工作票→布置安全措施→工作许可→工作开工→工作监护→工作间断→工作终结→工作票终结

1.2.2 操作票制度

1.2.2.1 操作票的作用

电气运行人员要完成一个操作任务一般都需要进行十几项甚至几十项的操作,对这种复杂的操作,仅靠记忆是办不到的,也是不允许的,因为稍有疏忽、失误,就会造成人身、设备事故或严重停电事故。填写操作票是安全正确进行倒闸操作的根据,它把经过深思熟虑制订的操作项目记录下来,从而根据操作票面上填写的内容依次进行有条不紊的操作。电气设备改变运行状态,必须使用操作票进行倒闸操作,这是防止误操作的主要措施之一。

为防止误操作,还应采取以下措施。

1.防误操作的主要组织措施

(1)倒闸操作根据值班调度员命令,受令人复诵无误后执行。

(2)每张操作票只能填写一个操作任务,明确操作目的,写出操作具体步骤、设备名称、编号等,从根本上防止差错。

(3)实行操作监护制。倒闸操作必须由两人执行,对设备较熟悉者作为监护。操作时都应严肃、认真、专心,以防止走错设备位置、走错间隔,特别重要和复杂的倒闸操作,应由熟练的值班员操作,值班负责人或值班长监护。

2.防止误操作的主要技术措施

(1)高压电气设备都应加装防误操作的闭锁装置,这是重要的技术措施,闭锁装置的解锁用具应由监护人妥善保管,按规定使用,不许乱用,以避免造成误操作。

(2)操作票内按操作任务应填写有关装拆接地线(或合、拉接地开关),切换保护回路和检验是否确无电压等。

1.2.2.2 操作票的填写方法

操作票由操作人根据值班调度员下达的操作任务、值班负责人下达的命令或工作票的工作要求填写,填写前操作人应了解本站设备的运行方式和运行状态,对照模拟图安排操作项目。

1.操作票的填写方法

(1)电气倒闸操作票应严格按照《电业安全工作规程》和有关规定填写。

(2)操作票应统一编号,按照编号顺序使用,不能丢失。一律用蓝、黑墨水的钢笔填写,字迹必须清楚,按照规定格式逐项填写,并进行审核,亲笔签名。

(3)作废的操作票应加盖"作废"印章,调度作废票应加盖"调度作废"印章,已执行后的操作票应加盖"已执行"印章。

(4)填写倒闸操作票必须使用统一的调度术语和操作术语。

（5）每张操作票只能填写一个操作目的的任务。一个操作目的的任务是指根据同一个操作目的而进行的、不间断的倒闸操作过程。

（6）一个操作目的的任务填写操作票字数超过一页时，为避免重复签名及填写时间等，可将操作开始、结束时间填写在首页，填票、审核、操作、监护人签名和"已执行"印章盖在末页，续页也应填写任务票调字编号。

（7）下列各项内容应填入操作票内：

1）应拉合的断路器和隔离开关。

2）检查断路器、隔离开关实际位置。

3）检查负荷分配。

4）装拆接地线等。

（8）操作票填写完毕，经审核正确无误后，对最后一项后的空白处打终止符"╧"，表示以下无任何操作步骤。

2．操作票填写的注意事项

（1）根据《电业安全工作规程》规定，操作票应填写设备的双重名称，即设备的名称和编号，一般有下列两种形式：

1）编号在前，名称在后。

2）名称在前，编号在后。

实际使用中，可按各级调度规定使用。

（2）操作票中下列四项不得涂改：

1）设备名称、编号。

2）有关参数和时间。

3）设备状态。

4）操作动词。

如有个别错、漏字允许进行修改，但应做到修改的字和改后的字均要保持字迹清楚，原字迹用"＼"符号划去，不得将其涂擦掉。

（3）操作票中的签名规定如下：

1）填票人、审核人由填写操作票的运行班依次分别签名，并对所填操作票的正确性负责，不经签名，不得向下级移交。

2）操作人、监护人在执行操作任务前，应对操作票审核无误，在调度员正式发命令后依次分别签名，并对操作票和所要进行操作的任务正确性负全部责任，如审核发现错误应作废并重新填写。

（4）检查项目的填写规定：

1）接地线的装拆不需要填检查内容，但拉合接地开关应填写检查内容。

2）断路器由热备用转运行，不需要检查断路器确在热备用状态。

3）断路器分、合闸后，操作票中只填写"检查断路器分、合闸位置"，其含义包括三方面：表计指示，位置指示灯，本体机构位置指示。不必要再填写检查表计、灯光等。

4）母线电压互感器由运行转冷备用，可不填写检查电压表指示情况，而由冷备用转运行应检查电压表指示情况，以便于及时发现电压互感器工作是否正常及可能存在的问题。

5）对二次回路操作，如连接片、熔断器、二次电源开关、空气断路器、切换开关等，操作后不要求填写检查内容，因为这些操作本身比较直观、明了。

6）检查送电范围内确无遗留接地线，送电范围的含义是：变电站可见范围，不包括线路及对侧情况。送电指由电源侧向检修后的设备送电（充电），并非指仅仅对用户送电。

操作票流程图如图1-1所示。

操作票形式见后面表1-3或表1-4。

1.2.3 运行交接班制度

为保证机组的安全经济运行，各岗位应认真做好交接班工作，杜绝因交接不清造成的设备异常运行。

1．交接班条件及注意事项

（1）运行人员应根据轮值表进行值班，未经领导同意不得擅自改变。运行人员不允许连续值两个班。

（2）交班前，值班负责人应组织全体运行人员进行本班工作小结，提前检查各项记录是否及时登记，并将交接班事项填写在运行日志上。

（3）若接班人员因故未到，交班人员应坚守岗位，并汇报班长，待接班人员或分场指派人员前来接班并正式办好交接手续后方可离岗。

（4）在重大操作、异常运行以及事故时，不得进行交接班。接班人员可在交班值长、班长的统一领导下，协助上班进行工作，待重大操作或事故处理告一段落后，由双方值长决定交接班。

（5）交班人员发现接班人员精神异常或酗酒，不应交班，并将情况汇报有关领导。

2．交接班的具体内容及要求

（1）交班前各值班人员应对本岗位所辖设备全面检查一次，并将各运行参数控制在规定的范围内。

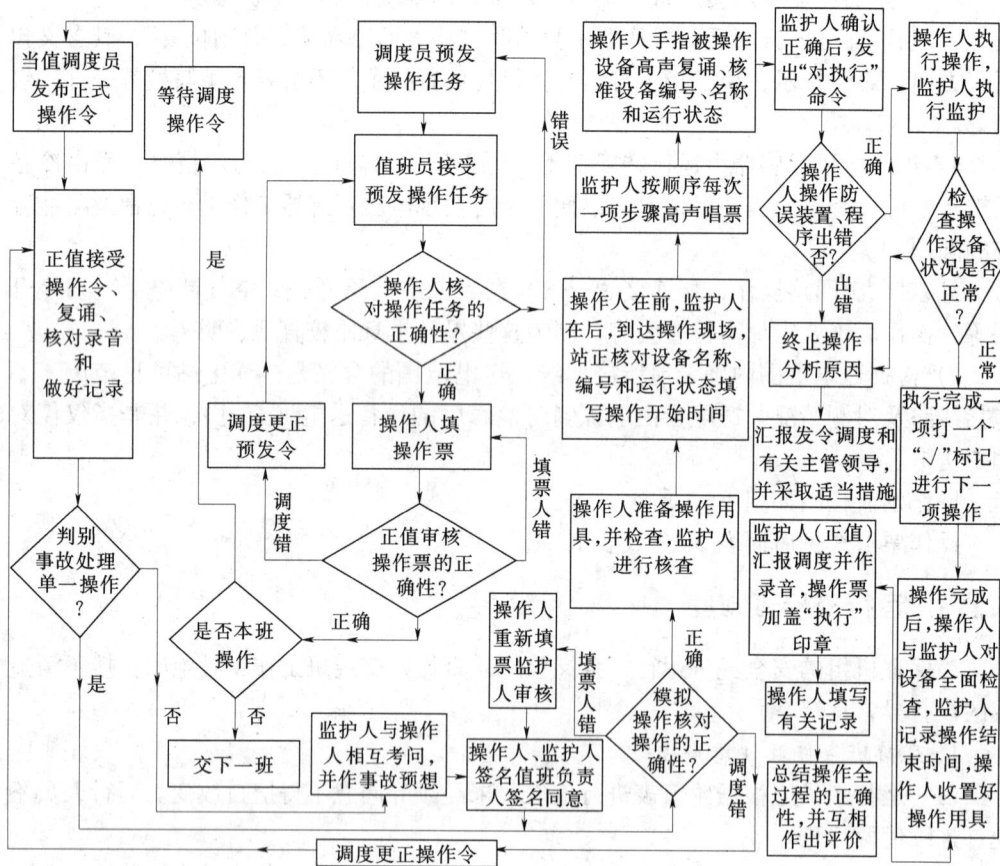

图 1-1　倒闸操作流程图

（2）交班人员应将值班期间发现及消除缺陷的情况记录并交待清楚。

（3）交班前公用工具、钥匙、材料等清点齐全，各种记录本、台账应完整无损，现场卫生应打扫干净。

（4）交班人员应详细交待本班次内的系统运行方式、异常运行的操作情况以及上级指示和注意事项。接班人员也应主动向交班人员详细了解上述情况，并核对模拟图及有关报表、表计。

（5）交接班应做到"口头清、书面清、现场清"。

（6）接班人员提前 20min 进入现场，并做好以下工作：①详细阅读交接班记录簿及有关台账，了解上值本岗位设备运行情况；②听取交班人员对运行情况的陈述，核对有关记录；③按照各岗位的接班检查要求巡视现场，检查并核对设备缺陷及检修情况，清点有关台账和材料；④巡检中发现的问题，及时向交班人员提出，并汇报班长，由双方做好有关记录和说明。

（7）接班前 5min 由班长召开班前会，听取各岗位检查情况汇报，布置本班主要工作、事故预想及注意事项。

（8）必须整点交接班，集控室内由值长统一发令，其余外围专业由班长发令，外围岗位按规定交接。

（9）双方交接清楚后，应在交接班本上签名。接班人员签名后，运行工作的全部责任由接班人员负责。

（10）各外围岗位接班后 10min 内向班长汇报，班长接班后 15min 内向值长汇报，值长 30min 内向调度汇报，并逐级布置本值内的主要工作、事故预想及注意事项。

（11）正式交班后，交班班长应根据情况召开班后会，小结当班工作。

1.2.4 运行巡回检查制度

巡回检查是保证设备安全运行、及时发现和处理设备缺陷及隐患的有效手段，每个运行值班人员应按各自的岗位职责，认真、按时执行巡回检查制度。巡回检查分交接班检查、经常监视检查和定期巡回检查。

1.2.4.1 巡回检查的要求

（1）值班人员必须认真按时地巡视设备。

（2）值班人员必须按规定的设备巡视路线巡视本岗位所分工负责的设备，以防漏巡设备。

（3）巡回检查时应带好必要的工具，如手套、手电、电笔、防尘口罩、套鞋、听音器等。

（4）巡回检查时必须遵守有关安全规定。不要触及带电、高温、高压、转动等危险部位，防止危及人身和设备安全。

（5）检查中若发现异常情况，应及时处理、汇报，若不能处理时，应填写缺陷单，并及时通知有关部门处理。

（6）检查中若发生事故，应立即返回自己的岗位处理事故。

（7）巡回检查前后，均应汇报班长，并做好有关记录。

1.2.4.2 巡回检查的有关规定

（1）每班值班期间，对全部设备检查应不少于三次，即交、接班各一次，班间相对高峰负荷时一次。

（2）对于天气突变、设备存在缺陷及运行设备失去备用等各种特殊情况，应临时安排特殊检查或增加巡视次数，并做好事故预想。

（3）检修后设备以及新投入运行设备，应加强巡视。

（4）事故处理后应对设备、系统进行全面巡视。

1.2.4.3　巡视检查设备的基本方法

（1）以运行人员的眼观、耳听、鼻嗅、手触等感觉为主要检查手段，判断运行中设备的缺陷及隐患。

1）目测检查法。目测检查法就是用眼睛来检查看得见的设备部位，通过设备外观的变化来发现异常情况。通过目测可以发现的异常现象综合如下：①破裂、断股断线；②变形（膨胀、收缩、弯曲、位移）；③松动；④漏油、漏水、漏气、渗油；⑤腐蚀污秽；⑥闪络痕迹；⑦磨损；⑧变色（烧焦、硅胶变色、油变黑）；⑨冒烟，接头发热（示温蜡片熔化）；⑩产生火花；⑪有杂质、异物搭挂；⑫不正常的动作等。

这些外观现象往往反映了设备的异常情况，因此靠目测观察就可以作出初步分析判断。应该说变电站的电气设备几乎可用目测法对外观进行巡视检查。所以，目测法是巡视检查中最常用方法之一。

2）耳听判断法。发电厂、变电站的一、二次电磁式设备（如变压器、互感器、断电器、接触器等）正常运行时通过交流电后，其绕组铁芯会发出均匀有规律和一定响度的"嗡、嗡"声。这些声音是运行设备所特有的，也可以说是设备处于运行状态的一种特征。如果仔细听这种声音，并熟练掌握声音特点，就能通过它的高低节奏、音色的变化、音量的强弱及是否伴有杂音等，来判断设备是否运行正常。运行值班人员应该熟悉、掌握声音的特点，当设备出现故障时，一般会夹着杂音，甚至有"噼啪"的放电声，可以通过正常时和异常时音律、音量的变化来判断设备故障的发生和性质。

3）鼻嗅判断法。电气设备的绝缘材料一旦过热会产生一种异味，这种异味对正常巡查人员来说是可以嗅别出来的。如果值班人员检查电气设备，嗅到设备过热或绝缘材料被烧焦产生的气味时，应立即进行深入检查，看有没有冒烟的地方，有没有变色的，听一听有没有放电的声音等，直到查找出原因为止，嗅气味是发现电气设备某些异常和缺陷的比较灵敏的一种方法。

4）手触试检查法。用手触试检查是判断设备的部分缺陷和故障的一种必需的方法，但用手触试检查带电设备是绝对禁止的。运行中的变压器、消弧线圈的中性点接地装置，必须视为带电设备，在没有可靠的安全措施时，也禁止用手触试。对外壳不带电且外壳接地很好的设备及其附件等，检查其温度或温差需要用手触试时，应保持安全距离。对于二次设备（如断电器等）发热、振动等也可用手触试检查。

5）用仪器检测的方法。

（2）使用工具和仪表，进一步探明故障的性质。用仪器进行检测的优点是灵敏、准确、可靠。检测技术发展较快，测试仪器种类较多。使用这些测试仪器时，应认真阅读说明书，掌握测试要领和安全注意事项。

目前在发电厂、变电站使用较多的是用仪器对电气设备的温度进行检测。常用的测温方法有：

1）在设备易发热部位贴示温蜡片，黄、绿、红三种示温蜡片的熔点分别为60℃、70℃、80℃。

2）设备上涂示温漆或涂料。

3）红外线测温仪。

前两种方法的优点是简便易行，但也存在一些缺点。它们的主要缺点是不能和周围温度做比较；蜡片贴的时间长了易脱落；涂料和漆可长期使用，但受阳光照射会引起变色，变色不易分辨清楚；不能发现设备发热初期的微热以及温差等。

红外线测温仪是一种利用高灵敏度的热敏感应辐射元件检测由被测物发射出来的红外线而进行测温的仪器，能正确地测出运行设备的发热部位及发热程度。

测温后的分析与判断：

实际上测温的目的是在运行设备发热部位尚未达到其最高允许温度（见表1-1）之前，尽快发现发热的状态，以便采取相应的措施。为此，当经过测量得到设备的实际温度后，必须了解设备在测温时所带负荷情况，与该设备历年的温度记录资料及同等条件下同类设备温度做比较，并与各类电气设备的最高允许温度比较，然后进行综合分析，做出判断（见表1-2），制定处理意见。

经判断属于"注意"范围的设备，应加强巡视检查，并在定期检修时安排处理，属于"危险"范围的设备，应立即报告调度和领导，进行停电处理。

必须注意，巡视检查时，思想必须高度集中。对气候异常或刚投入运行的设备或因跳闸后又投入运行的设备，应重点检查。

表 1-1   **电气设备的最高允许温度参考值**

被测设备及部位		最高允许温度（℃）	被测设备及部位		最高允许温度（℃）
油浸变压器	接线端子	75	互感器	接线端子	75
	本体	90		本体	90
断路器	接线端子	75	母线接头处	硬铜线	75
	机械结构部分	110		硬铝线	70
隔离开关	接头处	65	电容器	接线端子	75
	接线端子	75		本体	70

表 1-2　　　　　　　　　　　　设备经测温后的判断

设 备 发 热 程 度	判 断
几乎没有温升，各相几乎没有温差	正常
有少许温升，且各相有一些温度差	注意
温度超过最高允许温度，或即使温度未超过最高允许温度，但各相温度差极大	危险

1.2.5　设备定期试验与切换制度

为了保证备用设备的完好性，确保运行设备故障时备用设备能正确投入工作，提高运行可靠性，必须对设备定期进行试验与切换。

设备定期试验与切换的要求如下：

（1）运行各班、各岗位应按规定的时间、内容和要求，认真做好设备的定期试验、切换、加油、测绝缘等工作。班长在接班前应查阅设备定期工作项目，在班前会上进行布置，并督促实施。

（2）如遇机组起停或事故处理等特殊情况，不能按时完成有关定期工作时，应向值长或值班负责人申明理由并获同意后，在交接班记录簿内记录说明，以便下一班补做。

（3）经试验、切换发现缺陷时，应及时通知有关检修人员处理，并填写缺陷通知单。若一时不能解决的，经生产副厂长或总工程师同意，可作为事故或紧急备用。

（4）电气测量备用辅助电动机绝缘不合格时，应及时通知检修人员处理。

（5）各种试验、切换操作均应按岗位职责做好操作和监护，试验前应做好相应的安全措施和事故预想。

（6）定期试验与切换中发生异常或事故时，应按运行规程进行处理。

（7）运行人员应将本班定期工作的执行情况、发现问题及未执行原因及时登记在《定期试验切换记录簿》内，并做好交接班记录。

电气设备的定期试验与切换应按现场规定执行。

以上介绍的工作票制度、操作票制度、交接班制度、巡回检查制度和设备的定期试验与切换制度也就是人们常说的"两票三制"。据统计，电力系统中因工作票和操作票执行不严造成的误操作占了85%左右。

1.2.6　运行分析制度

运行分析是确保发电厂安全经济运行的一项重要工作，通过对各个运行参数、运行记录和设备运行状况的全面分析，及时采取相应措施，消除缺陷或提出防止事故发生的对策，并为设备技术改进、运行操作改进和合理安排运行方式提供依据。

1.2.6.1 运行分析的内容

运行分析的内容包括岗位分析、专业分析、专题分析和异常运行及事故分析。

(1) 岗位分析。运行人员在值班期间对仪表活动、设备参数变化、设备异常和缺陷、操作异常等情况进行分析。

(2) 专业分析。专业技术人员将运行记录整理后，进行定期的系统性分析。

(3) 专题分析。根据总结经验的要求，进行某些专题分析，如机组起停过程分析、大修前设备运行状况和改进的分析、大修后设备运行工况的对比分析等。

(4) 异常运行及事故分析。发生事故后，对事故处理和有关操作认真进行分析评价，总结经验教训，不断提高运行水平。

1.2.6.2 做好运行分析的要求

为了做好运行分析，要求做到以下几点：

(1) 运行值班人员在监盘时应集中思想，认真监视仪表指示的变化，按时并准确地抄表，及时进行分析，并进行必要的调整和处理。

(2) 各种值班记录、运行日志、月报表及登记簿等原始资料应填写清楚，内容正确、完整，保管齐全。

(3) 记录仪表应随同设备一起投入，指示应正确。若记录仪表发生缺陷，值班人员应及时通知检修人员修复。

(4) 发现异常情况，应认真追查和分析原因。

(5) 发现重大的设备异常或一时难以分析和处理的异常情况时，应逐级汇报，组织专题分析，提出对策，采取紧急措施，同时运行人员应做好事故预想。

1.2.7 其他制度

(1) 设备缺陷管理制度。该制度是为了及时消除影响安全运行或威胁安全生产的设备缺陷，提高设备的完好率，保证安全生产的一项重要制度。

该制度规定了运行值班人员管辖的设备缺陷范围，发现设备缺陷的汇报、设备缺陷的登记和缺陷记录的主要内容等。

(2) 运行管理制度。该制度包括做好备品（如熔断器、电刷等）、安全用具、图纸、资料、钥匙及测量仪表的管理规定。

(3) 运行维护制度。运行维护主要指对电刷、熔断器等部件的维护。发现的其他设备缺陷，运行值班人员能处理的应及时处理，不能处理的由检修人员或协助检修人员进行处理。以保证设备处于良好的运行状态。

1.2.8　电气运行规程

电气运行规程包括发电机、变压器、电动机、配电装置、继电保护、自动装置等电气设备的运行规程。这些规程是电气设备安全运行的科学总结，它们反映了电气设备运行的客观规律，是保证发电厂安全生产的技术措施，是运行值班人员对设备的运行操作、运行维护及事故处理的依据。各岗位运行人员必须掌握规程的规定条文，严格按照规程的规定进行运行调整、系统倒换、参数控制、故障处理。

1．运行规程的编制依据

运行规程的编制主要依据有以下几个方面：

(1)《电力工业技术管理法规》(试行)。

(2) 部颁各种电气设备运行规程、安全工作规程和运行管理规程。

(3) 本厂站一次接线、保护配置等设计资料。

(4) 本厂站各种设备技术性能、使用说明等制造厂家资料。

(5) 与本厂站有调度业务联系的调度部门制订的调度规程。

(6) 网、省局有关运行管理的规定。

(7) 本单位运行的实践经验。

2．运行规程一般应包括的内容

(1) 主要设备的性能、特点、正常和极限运行参数。

(2) 设备和建筑物在运行中检查巡视、维护、调整和观测的要点及注意事项。

(3) 设备的操作程序。

(4) 设备异常及事故情况的判断、处理和注意事项。

(5) 有关安全作业、消防方面的规定。

电气设备的正常运行巡视、倒闸操作和事故处理是运行工作的主要内容。发电厂和变电站的运行规程不论采用什么编写形式，都必须突出这三方面的内容。

3．运行规程的修订

运行规程的修订过程是学习和深入体会规程精神实质的过程。除了扩建和更改工程完工后应组织对运行规程进行修改、补充外，正常运行的发电厂、变电站也应定期组织对运行规程进行修订。修改补充的根据，一般来自下列资料：

(1) 运行分析报告中发现原规程的错漏或不足之处。

(2) 反事故演习中发现的规程中不够明确的条款。

(3) 事故分析中发现的错漏之处。

发电厂电气运行规程由电气运行技术负责人编写，本厂总工程师批准执行；变电站现场运行规程由本站技术负责人编写，供电局总工程师批准执行。

1.2.9 值班日志和运行日志

1. 值班日志

为了使值班人员及时掌握设备的运行情况，了解设备运行的历史及积累资料，值班控制室一般设有交接班记录本、倒闸操作登记本、工作票登记本、设备变更记录本、设备绝缘登记本、继电保护和自动装置定值变更本、配电盘记事本、断路器事故遮断登记本、设备缺陷登记本、熔断器更换登记本、变压器分接头位置登记本、消弧线圈分接头位置登记本等。这些统称值班日志。

2. 运行日志

运行日志的记录是值班工作的动态文字反映，是整个运行工作中的一个重要内容。它能帮助值班人员掌握电气设备的运行参数，进行运行分析，发现设备的隐患，及时调整负荷和更改运行方式，从而保证生产任务的完成和降低消耗指标。运行值班人员应学会记录运行日志，计算有关的参数。

运行日志中的主要参数有以下几项：

（1）电量（kW·h）。包括发电量、厂用电量、受电量（指发电厂与系统并列运行时，发电厂从系统接受的电量）、送出电量等。

（2）电力（kW）。主要有发电电力、受电电力、送出电力、厂用电力、最大负荷和最小负荷。

（3）几项指标。主要有厂用电率、负荷率、煤耗率、给水泵用电消耗、循环水用电消耗、制粉用电消耗、锅炉风机用电消耗等。

（4）主要设备的电流、温度和各母线的电压。

1.3 倒 闸 操 作

1.3.1 倒闸操作概述

电气设备的状态，无外乎就是以下几种：

（1）运行状态。电气设备的相关一、二次回路全部接通带电，称为运行状态。

（2）热备用状态。电气设备的热备用状态是指其断路器断开、隔离开关合上时的状态，其特点是断路器一经操作就接通电源。

（3）冷备用状态。电气设备的冷备用状态是指回路中断路器和隔离开关全都断开时的状态。其显著特点是该设备与其他带电部分之间有的断开点。设备冷备用根据工作性质分为断路器冷备用与线路冷备用等。

(4) 检修状态。电气设备的检修状态是指回路中断路器和隔离开关均已断开，待检修设备两侧装设了保护接地线（或合上了接地开关），装设了遮栏，悬挂了标示牌时的状态。

倒闸操作，就是把电气设备或装置由一种状态转换为另一状态的系列操作。如将某变压器由运行状态切换为空载状态；将某双母线接线运行方式变为单母线运行方式的操作。它是因设备的工作所需而随时进行的调节行为。

由于倒闸操作是实现设备运行的开始、结束或变换参数的操作，因此，它是一项操作复杂而又特别危险的行为，对其过程的正确性与严肃性要求尤显突出。

1.3.2　对倒闸操作的一般规定

(1) 操作人和监护人需经考试合格并经工区领导批准公布。

(2) 操作人和监护人不能单凭记忆，而应仔细检查操作地点及设备的名称编号后，才能进行操作。

(3) 只有值班长或正值才能够接受调度命令和担任倒闸操作中的监护人；副值无权接受调度命令，只能担任倒闸操作中的操作人；实习人员一般不介入操作中的实质性工作。操作中由正值监护、副值操作。对重要和复杂的倒闸操作，由当值的正值操作，值班长（或站长）监护。

(4) 操作人不要只依赖监护人，而应对操作内容做到心中有数。否则，操作中仍可能出问题。

(5) 在进行操作期间，不要进行与操作无关的交谈或工作。

(6) 处理事故时，不要惊惶失措，以免扩大事故。

(7) 设备送电前，必须终结全部工作票，拆除接地线及与检修工作有关的临时安全措施，恢复固定遮栏及常用警告牌。对送电设备进行全面检查应正常，摇测设备绝缘电阻应合格。

(8) 无保护的设备不允许投入运行。

(9) 装有同期合闸的断路器，必须进行同期合闸，仅在断路器一侧无电压进行充电操作时，才允许合上同期闭锁开关解除同期闭锁回路。

(10) 检修过的断路器送电时，必须进行远方跳合闸试验，运行中的小车开关不允许解除机械闭锁手动分闸。

(11) 现场一次、二次设备要有明显的标志，包括命名、编号、铭牌、转动方向、切换位置的指示以及区别电气相别的颜色。

(12) 要有与现场设备标志和运行方式相符合的一次系统模拟图及二次回路的原理图和展开图。

（13）要有合格的操作工具、安全用具和设施（包括放置接地线的专用装置）等。

（14）对下列合闸操作，可以不经调度许可自行进行。

1）在发生人身触电或设备危险时，可自行拉开有关断路器，但事后必须汇报调度。

2）母线电压不合格时，可进行主变压器有载开关的操作，但事后必须汇报调度。

3）不属于调度管辖设备的操作，如并联电容器、分路断路器、直流系统、站用电系统等。

1.3.3 倒闸操作中应重点防止的误操作事故

50％以上的电气误操作事故发生在10kV及以下系统；另外以下五种误操作，约占电气误操作事故的80％以上，其性质恶劣，后果严重，是我们日常防止误操作的重点。它们是误拉误合断路器、带负荷拉合隔离开关、带电挂接地线或带电合接地刀闸、带地线合闸、非同期并列。

1. 误拉、误合断路器或隔离开关

不少误操作事故都直接或间接地与误拉、误合断路器或隔离开关有关。防止误操作的具体措施是：

（1）倒闸操作发令、接令或联系操作，要正确、清楚，并坚持重复命令，有条件的要录音。

（2）操作前进行三对照，操作中坚持三禁止，操作后坚持复查。整个操作要贯彻五不干。

1）三对照：①对照操作任务、运行方式，由操作人填写操作票；②对照"电气模拟图"审查操作票并预演；③对照设备编号无误后再操作。

2）三禁止：①禁止操作人、监护人一齐动手操作，失去监护；②禁止有疑问盲目操作；③禁止边操作、边做与其无关的工作（或聊天），分散精力。

3）五不干：①操作任务不清不干；②操作时无操作票不干；③操作票不合格不干；④应有监护而无监护人不干；⑤设备编号不清不干。

（3）预定的重大操作或运行方式将发生特殊的变化，电气运行专责工程师（技术员）应提前制订"临时措施"，对倒闸操作工作进行指导，做出全面安排，提出相应要求及注意事项、事故预想等，使值班人员操作时心中有数。

（4）通过平时技术培训（考问讲解，事故演习），使值班人员掌握正确的操作方法，并领会规程条文的精神实质。

2. 带负荷拉合隔离开关

防止带负荷拉合隔离开关。带负荷拉合隔离开关是最常见的误操作事故。自

1980年防误操作闭锁装置普遍应用之后,这种事故有所下降,但并未杜绝。不少单位仍时有发生,后果仍然严重。

(1)带负荷拉合隔离开关的事故原因。通过对事故的分析总结,其主要原因可归纳为以下三点:

1)拉合回路时,回路负荷电流,超过了隔离开关开断小电流的允许值。

2)拉合环路时,环路电流及断口电压差超过了容许限度。

3)人为误操作。如走错间隔拉错隔离开关,或断路器未拉开就拉合隔离开关等。

(2)防止带负荷拉合隔离开关的具体措施:

1)按照隔离开关允许的使用范围及条件进行操作。拉合负荷电路时,严格控制电流值,确保在全电压下开断的小电流值在允许值之内。

2)拉合规程规定之外的环路,必须谨慎,要有相应的安全和技术措施。

3)加强操作监护,对号检查,防止走错间隔、动错设备、错误合拉隔离开关。同时,对隔离开关普遍加装防误操作闭锁装置。

4)拉合隔离开关前,现场检查断路器,必须在断开位置。隔离开关经操作后,操作机构的定位销一定要销好,防止因机构滑脱接通或断开负荷电路。

5)倒母线及拉合母线隔离开关,属于等电位操作,故必须保证母联断路器合入,同时取下该断路器的控制熔断器,以防止跳闸。

6)隔离开关检修时,与其相邻运行的隔离开关机构应锁住,以防止误拉合。

7)手车断路器的机械闭锁必须可靠,检修后应实际操作进行验收,以防止将手车带负荷拉出或推入间隔,引起短路。

3.带电挂接地线或带电合接地刀闸

防止带电挂地线(带电合接地刀闸)的措施:

(1)断路器、隔离开关拉闸后,必须检查实际位置是否拉开,以免回路电源未切断。

(2)坚持验电,及时发现带电回路,查明原因。

(3)正确判断正常带电与感应电的区别,防止误把带电当静电。

(4)隔离开关拉开后,若一侧带电,一侧不带电,应防止将有电一侧的接地刀闸合入,造成短路。当隔离开关两侧均装有接地刀闸时,一旦隔离开关拉开,接地刀闸与主刀闸之间的机械闭锁即失去作用,此时任意一侧接地刀闸都可以自由合入。若疏忽大意,必将酿成事故。

(5)普遍安装带电显示器,并闭锁接地刀闸,有电时不允许接地刀闸合入。

4.带地线合闸

防止带地线合闸的措施：

防止带地线合闸事故与日常技术管理和遵章守纪密切相关，具体执行以下措施：

（1）加强地线的管理。按编号使用地线；拆、挂地线要做记录并登记。

（2）防止在设备系统上遗留地线。

1）拆、挂地线或拉合接地刀闸，要在"电气模拟图"上做好标记，并与现场的实际位置相符。交接班检查设备时，同时要查对现场地线的位置、数量是否正确，与"电气模拟图"是否一致。

2）禁止任何人不经值班人员同意，在设备系统上私自拆、挂地线，挪动地线的位置，或增加地线的数量。

3）设备第一次送电或检修后送电，值班人员应到现场进行检查，掌握地线的实际情况；调度人员下令送电前，事先应与发电厂、变电所、用户的值班人员核对地线，防止漏拆接地线。

（3）对于一经操作可能向检修地点送电的隔离开关，其操作机构要锁住，并悬挂"有人工作，不可合闸"的标示牌，防止误操作。

（4）正常倒母线，严禁将检修设备的母线隔离开关误合入。事故倒母线，要按照"先拉后合"的原则操作，即先将故障母线上的母线隔离开关拉开，然后再将运行母线上的母线隔离开关合入，严禁将两母线的母线隔离开关同时合入并列，使运行的母线再短路。

（5）设备检修后的注意事项：

1）检修后的隔离开关应保持在断开位置，以免接通检修回路的地线，送电时引起人为短路。

2）防止工具、仪器、梯子等物件遗留在设备上，送电后引起接地或短路。

3）送电前，坚持摇测设备绝缘电阻。万一遗留地线，通过摇绝缘可以发现。

5. 非同期并列

防止非同期并列措施。非同期并列事故，一般发生的主要原因是：①一次系统不符合条件，误合闸；②同期用的电压互感器或同期装置电压回路，接线错误，没有定相；③人员误操作，误并列。

非同期并列，不但危及发电机、变压器，还严重影响电网及供电系统，造成振荡和甩负荷。就电气设备本身而言，非同期并列的危害甚至超过短路故障。防止非同期并列的具体措施是：

（1）设备变更时要坚持定相。发电机、变压器、电压互感器、线路新投入（大修后投入），或一次回路有改变、接线有更动，并列前均应定相。

（2）防止并列时人为发生误操作。

1）值班人员应熟知全厂（所）的同期回路及同期点。

2）在同一时间时不允许投入两个同期电源开关，以免在同期回路非同期并列。

3）手动同期并列时，要经过同期继电器闭锁，在允许相位差合闸。严禁将同期短接开关合入，失去闭锁，在任意相位差合闸。

4）工作厂用变压器、备用厂用变压器，分别接自不同频率的电源系统时，不准直接并列。此时倒换变压器要采取"拉联"的办法，即手动拉开工作厂用变压器的电源断路器，使备用厂用变压器的断路器联动合入。

5）电网电源联络线跳闸，未经检查同期或调度下令许可，严禁强送或合环。

（3）保证同期回路接线正确、同期装置动作良好。

（4）断路器的同期回路或合闸回路有工作时，对应一次回路的隔离开关应拉开，以防断路器误合入、误并列。

另外，严格执行"停电、验电、挂接地线、设置遮栏、挂牌"技术措施的步骤和要求，也是防止误操作的重要手段。同时，防止操作人员高空坠落、误入带电间隔、误登带电构架，也是倒闸操作中注意的要点。

1.3.4　倒闸操作的基本原则

电气运行人员在进行倒闸操作时，应遵循下列基本原则。

1．停送电操作原则

（1）拉、合隔离开关及小车断路器停、送电时，必须检查并确认断路器在断开位置（倒母线例外，外时母联断路器必须合上）。

（2）严禁带负荷拉、合隔离开关，所装电气和机械防误闭锁装置不能随意退出。

（3）停电时，先断开断路器后拉开负荷侧隔离开关，最后拉开母线侧隔离开关，先合上电源侧隔离开关，再合上负荷侧隔离开关，最后合上断路器。

（4）手动操作过程中，发现误拉隔离开关，不准把已拉开的隔离开关重新合上。只有用手动蜗姆轮传动的隔离开关，在动触头未离开静触头刀刃之前，允许将误拉的隔离开关重新合上，不再操作。

（5）超高压线路送电时，必须先投入并联电抗器后再合线路断路器。

（6）线路停电前要先停用重合闸装置，送电后要再投入。

2．母线倒闸操作原则

（1）倒母线必须先合入母联断路器，并取下控制熔断器，以保证母线隔离开关在并、解列时满足等电位操作的要求。

（2）在母线隔离开关的合、拉过程中，如可能发生较大火花时，应依次先合靠母联断路器最近的母线隔离开关；拉闸的顺序则与其相反。尽量减小操作母线隔离开关时的电位差。

（3）拉母联断路器前，母联断路器的电流表应指示为零；同时，母线隔离开关辅助触点、位置指示器应切换正常。以防"漏"倒设备，或从母线电压互感器二次侧反充电，引起事故。

（4）倒母线的过程中，母线差动保护的工作原理如不遭到破坏，一般均应投入运行。同时，应考虑母线差动保护非选择性开关的拉、合及低电压闭锁母线差动保护压板的切换。

（5）母联断路器因故不能使用，必须用母线隔离开关拉、合空载母线时，应先将该母线电压互感器二次侧断开（取下熔断器或低压断路器），防止运行母线的电压互感器熔断器熔断或低压断路器跳闸。

（6）母线停电后需做安全措施者，应验明母线无电压后，方可合上该母线的接地隔离开关或装设接地线。

（7）向检修后或处于备用状态的母线充电时，充电断路器有速断保护时，应优选加用；无速断保护时，其主保护必须加用。

（8）母线倒闸操作时，先给备用母线充电，检查两组母线电压相等，确认母联断路器已合好后，取下其控制保险，然后进行母线隔离开关的切换操作。母联断路器断开前，必须确认负荷已全部转移，母联断路器电流表指示为零，再断开母联断路器。

（9）其他注意事项：

1）严禁将检修中的设备或未正式投运设备的母线隔离开关合入。

2）禁止用分段断路器（串有电抗器）代替母联断路器进行充电或倒母线。

3）当拉开工作母线隔离开关后，若发现合入的备用母线隔离开关接触不好、放弧，应立即将拉开的开关再合入，查明原因。

4）停电母线的电压互感器所带的保护（如低电压、低频、阻抗保护等），如不能提前切换到运行母线的电压互感器上供电，则事先应将这些保护停用，并断开跳闸压板。

3. 变压器的停、送电原则

（1）双绕组升压变压器停电时，应先拉开高压侧断路器，再拉开低压侧断路器，最后拉开两侧隔离开关。送电时的操作顺序与此相反。

（2）双绕组降压变压器停电时，应先拉开低压侧断路器，再拉开高压侧断路器，最后拉开两侧隔离开关。送电时的操作顺序与此相反。

（3）三绕组升压变压器停电时，应依次拉开高、中、低三侧断路器，再拉开三侧隔离开关。送电时的操作顺序与此相反。

（4）三绕组降压变压器停、送电的操作顺序与三绕组升压变压器相反。

总的来说，变压器停电时，先拉开负荷侧断路器，后拉开电源侧断路器。送电时的操作顺序与此相反。

4．消弧线圈操作原则

（1）消弧线圈隔离开关的拉合均必须在确认该系统中不在接地故障的情况下进行。

（2）消弧线圈在两台变压器中性点之间切换使用时应先拉后合，即任何时间不得将两台变压器中性点使用消弧线圈。

1.3.5　合闸操作示例与对应的操作票

图1－2是某220kV变电站主接线图。表1－3是1号主变停运的倒闸操作票。表1－4是1号主变复运的倒闸操作票。

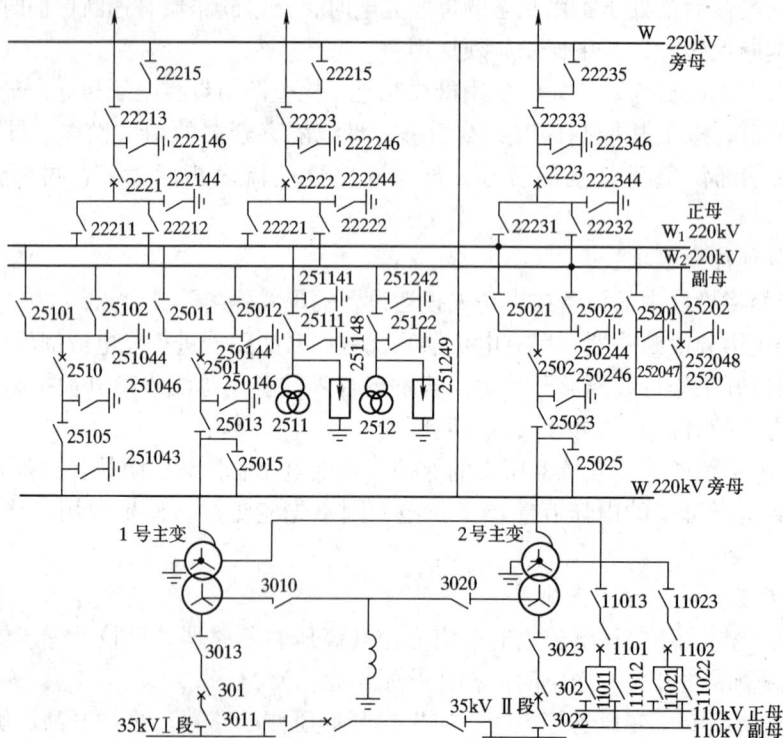

图1－2　某变电站220kV一次主接线图

表 1-3　　　　　　　　　　　　　操　作　票

_____变电站　　　　　　　　　　　　　　　　编号：_____

模拟预演	下令时间		调度指令　号		下令人：		受令人：	
	操作时间		年 月 日 时 分		终了时间		年 月 日 时 分	
	操作任务		220kV 正母线由运行转检修					
√	√	顺序	操　作　项　目				时	分
		1	预演模拟图					
		2	将 220kV 母差保护改为"破坏固定连接"方式					
		3	拉开 2520 断路器控制电源					
		4	将 220kV 电压互感器二次侧并列					
		5	检查 2520 断路器三相已合上					
		6	合上 22212 隔离开关操作电源小开关					
		7	电动合上 22212 隔离开关，检查已合上					
		8	拉开 22212 隔离开关操作电源小开关					
		9	合上 22211 隔离开关操作电源小开关					
		10	电动拉开 22211 隔离开关，检查已拉开					
		11	拉开 22211 隔离开关操作电源小开关					
		12	合上 25012 隔离开关操作电源小开关					
		13	电动合上 25012 隔离开关，检查已合上					
		14	拉开 25012 隔离开关操作电源小开关					
		15	合上 25011 隔离开关操作电源小开关					
		16	电动拉开 25011 隔离开关，检查已拉开					
		17	拉开 25011 隔离开关操作电源小开关					
		18	将 2221 电压切换开关投向"副母"					
		19	将 2501 电压切换开关投向"副母"					
		20	将 220kV 电压互感器二次侧解列					
		21	合上 2520 断路器控制电源					
		22	停用 220kV 母差保护正母复合电压闭锁连接片					
		23	拉开 I 套故障录波器直流电源					
		24	将 I 套故障录波器电压切换开关投向"副母"					
		25	合上 I 套故障录波器直流电源					
		26	拉开 2520 断路器（正母失电），检查三相已拉开					

续表

模拟预演	下令时间		调度指令 号		下令人：		受令人：	
	操作时间		年 月 日 时 分		终了时间		年 月 日 时 分	
	操作任务	220kV 正母线由运行转检修						
√	√	顺序	操 作 项 目				时	分
			合上 25201 隔离开关操作电源小开关					
		27	电动拉 25201 隔离开关，检查已拉开					
			拉开 25201 隔离开关操作电源小开关					
			合上 25202 隔离开关操作电源小开关					
		28	电动拉开 25202 隔离开关，检查拉开					
			拉开 25202 隔离开关操作电源小开关					
		29	分开 2511 电压互感器二次侧自动开关，并取下电能表电压熔丝					
			合上 25111 隔离开关操作电源小开关					
		30	电动拉开 25111 隔离开关，检查已拉开					
			拉开 25111 隔离开关操作电源小开关					
		31	在 25111 隔离开关母线侧验明无电后，合上 251141 接地隔离开关，检查已合上					
		32	在 25111 隔离开关电压互感器侧验明无电后，合上 251148 接地隔离开关，检查已合上					
		33	校正控制盘标志					

备注：

操作人： 监护人： 值班负责人： 站长：（运行专工）

表 1-4 操 作 票

_____变电站 编号：_____

模拟预演	下令时间		调度指令 号		下令人：		受令人：	
	操作时间		年 月 日 时 分		终了时间		年 月 日 时 分	
	操作任务	220kV 正母线由检修转运行						
√	√	顺序	操 作 项 目				时	分
		1	预演模拟图					
		2	拉开 251148 接地隔离开关，检查已拉开					
		3	拉开 251141 接地隔离开关，检查已拉开					

模拟预演	下令时间		调度指令 号		下令人：		受令人：		
	操作时间		年 月 日 时 分		终了时间		年 月 日 时 分		
	操作任务		220kV 正母线由检修转运行						
√	√	顺序	操作项目					时	分
		4	检查 2511 送电范围内无接地线，251148 接地隔离开关已拉开						
		5	合上 25111 隔离开关，检查已合上						
		6	合上 2511 电压互感器二次侧自动开关，并放上电能表电压熔丝						
		7	检查 2520 送电范围内无接地线，252047、252048、251141 接地隔离开关已拉开						
		8	检查 2520 断路器三相已拉开						
		9	合上 25201 隔离开关操作电源小开关						
		10	电动合上 25201 隔离开关，检查已合上						
		11	拉开 25201 隔离开关操作电源小开关						
		12	合上 25202 隔离开关操作电源小开关						
		13	电动合上 25202 隔离开关，检查已合上						
		14	拉开 25202 隔离开关操作电源小开关						
		15	投入 2520 断路器速断（充电）保护连接片						
		16	掀按钮合上 2520 断路器（正母充电 5min），复置 2520 断路器操作手柄，检查三相已合上						
		17	停用 2520 断路器充电保护连接片						
		18	投入 220kV 母差保护正母复合电压闭锁连接片						
		19	拉开 I 套故障录波器直流电源						
		20	将 I 套故障录波器电压切换开关投向"正母"						
		21	合上 I 套故障录波器直流电源						
		22	拉开 2520 断路器控制电源						
		23	将 220kV 电压互感器二次侧并列						
		24	检查 2520 断路器三相已合上						
		25	合上 22211 隔离开关操作电源小开关						
		26	电动合上 22211 隔离开关，检查已合上						
		27	拉开 22211 隔离开关操作电源小开关						
		28	合上 22212 隔离开关操作电源小开关						

续表

模拟预演	下令时间		调度指令　号		下令人：		受令人：	
	操作时间		年　月　日　时　分		终了时间		年　月　日　时　分	
	操作任务		220kV 正母线由检修转运行					
√	√	顺序	操作项目				时	分
		29	电动拉开 22212 隔离开关，检查已拉开					
		30	拉开 22212 隔离开关操作电源小开关					
		31	合上 25011 隔离开关操作电源小开关					
		32	电动合上 25011 隔离开关，检查已合上					
		33	拉开 25011 隔离开关操作电源小开关					
		34	合上 25012 隔离开关操作电源小开关					
		35	电动拉开 25012 隔离开关，检查已拉开					
		36	拉开 25012 隔离开关操作电源小开关					
		37	将 2221 断路器电压切换开关投向"正母"					
		38	将 2501 断路器电压切换开关投向"正母"					
		39	将 220kV 电压互感器二次侧解列					
		40	合上 2520 断路器控制电源					
		41	停用 220kV 母差差动电流测量连接片					
		42	测量 220kV 母差差动电流正常后，投入母差差动电流测量连接片					
		43	将 220kV 母差保护改为"固定连接"方式					
		44	校正控制盘标志					

备注：

操作人：　　　　监护人：　　　　　值班负责人：　　　　　站长：（运行专工）

1.4　事　故　处　理　原　则

1.4.1　电气设备的工作状态

1. 电气设备的正常运行状态

电气设备在规定的外部环境下（额定电压、额定气温、额定海拔高度、额定冷却条件、规定的介质状况等），保证连接（或在规定的时间内）正常地达到额定工作能力的状态，称为额定工作状态，即电气设备的正常运行状态。

对于每个电气设备及设备间的连接部分来说，如导线、铝排、电缆等都有一个规定的、长期工作的正常工作状态。

2．电气设备的异常状态特点

电气设备的异常状态就是不正常的工作状态，是相对于设备的正常工作状态而言的。设备的异常状态是指设备在规定的外部条件下，部分或全部失去额定的工作能力状态，例如：

（1）设备出力达不到铭牌要求，变压器不能带额定负荷，断路器不能通过额定电流或不能切断规定的事故电流，母线不能通过额定电流等。

（2）设备不能达到规定的运行时间，变压器带额定负荷不能连续运行，电流互感器长时间运行本身发热超过允许值，隔离开关通过额定电流时过热等。

（3）设备不能承受额定电压，瓷件受损的电气设备在额定电压下形成击穿，在变压器绕组绝缘破坏后的额定电压下造成匝间短路、层间短路等。

3．电气设备的事故状态

电气设备运行中的异常状态就是事故状态的前奏，如果处理不当或延误处理时间就可能转化为事故状态。事故本身也是一种异常状态。通常，异常状态中比较严重的或已经造成设备部分损坏、引起系统运行异常、中止了对用户供电的状态，称为事故状态。

由以上看出，电气设备的异常运行或故障，将导致整个电网的安全运行。果断、正确、迅速处理好事故，其意义非常重大。

1.4.2 事故处理的一般规定

（1）发生事故和处理事故时，值班人员不得擅自离开岗位，应正确执行调度、值长、值班长（机长）的命令，处理事故。

（2）在交接班手续未办完而发生事故时，应由交班人员处理，接班人员协助、配合。在系统未恢复稳定状态或值班负责人不同意交接班之前，不得进行交接班。只有在事故处理告一段落或值班负责人同意交接班后，方可进行交接班。

（3）处理事故时，系统调度员是系统事故处理的领导和组织者，值长是发电厂全厂事故处理的领导和组织者，电气值班长是电厂（变电所）电气事故处理的领导和组织者（机长是本机组事故处理的领导和组织者）。电气值班长（机长）均应接受值长指挥，值长和变电所值班长均应接受系统调度员指挥。

（4）处理事故时，各级值班人员必须严格执行发令、复诵、汇报、录音和记录制度。发令人发出事故处理的命令后，要求受令人复诵自己的命令，受令人应将事故处理的命令向发令人复诵一遍。如果受令人未听懂，应向发令人问清楚。命令执行后，应向发令人汇报。为便于分析事故，处理事故时应录音。事故处理后，应记录事故现象和处理情况。

（5）事故处理中若下一个命令需根据前一命令执行情况来确定，则发令人必须等待命令执行人的亲自汇报后再定。不能经第三者传达，不准根据表计的指示信号判断命令的执行情况（可作参考）。

（6）发生事故时，各装置的动作信号不要急于复归，以便查核，便于事故的正确分析和处理。

1.4.3 事故处理的一般原则

（1）迅速限制事故的发展，消除事故的根源，解除对人身和设备安全的威胁。

（2）注意厂用电、站用电的安全，设法保持厂用、站用电源正常。

（3）事故发生后，根据表计、保护、信号及自动装置动作情况进行综合分析、判断，作出处理方案。处理中应防止非同期并列和系统事故扩大。

（4）在不影响人身及设备安全的情况下，尽一切可能使设备继续运行。必要时，应在未直接受到事故损害和威胁的机组上增加负荷，以保证对用户的正常供电。

（5）在事故已被限制并趋于正常稳定状态时，应设法调整系统运行方式，使之合理，让系统恢复正常。

（6）尽快对已停电的用户恢复供电。

（7）做好主要操作及操作时间的记录，及时将事故处理情况报告有关领导和系统调度员。

（8）水电厂发生事故后，处理时应考虑对航运的影响。

1.4.4 事故处理的一般程序

（1）判断故障性质。根据计算机显像管（显示器）图像显示、光字牌报警信号、系统中有无冲击摆动现象、继电保护及自动装置动作情况、仪表及计算机打印记录、设备的外部特征等进行分析、判断。

（2）判明故障范围。设备故障时，值班人员应到故障现场，严格执行安全规程，对设备进行全面检查。母线故障时，应检查断路器和隔离开关。

（3）解除对人身和设备安全的威胁。若故障对人身和设备安全构成威胁，应立即设法消除，必要时可停止设备运行。

（4）保证非故障设备的运行。应特别注意将未直接受到损害的设备进行隔离，必要时起动备用设备。

（5）做好现场安全措施。对于故障设备，在判明故障性质后，值班人员应做好现场安全措施，以便检修人员进行抢修。

（6）及时汇报。值班人员必须迅速、准确地将事故处理的每一阶段情况报告给值长或值班长（机长），避免事故处理发生混乱。

1.4.5 事故处理时各岗位人员的职责

（1）发电厂发生事故时，值长（或值班长）通过电话迅速向系统调度汇报事故情况，听取调度的处理意见。

（2）事故发生后及事故处理过程中，值长用口头或电话向值班长（或机长）发布事故处理的命令，值班长（或机长）复诵后立即执行。值班长（或机长）根据值长的命令，口头向值班员发布命令，值班员受令复诵后，立即执行。执行完毕，用口头或电话向值班长（或机长）汇报；值班长（或机长）用口头或电话再向值长汇报。

（3）在紧急情况下，值班长（或机长）来不及向值长请示时，可直接向值班员发布事故处理的命令。事故处理后，值班长（或机长）用口头或电话再向值长汇报。

（4）变电所发生事故时，变电所值班长用电话与系统调度直接联系，听取调度的处理意见。在事故发生后及处理过程中，值班长用口头直接向值班员发布事故处理的命令，值班员受令复诵后立即执行。执行完毕，口头向值班长汇报。

小　　结

电气运行是电力系统最根本的生产过程，在电气运行及对其设备的操作维护过程中，设备的健康状况及设备和人身的安全问题，是实现电力系统能否安全运行的根本保证。实现设备健康状况及设备、人身安全问题的根本，就是要有精良的设备、熟练技术和良好心理状况的电气人员及科学严谨的规章制度。倒闸操作极易出故障。果断、快速而正确地处理好事故，这对电力系统经济安全意义十分重大。

练　习　题

1-1　名词解释

（1）电气运行。

（2）两票三制。

（3）倒闸操作。

1-2　填空题

（1）电气运行的主要任务是_____和_____。

（2）执行技术措施的步骤是_____。

（3）电气运行中常说的"四勤"是指_____、_____、_____、_____。

（4）电气设备的故障，常以_____、_____、_____、_____、_____、_____等来表现的。

1-3 判断题

（1）隔离开关是可以带负荷合闸的，但决不允许带负荷分闸。（ ）

（2）设备在运行时，有基本的保护就行了，没必要将所有保护都投运。（ ）

（3）电气运行规程属于组织措施的范畴。（ ）

1-4 问答题

（1）工作票的作用是什么？如何填写？

（2）电气设备为何要进行定期切换？

（3）事故处理的一般原则是什么？

（4）巡回检查设备时有什么要求？

1-5 操作题

（1）图示1-1中，试写出检修2221断路器的倒闸操作票。

（2）图示1-1中，试写出2221断路器投运的倒闸操作票。

第 2 章

变电站一次系统及自用电系统的运行及事故处理

变电站是电力系统的重要组成部分，变电站与电源及电力用户密切相关。变电站的类型较多，按变电站容量大小可分为大、中、小型变电站；按变电站在电力系统中的重要性可分为枢纽变电站、区域变电站和终端用户变电站；按供电对象不同可分为城区变电站、工业变电站和农村变电站；按电压等级可分为超高压、高压、中压变电站和配电变电站；按是否有人值班可分为有人值班变电站和无人值班变电站。

2.1 变电站电气系统与运行方式的编制原则

2.1.1 变电站的电气系统的组成

变电站的电气系统分为电气一次系统和电气二次系统。电气一次系统的设备用于电能的交换和分配，主要有电力变压器、断路器、隔离开关、避雷器、互感器、消弧线圈、补偿电容器或调相机等，这些都是电压高、电流大的强电设备。电气二次系统的设备是对电气一次设备和电力系统进行监视、控制、保护、调节并与上级有关部门和用户进行联络通信的有关设备，主要包括各种继电保护和自动装置、测量与监控设备、直流电源和远动通信设备等，这些都是电压较低、电流较小的弱电设备。

2.1.2 变电站的电气主接线

变电站的电气主接线是根据变电站在电力系统中的地位及作用、进出线回路数目、设备特点及负荷性质等条件确定的。

1. 对主接线的基本要求

(1) 根据系统和用户的要求，保证供电的可靠性和电能质量。

（2）接线力求简单、清晰、操作方便。

（3）保证操作时工作人员和设备的安全，并能保证维护、检修工作的安全。

（4）在满足技术要求的前提下，应使接线投资和运行费用最经济。

（5）具有扩建的可能性。

2.10～220kV 变电站主接线的基本接线形式

（1）单母线接线：如图 2-1 所示。此接线的特点是：整个配电装置只有一组母线，所有电源进线和出线都接在同一组母线上。此接线最简单、经济。但供电的可靠性较差，当母线短路时或需要检修母线和母线隔离开关时，全部配电装置均要停电。

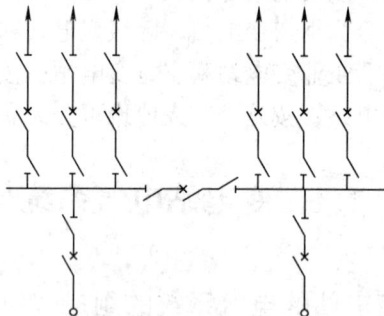

（2）单母线分段接线：如图 2-2 所示。当出线回路较多时，采用断路器或隔离开关将母线分段，形成单母线分段接线，以提高供电的可靠性。当母线故障或需要检修母线和母线隔离开关时，仅需故障段母线及母线隔离开关所在段母线停电。当用隔离开关分段时，倒闸时将短时间停电。

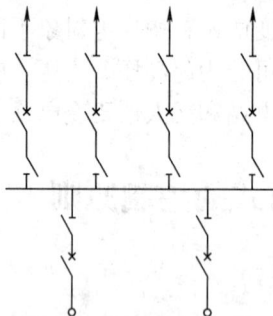

图 2-1   单母线接线   图 2-2   单母线分段接线

（3）双母线接线：如图 2-3 所示。与单母线分段接线相比，双母线接线具有以下优点：

1）可轮流检修母线而不致中断供电。

2）调度灵活，各电源和各负荷可以任意分配到某一组母线上。

3）有利于扩建和便于试验。

（4）桥式接线：桥式接线分内桥和外桥接线。变电站一般采用内桥接线，如图 2-4 所示。

内桥接线的特点是：线路的投入和切除比较方便。当线路发生故障时，仅断开线路的断路器，不影响其他回路的运行。

（5）带旁路母线的接线方式：为了保证采用单母线分段接线或双母线接线的配电装置在检修线路的断路器（包括线路保护装置的检修和调试）时不中断对用户的供

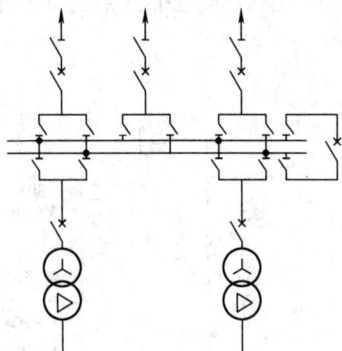

图 2 - 3　双母线接线　　　　　图 2 - 4　内桥接线

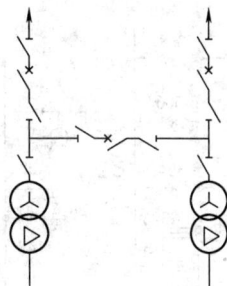

电，而设旁路母线。带旁路母线常用的接线方式有：

1）设专用旁路断路器，如图 2 - 5 所示。

2）分段断路器兼作旁路断路器，如图 2 - 6 所示。

变电站主变压器的 110～220kV 侧宜采用旁路母线，一般采用以母联或分段断路器兼作旁路断路器。

采用旁路母线接线提高了供电可靠性，但增加了操作的复杂性，倒闸操作时应特别小心。

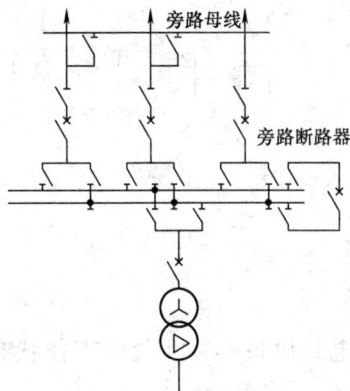

图 2 - 5　设专用旁路断路器接线　　　　图 2 - 6　带旁路母线接线

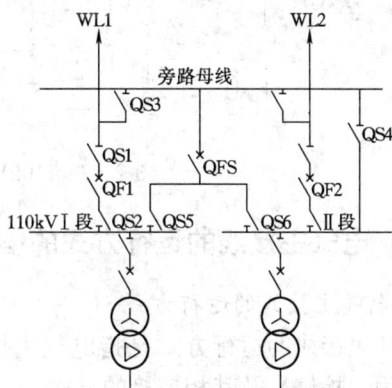

3. 变电站电气主接线举例

图 2 - 7 为某 110kV 变电站电气主接线图。110kV 为内桥接线；35kV 和 10kV 侧均为单母线分段接线，设分段断路器；10kV 系统设有两组电容器，作为无功就地补

偿。110kV 系统采用中性点直接接地方式，35kV 系统采用中性点经消弧线圈接地方式。变电站采用微机监控、保护。

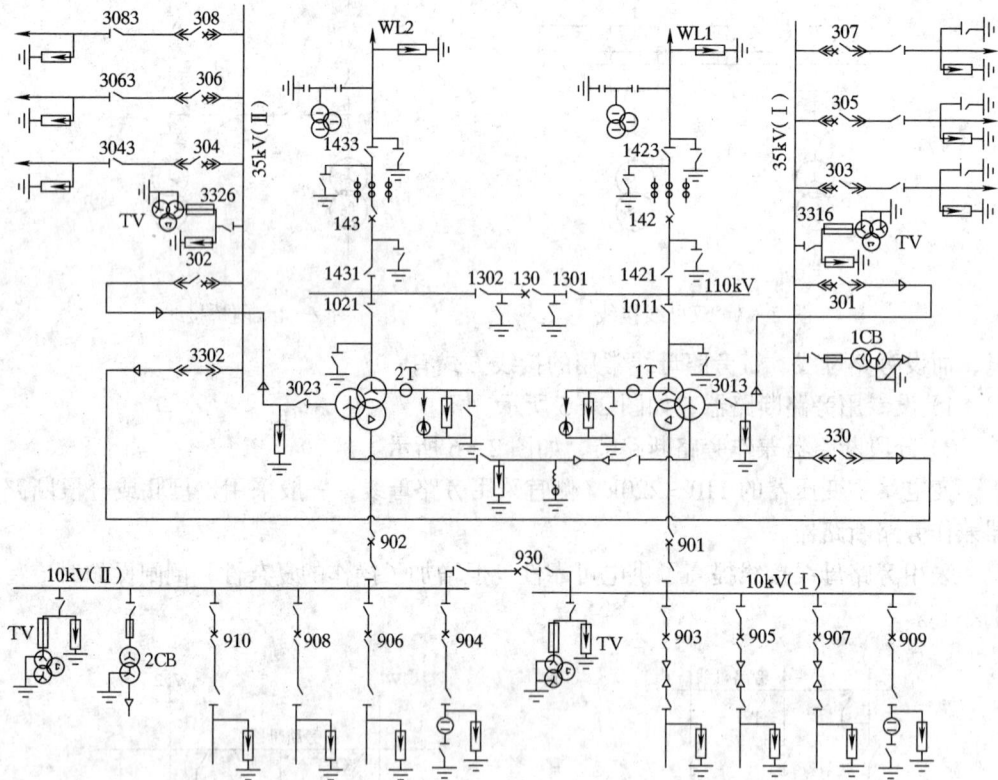

图 2-7　110kV 变电站电气主接线

2.1.3　电气主接线的运行方式的编制原则

1. 电气主接线的运行方式

电气主接线的运行方式是指电气主接线中各电气设备实际所处的工作状态（运行、备用、检修）及其相连接的方式。

2. 运行方式的编制原则

电气主接线的运行方式直接影响变电站以及电力系统的安全和经济运行。在编制运行方式时，应遵守以下原则：

（1）合理安排电源和负荷。

（2）变压器中性点接地运行方式满足要求。

（3）站用电安全可靠。

（4）运行方式接线便于记忆。

2.1.4 变电站一次设备的继电保护和自动装置配置

1．主变压器

（1）10～35kV 电力变压器一般配置以下保护：

1）主保护：重瓦斯保护，电流速断保护或纵联差动保护。

2）后备保护：低压或复合电压起动（闭锁）的过电流保护。

3）过负荷保护，轻瓦斯保护，油温升高或过高保护。

（2）110kV 及以上变压器：除以上保护外，还设有零序电流和零序电压保护。

2．110kV 线路

相间短路的保护一般采用三段式距离保护；接地故障的保护采用三（四）段（方向）零序电流保护；另外线路还设有三相自动重合闸装置。

3．35kV 线路

一般配置（方向）电流速断保护；（方向）过电流保护；三相自动重合闸。

4．10kV 线路

一般配置电流速断保护；过电流保护；三相自动重合闸；低周减载装置。

5．母线

母线保护的构成方式分为两大类型。

（1）非专用母线保护。由母线上连接设备的保护兼作母线保护。

（2）专用母线保护。一般采用不完全差动保护或完全差动保护作为母线的保护。

6．10kV 电力电容器

配置过电流保护；失压保护。

7．10～35kV 系统

10～35kV 系统为中性点不接地系统，需设交流绝缘监视装置。

8．站用变压器

容量较小的变压器高压侧采用熔断器作为短路保护，容量较大的变压器高压侧采用断路器时，应设电流保护。站用电源设有备用电源的应设备用电源自动投入装置。

变电站的监控和保护方式分为常规配置和采用微机实施两大类型。

2.1.5 变电站的信号装置

变电站应该设有位置信号和中央音响信号装置。位置信号用来反应设备的运行状态，如断路器、刀闸的位置；中央音响信号用来反应保护的动作情况，中央音响信号分为事故信号和预告信号两大类。当作用于跳闸的保护动作时，发出事故音响（蜂鸣器响，光字牌亮），当作用于发信号的保护动作时，发出预告信号（警铃响，光字牌亮）。

2.2 电气主接线的运行方式

电气主接线的运行方式分为正常运行方式和非正常运行方式。

2.2.1 正常运行方式

正常运行方式是指正常情况下全部设备投入运行时电气主接线经常采用的运行方式。

主接线的正常运行方式包含母线及其接线的运行方式以及系统中性点的运行方式。主接线的正常运行方式一经确定，其母线运行方式、变压器中性点的运行方式也随之确定；相应继电保护和自动装置的投入也随之确定。电气主接线的正常运行方式只有一种，各变电站的主接线正常运行方式一经确定，一般不得随意改变。

2.2.2 非正常运行方式

非正常运行方式是指在事故处理、设备故障或检修时电气主接线所采用的运行方式。由于事故处理和设备故障以及检修的随机性，电气主接线的非正常运行方式一般有多种。

各变电站都应确定本站电气主接线的正常运行方式和非正常运行方式，并写入变电站的运行规程。

2.2.3 电气主接线运行方式举例

根据图 2-7 所示 110kV 变电站电气主接线分析其运行方式。

1. 正常运行方式

(1) 110kV 侧采用内桥接线方式，设分段断路器 130QF；两回 110kV 出线 WL1、WL2 分别接在 110kV 母线Ⅰ段和Ⅱ段上；WL1 的 142QF 和两侧的 1421、1423 刀闸合上，分段断路器 130QF 及两侧 1301、1302 刀闸合上，1 号～2 号主变运行，其电源由 1WL 供给；WL2 的 143QF 断开，其两侧的刀闸 1431、1433QS 合上，WL2 热备用。

(2) 35kV 侧为单母线分段接线，设分段断路器 330；1 号主变经 301QF 接于

35kVⅠ段母线上，2号主变经302QF接于35kVⅡ段母线上；正常时，301QF、302QF合上，330QF合上，联络35kVⅠ、Ⅱ段母线运行。

（3）10kV侧为单母线分段接线方式，设分段断路器930QF；1号主变经901QF接于10kVⅠ段母线上，2号主变经902QF接于10kVⅡ段母线上；正常时，901QF、902QF合上，930QF合上，10kV母线Ⅰ、Ⅱ段联络运行。两组电力电容器开关根据母线电压情况处于运行或者热备用状态。

（4）10kV站变处于运行状态，35kV站变热备用。

2．非正常运行方式

（1）当110kV线路WL1故障或者检修时142QF断开，1421、1423断开，143QF合上；110kV电源由WL2供给，其他部分同正常运行方式。

（2）当110kV母线分段130QF检修或者故障时，可以根据负荷的情况，采用2号主变停电或者1号、2号主变分裂运行。当1号、2号主变分裂运行时，WL1供1号主变，WL2供2号主变，35kV分段断路器330QF、10kV分段断路器930QF断开。

（3）当110kV线路WL1、WL2的断路器因故障跳开时，35kV母线电源可从303QF供电，110kV的1021QS、1011QS拉开，1号、2号主变的35kV、10kV侧并列运行，此时应该密切监视303QF的负荷，以防止过负荷运行。

非正常运行方式必须按照调度的命令实施，相关的继电保护定值也应按当时的运行方式调整。

2.3 电气主接线的操作及事故处理

对于常规控制的变电站进行倒闸操作时，应先按操作任务填写操作票，并在模拟屏上进行预演，然后再进行实际操作。对于微机监控的变电站进行倒闸操作时，应在微机上生成操作票并在五防机上预演，预演成功后下传操作步骤给电脑钥匙，操作人员使用电脑钥匙按操作票的顺序操作。操作完毕后必须与五防机通信，直至主机窗口显示操作完毕。

2.3.1.1 线路的停电操作

操作任务：10kV线路WL1由运行转为检修（电气一次接线如图2-8所示）。

操作步骤：

（1）停用线路WL1的重合闸。

（2）断开QF。

（3）检查QF的位置。

（4）取下 QF 的合闸熔断器。

（5）拉开线路侧的 QS2。

（6）拉开母线侧的 QS1。此处先拉线路侧的 QS2，后拉母线侧 QS1 的原因是：考虑如果 QF 未断开，将发生带负荷拉闸而引起弧光短路事故，短路电流会使保护动作 QF 跳闸。考虑如果 QF 未断开若先拉母线侧 QS1，则带负荷拉闸的弧光引起母线短路，可造成该母线上的所有线路开关跳闸，扩大了事故。而检修母线侧刀闸必须使母线停电，造成更大停电范围。

（7）取下 QF 的控制和信号熔断器。

（8）在线路 QS2 两侧验明无电压。

（9）合上线路侧接地刀闸 QS3（如未设接地刀闸，则在此位置挂接地线）。

（10）检查 QS3 已合上或接地线已挂好。

（11）在 QS1、QS2 的操作手柄上挂牌："禁止合闸，线路有人工作！"。

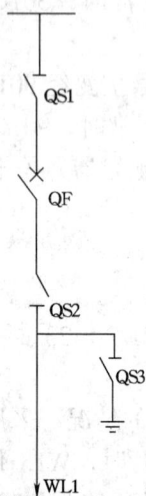

图 2-8 10kV 线路 WL1

2.3.1.2 旁路母线的操作

电气一次接线如图 2-6 所示。

（1）正常时，110kV 分段断路器 QFS 合上，QS5、QS4 合上，旁路母线带电，110kV Ⅰ段、Ⅱ段联络运行，QFS 作为分段断路器用。

（2）当某一出线的断路器需要检修（如 WL1 的 QF1），操作步骤如下：

1）合上 QS6。

2）拉开 QS4。

3）合上 QS3。

4）断开 QF1。

5）拉开 QS1、QS2。

利用分段断路器 QFS 代替 QF1，110kV Ⅰ段、Ⅱ段母线通过 QS5、QS6 联络运行。

2.3.1.3 35kV 母线以及出线停电的操作

操作任务：35kV Ⅱ段母线、Ⅱ段母线 TV、35kV 分段 330QF、304QF、306QF、308QF 及线路由运行转为检修（电气主接线如图 2-7 所示）。操作步骤如下：

1）跳开 304QF。

2）将 304QF 手车拉至试验位置。

3）取下 304QF 手车的二次插把。

4）将 304QF 手车由试验位置拉至检修位置。

5）取下 304QF 的操作熔断器。

6）将 304QF 的"远方/就地"位置切换开关切至"就地"。

7）拉开 3043QS。

8）将 306、308、302QF 按 304QF 的操作步骤执行。

9）取下 35kVⅡ段 TV 的二次熔断器。

10）拉开 35kVⅡ段 TV 的 3326QS。

11）跳开 35kV 分段 330QF。

12）将 3302QS 手车拉至试验位置。

13）取下 3302Q 手车二次插把。

14）将 3302QS 手车拉至检修位置。

15）取下 330QF 手车的二次插把。

16）将 330QF 手车由试验位置拉至检修位置。

17）取下 330QF 的操作熔断器。

18）将 330QF 的"远方/就地"位置切换开关切至"就地"。

19）检查 35kVⅡ段 TV 高压套管引线上确无电压。

20）在 35kVⅡ段 TV 高压套管引线上装接地线。

21）取下 35kVⅡ段 TV 高压熔断器。

22）检查 3043、3063、3083QS 线路侧确无电压。

23）在 3043、3063、3083QS 线路侧装接地线。

24）在 3043、3063、3083QS 操作手柄上挂牌"禁止合闸，线路有人工作！"。

25）检查 3023、3302QS 电缆侧确无电压。

26）在 3023、3302QS 电缆侧装接地线。

27）在 3023、3302QS 操作手柄上挂牌"禁止合闸，线路有人工作！"。

2.3.1.4 母线失压的事故处理

变电站母线发生故障影响很大，往往使整个变电站或整个区域系统全部停电。由于设备、人为以及系统的原因，都可能引起母线失电。母线失压时应该根据继电保护和自动装置的信号、开关的位置、仪表的指示以及事故发生时的现象，正确判断母线失压的原因。

（1）若母线失压瞬间站内设备无异常现象，继电保护、自动装置未动作，所有开关未跳闸，则可以判断母线失压因系统供电中断引起。可使全站设备保持原状，汇报调度听候处理。

（2）若失压是开关越级跳闸引起，则应该做下列处理：

1）检查各个线路开关的保护是否动作过；若发现某回路开关保护动作而开关未跳，则是该回路开关拒动，应该立即手动跳开此开关，恢复正常供电并汇报调度。

2）若检查各个分路的保护均未动作则是分路的保护拒动；应该跳开所有分路开关，再合闸使母线带电；然后逐条线路试送。若再试送某开关时又越级跳闸则停止该线路送电，然后恢复母线及其他线路供电，并且报告调度及领导。

2.4　变电站的自用电系统的运行方式与操作

变电站的自用电是指变电站自用电设备和自用机械的用电，也称站用电。

中小型变电站的自用电负荷主要有：主变压器的冷却风扇、蓄电池的充电机、硅整流装置、油处理设备、照明、通风、取暖、水泵、检修电源等。

站用电的负荷一般为 50～200kVA 范围，有调相机的变电站自用电负荷要大一些。站用电的接线一般为动力、照明、检修共网，采用 380/220V 中性点直接接地供电网络。站用电一般有两个独立的电源供电，一个作为工作电源，一个为备用电源，有些重要的变电站还有自备柴油发电机以保证站用电的可靠性。备用电源的方式分为明备用和暗备用；当工作电源消失时，备用电源的投入可以手动操作，也可以采用备用电源自动投入装置。

2.4.1　站用电的"暗备用"接线方式

如图 2-9 所示，装设两台站变，分别接在 10kV 母线的不同段上，两台站变互为备用。0.4kV 侧采用断路器分段的暗备用接线方式。

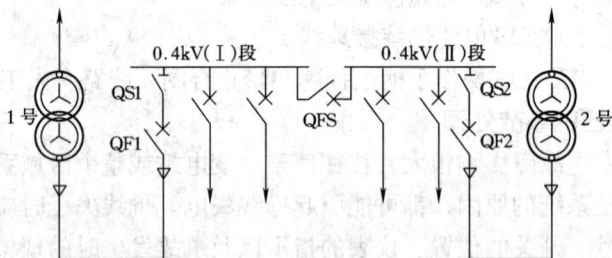

图 2-9　暗备用接线

2.4.1.1　正常运行方式

站用电Ⅰ段母线由 1 号站变供电，QS1 和 QF1 合上；站用电Ⅱ段母线由 2 号站变供电，QS2 和 QF2 合上；母线分段开关 QFS 断开。

2.4.1.2 非正常运行方式

1（2）号站变停电检修或者站变电源消失，站用电Ⅰ、Ⅱ段母线由 2（1）号站变供电，母线分段开关 QFS 合上。

2.4.2 站用电的"明备用"接线方式

如图 2－10 所示，两台站变电源分别取自 10kV 和 35kV 母线上。0.4kV 侧采用单母线接线方式。

2.4.2.1 正常运行方式

站用母线由 10kV 站变供电，QF1、KM1 合闸，35kV 站变热备用，QF2 合闸，KM2 断开。

图 2－10 明备用接线

2.4.2.2 非正常运行方式

10kV 站变检修时，断开 QF1 和 KM1，合上 KM2，站用电母线由 35kV 站变供电。由于两台站变电源分别取自 10kV 和 35kV 母线，存在相位差 30°，所以两台站变严禁并列运行。

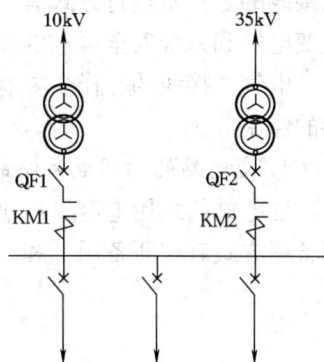

小　　结

1．变电站的电气系统

变电站的电气系统包括电气一次和电气二次系统。电气一次系统设备用于电能的交换和分配，电气一次设备的特点是电压高、电流大。电气二次系统的设备是对电气一次设备和电力系统进行监视、控制、保护、调节并与上级有关部门和用户进行联络通信的有关设备，电气二次设备的特点是电压低、电流小。

2．变电站的电气主接线

对 220kV 及以下变电站电气主接线的基本接线形式有：单母线、单母线分段、桥形、双母线、双母线带旁路母线接线。各种典型电气主接线都是这些基本接线形式的组合。

3．电气主接线的运行方式和操作

电气主接线的运行方式分为正常运行方式和非正常运行方式。

正常运行方式是指正常情况下，全部设备投入运行时，电气主接线经常采用的运行方式。正常运行方式只有一种。非正常运行方式是指在事故处理、设备故障或检修时，电气主接线所采用的运行方式。由于事故处理，设备故障和检修的随机性，电气主接线的非正常运行方式有多种。运行方式的编制应该遵守有关原则，最大限度地满足变电站和系统安全可靠的要求。

电气主接线的操作主要有：线路的停、送电操作；倒母线的操作；母线电压互感器的停用等。

4．变电站的站用电系统的运行

变电站的站用电容量较小，接线比较简单，电压等级一般采用 0.4kV。站用电源的备用方式有"明备用"和"暗备用"两种。

练　习　题

2-1　名词解释

(1) 正常运行方式。

(2) 非正常运行方式。

(3) 暗备用方式。

(4) 明备用方式。

2-2　问答题

(1) 电气一次系统和二次系统各有什么作用和特点？

(2) 变电站的 110~220kV 电压侧一般采用什么接线方式？

(3) 电气主接线的运行方式是指什么？编制主接线的运行方式应遵守哪些原则？

(4) 根据图 2-8，写出 WL1 送电的操作票。

第3章

水轮发电机的运行及事故处理

3.1 水轮发电机组的构成

水轮发电机组主要由水轮机、水轮发电机、调速器以及辅助设备等组成。

3.1.1 水轮发电机

1．水轮发电机的特点

水轮发电机按其主轴布置的方式不同分为立式和卧式两种。由于水轮机的转速一般都比较低，则发电机的转速也较低；水轮发电机的磁极对数较多，相应机组尺寸较大重量亦较大。水轮机发电机的转子都是凸极式的。

2．水轮发电机的构成

立式水轮发电机主要包括定子、转子、上机架、下机架、推力轴承、导轴承、空气冷却器、励磁装置等。

卧式水轮发电机主要由定子、转子、端盖、推力轴承、导轴承和励磁装置等部分组成。

3．水轮发电机的工作原理

水轮发电机是将水轮机的机械能转变成电能的机械。当发电机转子由水轮机拖动旋转时，转子磁场切割三相定子绕组，根据电磁感应原理在定子绕组中感应电势。当发电机出口断路器合上与负荷连通时，发电机就发出电能。

3.1.2 水轮机

水轮机是把水流的能量转变为机械能量的机械，它是水电站中发电机的原动机。

水轮机按工作原理可分反击式、冲击式两大类多个品种。

3.1.3 调速器

水轮机调速器的作用是：

（1）根据负荷的变化调节水轮机的进水量以调节发电机的转速，即调节频率；或者调节发电机所带有功负荷的大小。

（2）完成机组的开机和停机任务。

3.1.4 水轮发电机组的辅助设备

水轮发电机组的辅助设备包括润滑系统、冷却系统和制动系统。

1. 润滑系统

润滑系统是保证水轮发电机组各个摩擦面之间形成有效润滑所需要的各种辅助设备的综合。立式水轮发电机组需要润滑的部分有机组的推力轴承，上、下导轴承，水轮机的水导轴承；卧式机组需要润滑的部分有推力轴承、导轴承。这些润滑通常是采用油或者水润滑。

2. 冷却系统

冷却系统是保证水轮发电机组各轴承、各绕组及铁芯工作于允许温度的各种辅助设备的综合。机组在运行过程中发电机的推力轴承和导轴承，发电机的定子绕组、转子绕组和定子铁芯将产生较多的热量，这些热量中的大部分使导体或者接触部件温度升高。推力轴承和导轴承的冷却一般通过油带出轴承的热量，而冷却器放在轴承油槽内，在冷却器中通以水带走油中的热量。对于定子铁芯、绕组和转子绕组一般采用空气冷却。为增强空气冷却效果，可采用强制通风或者在进风口设置空气冷却器。对于大容量的发电机，也可以采用水来冷却。

3. 制动系统（刹车系统）

制动系统是保证水轮发电机组在停机过程中当转速降至一定程度时对机组进行强行制动的各种辅助设备的综合。当水轮发电机组停机时，尽管水轮机的导水机构已经全关，但由于转子的机械惯性将使转子继续转动；在停机状态时水轮机导叶关闭不严也可使水轮发电机在低转速下运转。低转速下运转轴承工作面不能有效形成油膜对推力轴承有较大损害。所以当机组转速下降至额定转速的 35% 时，需要通过制动系统对机组进行强行制动。

3.2　发电机的运行方式

3.2.1　发电机的额定运行方式

发电机的额定运行方式是指发电机按制造厂铭牌额定参数运行的方式。发电机在额定运行方式下，损耗小、效率高，能够长期连续运行。

3.2.2　发电机的允许运行方式

当电网负荷变化时，发电机的运行参数可能会偏离额定值，但在允许范围内。这种运行方式称为允许运行方式。

1. 发电机的允许温度

发电机的定子绕组、定子铁芯、转子绕组的允许温度和允许温升取决于发电机定子和转子采用的绝缘材料等级和测温方法。一般发电机的定子采用 A 级绝缘，温度不超过 105℃，转子采用 B 级绝缘，温度不超过 130℃。

2. 发电机功率因数的允许变化范围

发电机工作在发电状态，即同时向系统输出有功和无功，也称迟相运行。功率因数为迟相功率因数，发电机的额定功率因数值一般为 0.8～0.9。发电机运行时，由于有功和无功负荷的变化，其功率因数也是变化的。为了保持发电机的稳定运行，功率因数一般不超过 0.95。

3. 发电机电压的允许变化范围

并网运行的发电机的电压是由电网的电压决定。发电机电压在额定值的 ±5% 范围内变化时，允许发电机长期按额定出力运行。发电机电压最大变化范围不得超过额定值的 ±10%。

4. 发电机频率允许的变化范围

发电机的频率应保持在额定值 50Hz 运行。由于系统负荷的变化，发电机的频率可能偏离额定值，但最大偏差不应超过 50±0.5Hz。

3.2.3　发电机的特殊运行方式

1. 发电机的调相运行方式

发电机的调相运行方式是指把发电机并在系统上作空载电动机运行，向系统输送无功功率，同时从系统吸收很少的有功功率用于克服空载损耗和励磁损耗，以维持额定转速。

2．发电机的进相运行

发电机的进相运行是指发电机工作在欠励状态，此时发电机向系统发出有功功率，吸收无功功率，功率因数处于超前状态。为了维持发电机的稳定运行，发电机一般不允许进相运行。

3.3 水轮发电机组的试运行

水轮发电机组在新安装完毕或大修完成后正式投入运行前应进行机组试运行。其目的是对机组的安装和检修质量及其性能进行一次全面的动态检查和鉴定。同时也对引水设施、辅助设备、电气设备等进行检查。试运行还具有交接验收的性质，试运行合格后方能正式运行。

水轮发电机组试运行工作的重点是：

检查水轮发电机组及各轴承、发电机各部分温升以及机组的振动和摆度情况是否在允许范围内，检查各仪表指示是否正确，调速器、励磁系统的工作状态以及自动装置的性能。

3.3.1 试运行前的检查和设备试验

1．水工部分的检查

包括引水渠道，拦河闸及闸门的操作机构，压力水管、主阀、尾水管等。

2．机械部分的检查

包括各个静止部分及紧固件检查，活动、转动部分检查。

3．调速器和辅助系统的检查

包括调速器动作的灵活性，开度指示的位置是否准确，锁锭，油压装置等。油、水、气系统，机组测温装置等进行检查。

4．发电机的检查

包括发电机定、转子绝缘检查，定子绕组、转子绕组引出线的连接部分检查。还要仔细检查发电机内部无杂物和遗留工具等。

5．励磁系统的检查

包括励磁电源设备，各个开关的位置，各个回路熔断器等检查。

6．配电设备、升压设备的检查

包括机旁配电设备，发电机出口开关设备及升压设备的检查。

7．机组起动前顶转子

对于立式机组，起动前用手动油泵顶起转子 8～10mm，其目的是使推力瓦建立油膜，以保证轴瓦的安全。

3.3.2 机组试运行的一般程序

1. 引水设备充水的试验与检查

对压力钢管引水的电站，应对钢管进行充水试验，检查钢管和主阀的渗水情况。可提起前池闸门至充水开的开度对钢管进行缓慢充水；无异常后将压力钢管前的检修闸门全开，再打开主阀的旁通阀对水轮机蜗壳充水；无异常后，打开主阀或提起前池闸门至全开。

2. 机组空转运行

在对机组进行全面检查，满足起动条件，各岗位指定专人负责观测后，方可开始空转试运行。

试运行采用现场手动开机，操作调速器打开导水叶使机组转动；然后逐步升速，直到空载额定转速。在升速过程中，应注意监视机组的机械部分，特别注意有无异常声音。第一次开机当达到额定转速时即应操作停机，待停机完成后汇总各观测岗位意见，无异常后方可再开机。第一次开机过程中若情况不正常应立即停机检查。

空转运行过程中，应重点检查以下内容：

(1) 观察水机主轴密封工作情况。

(2) 观察和测量机组的振动和摆度。

(3) 监视机组各个轴承的瓦温、油温。并做好记录，当瓦温超过 65° 时应立即停机处理。

(4) 观察转动部分与固定部分有无摩擦、撞击声及其他异常声音。

(5) 观察油、气、水系统的工作。

(6) 观察调速器及油压装置的工作情况。

3. 机组空载运行

当机组在额定转速空转运行一定时间后，各个部分工作无异常，方可进行励磁、升压，进入空载运行。

(1) 合上发电机的灭磁开关，对自励磁的发电机先进行起励，然后逐步升压至额定电压。在逐步分级升压过程中，当电压升到各级值时应停留一段时间，检查电气设备的工作情况。如果一切正常才能继续升压。

(2) 空载运行一定时间后，确认一切正常应作停机操作。将导水叶开度逐渐关小至全关，励磁电流减至零并跳开灭磁开关，待转速下降至 35% 额定转速时进行制动（刹车）。停机后应对机组以及所有设备进行全面的检查。

4. 机组带负荷运行

机组在空载运行合格后，可以进行带负荷运行。机组带负荷运行分为单机运行和并网运行。下面介绍并网运行的操作过程。

（1）手动开机，机组进入空载运行状态。

（2）检查各个部分，确认正常后采用手动准同期方式将发电机并入系统。

（3）发电机并入系统后按额定负荷的25%、50%、75%、100%四个阶段逐渐增加负荷。

机组带负荷运行时，应注意检查和监视以下内容：

（1）机组各个轴承的温度以及发电机的定子温度。

（2）各个表计的指示是否正确。

（3）配电装置的工作情况是否正常。

5．机组甩负荷试验

当机组带满负荷稳定运行一定时间，当保护、自动装置调试、试验均正常后可进行甩负荷试验。甩负荷试验的目的是系统地检验机组在事故状态下的性能以及各种自动装置动作的灵敏性。甩负荷试验分为额定负荷的25%、50%、75%、100%四挡进行。甩负荷试验要作到统一指挥，分工明确，责任到人。当设备或自动装置失灵时，应立即进行手动操作以保证机组的安全。

甩负荷试验后，应重点检查以下内容：

（1）调速机构，导叶的位置。

（2）发电机的励磁装置。

（3）各个信号装置。

（4）机组的紧固件、传动部件。

（5）压力管道、镇墩、主阀等。

3.4　水轮发电机组的正常运行

3.4.1　机组正常开机操作

对于正常停机后的开机，开机前的检查和开机步骤不像机组试运行那么复杂。仅需按正常检查项目检查后即可开机。对于立式机组，如果停机时间较长（新安装或大修后的机组，第一年内停机超过24h，第二年内超过72h），开机前需要顶转子。根据水电站自动化的程度不同，可以在主厂房手动开机，也可以在中控室进行自动开机。

下面以立式自并励可控硅励磁的发电机为例，说明正常开机的操作步骤。

（1）接到开机命令后，进行开机前的检查和准备。

检查开机条件：

1）导水叶处于全关状态。

2）制动闸复位。

3）断路器未合。

4）灭磁开关未合。

（2）当满足开机条件时，退出调速器锁锭，打开调速器总供油阀，开启发电机通风机，打开冷却水。

（3）打开导水叶至"空载"开度，转速升至额定值。

（4）合上发电机灭磁开关，起励，逐步升压至发电机额定电压。

（5）等待发电机主断路器合上后，进行导水叶开度和转速调整，将机组带上所需负荷。

（6）检查机组各部分的运行情况，并做好记录。

3.4.2 发电机的同期并列操作（以带闭锁的手动准同期并列方式为例）

发电机一次系统处于热备用状态；发电机的控制、信号、合闸熔断器已装上；发电机各个保护已投入。

（1）当发电机组已经开机，且发电机电压、频率已接近额定值。

（2）给上合闸电源。

（3）将同期闭锁开关 BK 切至"投入闭锁"位置，同期开关 TK 切至"投入"位置。

（4）将同期切换开关 STK 切至"粗调"位置。

（5）调节待并机组的电压和频率与系统侧接近时将同期切换开关 STK 切至"细调"位置。观察整步表的指示并进行细调。当准同期并列条件满足时发出合闸命令，发电机主断路器合闸，发电机并入系统运行。

（6）断开合闸电源，断开 STK、TK。

（7）巡视检查并做好记录。

在并列过程中，如果整步表指针转动过快或指针接近红线停止不动，应禁止并列合闸，以防止非同期并列。

3.4.3 发电机组的正常停机操作

正常停机操作步骤：

（1）接到停机命令后，进行卸负荷。即关小导水叶的开度至"空载"位置（减有功负荷至零）；减小励磁电流（减无功负荷至零）。

(2) 当有无功负荷卸完后，跳开发电机主断路器。

(3) 降低发电机电压至零，跳开灭磁开关。

(4) 关闭导水叶至"全关"位置。

(5) 待转速降至额定转速的35%时，投入机组制动（刹车）。

(6) 关闭冷却水，关闭发电机通风机。

(7) 投入调速器调速器锁锭，关闭调速器总供油阀。

(8) 断开各屏的操作电源（短时停机可不断操作电源）；但调速器的油压装置应保持工作状态。

(9) 对机组进行检查并做好记录。

3.4.4 发电机的事故停机

3.4.4.1 当发电机在运行中发生下列故障时，机组应能够自动进行事故停机

(1) 发电机电气事故发电机保护动作。

(2) 机组事故。

1) 轴承温度过高达到75℃。

2) 调速器油压事故性降低。

机组发生上述故障时，相应的保护动作，自动跳开发电机主断路器、灭磁开关，机组作事故停机，并发出事故信号。

3.4.4.2 当发电机在运行中发生下列故障时，机组应能够自动进行紧急事故停机

(1) 机组过速达到140%额定转速。

(2) 在事故停机过程中剪断销剪断。

紧急事故停机除自动跳开发电机主断路器、灭磁开关，机组作事故停机并同时发出紧急事故信号外，还要关闭机组主阀。

3.4.4.3 当发生下列情况时，运行人员应立即关闭导叶、降低励磁、将发电机与系统解列并进行手动紧急停机

(1) 机组发生强烈的振动或严重的异响。

(2) 发电机引出线电缆爆炸或接头发热冒烟。

(3) 水轮机严重漏水，压力水管破裂，危及机组安全。

(4) 发电机定子、转子冒烟着火。

(5) 发生人身事故或自然灾害。

事故停机或紧急事故停机后，运行人员不应立即将保护复归而应及时报告上级领导或调度等候处理，并做好记录。事故停机后应进行全面检查分析，找出原因，进行处理。

3.5 机组运行中的巡视检查与维护

机组运行时运行人员应对机组的运行工况进行严密监视；应按运行规程的要求对设备进行巡视检查、维护；及时发现异常情况，及时消除设备的缺陷，保证机组安全运行。

3.5.1 机组运行工况应监视的内容

1. 参数的监视

包括发电机的定子电流、定子电压、有功功率、无功功率、功率因数、频率、励磁电流和励磁电压。

2. 绝缘状况的监视

采用绝缘监视装置定期对定子绕组和转子绕组的绝缘进行监测。

3. 机组温度的监视

通过机组测温装置对发电机的定子绕组和铁芯以及各轴承的温度进行监视。对于A级绝缘的发电机定子绕组温度一般不超过105℃；定子铁芯的温度不应高于线圈的温度；轴承的温度一般不超过65℃，最高不超过75℃。

运行人员不应简单对各测量表计进行抄录，而应根据这些表计显示结合平时观测及经验来判断机组的运行工况，力求把事故处理在发生之前。

3.5.2 机组运行中的检查

检查的内容包括：

（1）滑环和电刷的接触状况。

（2）机组各油槽的油位、油质。

（3）机组的振动、声音、气味。应定期测量机组的摆度是否超过允许值。

（4）辅助设备的"工作"和"备用"状态定期切换。

（5）调速器及油压装置的工作状态。

（6）励磁系统的工作状况：即励磁屏内的工作电源、可控硅整流元件的冷却风机、整流元件的熔断器、各连接部分的发热情况等。

（7）机组保护切换片的位置。

3.5.3 运行中维护

机组运行中的维护是指对检查和监视中发现的缺陷和不安全因素进行及时的处理

以及定期的维护。其内容如下：

(1) 维护机组的清洁。

(2) 保持各油糟的油位。

(3) 保证各连接部分牢固，各转动部分灵活。

(4) 保持机组自动化元件完好。

(5) 防止电气元件受潮。

3.6　水轮发电机常见故障及处理

由于水轮机发电机组的结构比较复杂，有机械部分，电气部分以及油、气、水系统，它受系统和用户运行方式的影响，还受天气等自然条件影响，容易发生故障或者不正常运行状态。某一次故障可能是一种偶然情况，但对整个机组运行来说又是一种必然事件。运行人员应从思想、技术、组织等各方面做好充分准备。

(1) 运行人员平时应加强理论学习，尽可能掌握管辖设备的工作原理和运行性能。

(2) 运行人员应熟悉各设备安装位置，各切换开关、切换片位置。

(3) 运行班组应针对各种主要故障制定事故处理预案并落实到人。

(4) 运行现场应准备必要的安全防护用具及应急工具。

(5) 运行人员应有临危不乱沉着应对的心理素质。

3.6.1　发电机的不正常运行

发电机在运行过程中，由于外界的影响和自身的原因，发电机的参数将发生变化，并可能超出正常运行允许的范围。短时间超过参数规定运行或超过规定运行参数不多虽然不会产生严重后果，但长期超过参数运行或者大范围超过运行参数就有可能引起严重的后果，危机及发电机的安全应该引起重视。

1. 发电机过负荷

运行中的发电机，当定子电流超过额定值 1.1 倍时，发电机的过负荷保护将动作发出报警信号。运行人员应该进行处理，使用其恢复正常运行。若系统未发生故障，则应该首先减小励磁电流减小发电机发出的无功功率；如果系统电压较低又要保证发电机功率因数的要求，当减小励磁电流仍然不能使用定子电流降回来额定值时，则只有减小发电机有功负荷；如果系统发生故障时，允许发电机在短时间内过负荷运行，其允许值按制造厂家的规定运行。

2. 发电机转子一点接地

发电机励磁系统发生转子一点接地时励磁系统仍能短时工作，但转子一点接地将改变转子正极对于地电压和负极对于地电压，可能引发转子两点接地故障；继而引起转子磁拉力不平衡，造成机组振动和引起转子发热。发生转子一点接地时，发电机的转子一点接地保护动作发出报警信号。运行人员可以根据信号的现象来判断是否发生了转子一点接地。如果信号瞬间消失，可能是瞬间一点接地；如果信号不消失，应该判断是保护误动还是确实发生了转子一点接地故障。如果排除保护误动的可能，则应该在 2h 内检查处理。否则应停机处理。

3. 发电机温度过高

发电机在运行中，如果定子、转子或者铁芯温度超过规定值，应该及时检查处理。引起发电机温度过高的原因一般有以下几种：

(1) 发电机过负荷运行时间超出了允许值。

(2) 发电机通风系统不良，散热差。

(3) 定子铁芯的绝缘部分损坏或短路，铁芯涡流使发热增大。

发电机在运行中，温度超过规定值应检查发电机抽风机是否正常，排风口是否通畅，发电机进风口空气冷却器冷却水是否中断。

4. 电气二次回路故障

电气二次回路主要有以下故障：

(1) 电压互感器二次回路断线。

(2) 操作电源消失。

(3) 断路器的位置继电器故障。

(4) 断路器辅助接点接触不良等。

这些故障一般可以在运行中排除，不必停机处理。

3.6.2 发电机的故障及处理

1. 发电机的非同期并列

当不满足同期并列条件将发电机并入系统，即发生发电机非同期并列故障。此时合闸冲击电流很大，可能损坏发电机组，造成重大事故；特别是大容量机组与系统非同期并列还将对系统造成较大冲击，引起该机组与系统间的功率振荡危及系统的稳定运行。应尽力避免发生非同期并列。

发电机非同期并列应该根据事故的现象正确判断处理。当同期条件基本满足时，待并发电机无强烈的振动和轰鸣声，并且表计摆动能很快趋于稳定，机组会很快拉入同步，进入稳定运行状态。如果并列时产生强烈的振动，表计摆动剧烈且不衰减，发电机主断路器合闸保护又立即跳闸可判断为发生非同期并列，应立即停机检查。

检修发电机时应注意拉开发电机主断路器前的隔离开关，防止误操作合发电机主断路器而将未开机未励磁的机组投入系统而引起对发电机的巨大冲击。

2. 发电机主断路器跳闸

引起发电机主断路器跳闸的原因一般有：

（1）发电机内部或者外部故障，造成保护动作。

（2）保护或者断路器的操作机构误动。

（3）直流系统发生两点接地。

（4）运行人员误操作。

发电机保护动作后，运行人员应该立即检查发电机主断路器及灭磁开关是否确实跳闸，当确认发电机主断路器跳闸后方能操作停机。当机组停机后，对机组进行全面的检查，找出主断路器跳闸的原因并且进行处理。若发电机保护动作后发电机主断路器未有效分闸而贸然停机制动，系统电势在发电机定子气隙中产生的旋转磁场可在转子绕组、转子铁芯中感生电势，使转子产生高温，有烧毁机组的危险。

3. 发电机不能正常建立电压

对于自并励可控硅励磁的发电机，当发电机组正常开机并起励后发电机机端电压不能正常建压。首先应检查灭磁开关、阳极开关是否合闸，进而排除励磁回路断线的可能。应该重点检查可控硅整流电路和励磁调节电路。现在很多可控硅励磁装置都设有"试验"和"运行"方式切换装置，可以将励磁装置切换至"试验"状态进行检查。

4. 发电机失磁

水轮机发电机不允许失磁运行。当发电机在运行中失去励磁，发电机的失磁保护将动作跳开发电机主断路器和灭磁开关并作事故停机。

对自并励可控硅励磁的发电机，引起失磁的原因主要有以下几种：

（1）励磁变压器故障。

（2）转子磁极绕组开焊。

（3）灭磁开关误跳。

（4）可控硅整流回路故障。

（5）励磁调节电路故障。

根据这些原因进行检查处理。

5. 系统解列

系统解列虽然不是发电厂自身事故，但可能对发电厂带来极大影响甚至酿成严重事故。正在运行的发电厂突然出现上网开关跳闸且系统电压、频率消失，随之发电机开关跳闸，机组出现过速、过压时，可判定为发生系统解列。

若此时机组自动处于空载状态并保持空载额定电压，运行人员应及时操作提起取水口泄洪冲沙闸门泄水；若机组自动停机，则往往伴随厂用电消失，运行人员应千方百计首先恢复厂用电，抢提取水口泄洪冲沙闸门（此点对径流式水电站汛期尤为重要）。此过程中不要轻易操作停机，因此时停机既增加了保住厂用电的难度，又对泄洪不利。

小　　结

1. 水轮发电机按其主轴布置的方式不同分为立式和卧式两种。水轮发电机的转速较低，磁极对数较多。水轮机发电机的转子都是凸极式的。立式水轮发电机主要包括定子、转子、上机架、下机架、推力轴承、导轴承、空气冷却器、励磁装置等。卧式水轮发电机主要由定子、转子、端盖、推力轴承、导轴承和励磁装置等部分组成。

2. 水轮发电机组是水电站的主要设备，只有水轮发电机组能够正常运行，才能保证水电站的正常运行。水轮发电机组在正式投入运行前应进行试运行。其目的是对机组的安装和检修质量及其性能进行一次全面的动态检查和鉴定。同时也对引水设施、辅助设备、电气设备等进行检查。以便发现问题及时进行处理。试运行合格后方能正式运行。正式运行时必须按照操作规程进行，并严格执行各种规章制度，对设备进行规定的巡视检查和维护项目。

3. 本章对水轮机发电机的过负荷、转子一点接地、发电机温度过高、电气二次回路故障、发电机的非同期并列、发电机主开关跳闸、发电机不能正常建压、发电机失磁、系统解列等常见的不正常状态和故障进行了分析并提出处理办法。

练　习　题

3-1　名词解释

（1）额定运行方式。

（2）允许运行方式。

（3）机组空转。

（4）机组空载。

（5）机组带负载。

3-2　问答题

（1）水轮发电机组由哪些部分组成？各个部分的作用是什么？

（2）水轮发电机组试运行的目的是什么？说明试运行的程序。

（3）水轮发电机组运行时巡视检查的主要项目有哪些？

（4）在哪些情况下，机组应作事故停机？

（5）水轮发电机的常见故障有哪些？

第 4 章

变压器的运行及事故处理

4.1 概　　述

4.1.1 油浸式变压器

油浸式大型变压器外形如图 4-1 所示。

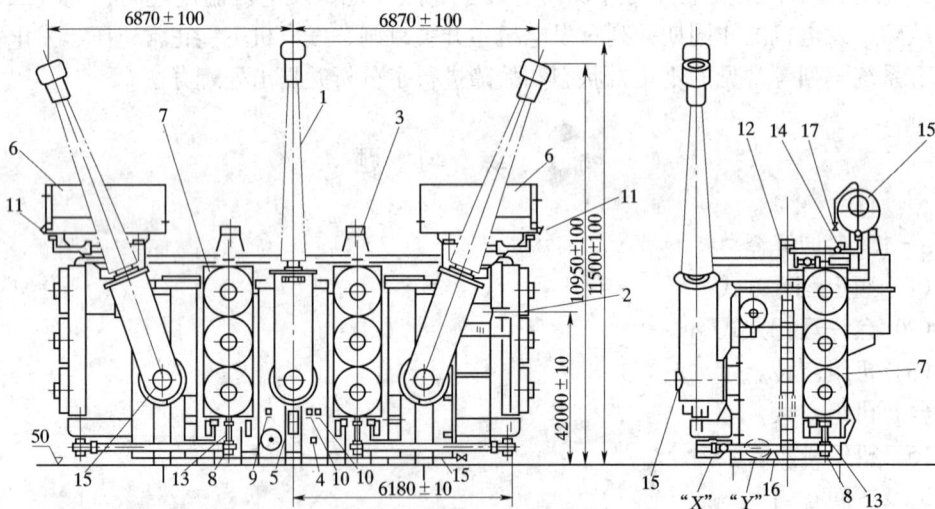

图 4-1　755MVA 油浸式大型变压器外形

1—高压套管；2—高压中性套管；3—低压套管；4—分接头切换操作器；5—铭牌；
6—油枕；7—冷却器及风扇；8—油泵；9—油温指示器；10—绕组温度指示器；
11—油位计；12—压力释放器；13—油流指示器；14—气体（瓦斯）继电器；
15—人孔；16—干燥和过滤阀（有采样塞）；17—真空阀

图4-2是油浸式配电变压器外形。

由图4-2知，变压器主要由铁芯、绕组、油箱、油枕及绝缘导管、分接开关和气体继电器等组成。

1. 铁芯

铁芯是变压器的磁路部分。运行时要产生磁滞损耗和涡流损耗而发热。为降低发热损耗和减小体积与重量，铁芯采用小于0.35mm的导磁系数高的冷轧晶粒取向硅钢片构成。依照绕组在铁芯中的布置方式，有铁芯式和铁壳式之分。芯式变压器结构简单，高压绕组与铁芯距离较远，绝缘容易处理。而壳式变压器的结构较坚固，绕组能承受较大电磁力，特别适合通过大电流的变压器，但制造工艺较复杂，且高压绕组与铁芯柱的距离较近，绝缘处理较困难。

在大容量变压器中，为使铁芯损耗发出的热量能被绝缘油在循环时充分带走，以达到良好的冷却效果，常在铁芯中设有冷却油道。

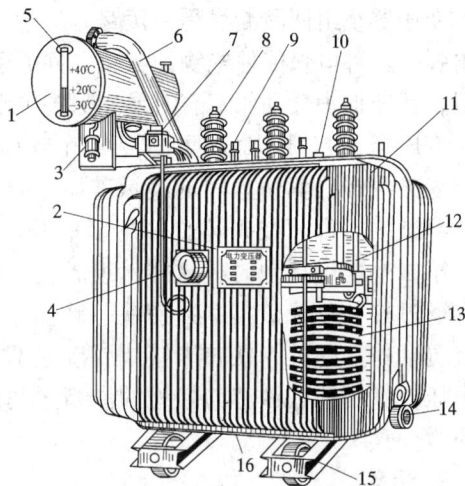

图4-2 油浸式配电变压器

1—温度计；2—铭牌；3—呼吸器；4—储油柜；5—油标；6—防爆管；7—气体继电器；8—高压套管；9—低压套管；10—分接开关；11—油箱；12—铁芯；13—绕组；14—放油阀；15—小车；16—接地端子

2. 绕组

绕组和铁芯都是变压器的核心元件。由于绕组本身有电阻或接头处有接触电阻，由 I^2Rt 知要产生热量，故绕组不能长时间通过比额定电流高的电流。另外，通过短路电流时将在绕组上产生很大的电磁力而损坏变压器。其基本绕组有同心式和交叠式两种。

变压器绕组主要故障是匝间短路和对外壳短路。匝间短路主要是由于绝缘的老化，或由于变压器的过负荷以及穿越性短路时绝缘受到机械的损伤而产生的。变压器内的油面下降，致使绕组露出油面时，也能发生匝间短路；另外有穿越短路时，由于过电流作用而使绕组变形，使绝缘受到机械损伤，也会产生匝间短路。

匝间短路时，短路绕组内电流超过额定值，但整体绕组电流不超过额定值。在这种情况下，瓦斯保护动作，情况严重时，差动保护装置也会动作。

对外壳短路的原因也是由于绝缘老化或油受潮、油面下降，或因雷电和操作过电压而产生的。除此以外，在发生穿越短路时，因过电流而使绕组变形，也会产生对外壳短路的现象。对外壳短路时，一般都是瓦斯保护装置动作和接地保护动作。

变压器绕组回路断线是因短路时的电动应力或连接处不良引起的。回路断线时产生电弧，这种电弧能使绝缘油劣化，并能引起相间短路和对外壳短路。因断线产生电弧时，瓦斯保护会动作，有时差动保护也动作。

变压器铁芯损坏最严重的情况就是所谓"铁芯起火"。这是由于个别硅钢片间的绝缘破损或夹紧螺丝间的绝缘破损。因有涡流而产生局部过热而引起。夹紧螺丝的绝缘破损，如只在铁芯的一侧接地时，还不能直接"起火"，但有"起火"的危险，第二个螺丝接地时，这样就组成一个短接回路，在此回路中有很大的电流，致使螺丝过热，绝缘破损，并使铁芯破损，铁芯"起火"扩大时，油温上升，瓦斯保护装置动作。另外，铁芯未接地或接地不良，就在绕组电磁感应作用下产生一定的过电压，就可能在铁芯与接地的油箱之间产生断续的放电，使油里增加炭渣，使油变质。

3. 油箱

油浸式变压器的器身（绕组及铁芯）都装在充满变压器油的油箱中，油箱用钢板焊成。中、小型变压器的油箱由箱壳和箱盖组成，变压器的器身就放在箱壳内，将箱盖打开就可吊出器身进行检修。大、中型变压器，由于器身庞大和笨重，起吊器身不便，都做成箱壳可吊起的结构。这种箱壳好像一只钟罩，当器身要检修时，吊去较轻的箱壳，即上节油箱，器身便全部暴露出来了。

大容量变压器的油箱广泛采用全封闭结构，即主油箱与油箱顶部钢板之间或上节油箱与下节油箱之间都采用焊接焊死，不使用密封垫，以防止密封不牢靠。为便于检修，在适当部位开有人孔门或手孔门。

漏油是油箱的常见问题。

4. 油枕

油枕又叫油柜，是一种油保护装置，它是由钢板做成的圆桶形容器，水平安装在变压器油箱盖上，用弯曲管与油箱连接。油枕的一端装有一个油位计（油标管），从油位计中可以监视油位的变化。油枕的容积一般为变压器油箱所装油体积的8%～10%。

当变压器油的体积随着油的温度膨胀或缩小时，油枕起着储油及补油的作用，从而保证油箱内充满油。同时由于装了油枕，使变压器油缩小了与空气的接触面，减少了油的劣化速度。

油浸式变压器油中若含有万分之一的水，其绝缘将下降1/8，也就是绝缘油受潮后容易造成击穿和闪络，甚至造成事故。故检修变压器要选择气候、地点和时间长短。

另外，变压器油若与空气接触而被氧化，结果是使油的酸性上升并产生中性物质。酸性的加大使铜、铁及绝缘材料受腐蚀，介质损失增大，中性物质使油的粘度增加，油色加深，从而使变压器油的散热困难，油泥增多阻塞油道，减小爬电距离，造成击穿。另外，温度对油质的影响也非常大。试验证明，油在 60～70℃ 时就开始氧化，但很少发生变质，当温度达到 120℃ 时氧化激烈，变质加剧。故大型变压器采取的热虹吸滤油器就是解决这一问题的措施之一，它能对油起到再生的作用。由于绝缘油劣化是变压器故障的主要原因之一，在运行中应加强对油的管理，应注意以下几点：①按期取样做油化试验，不合格者及时处理；②监视变压器上层油温，上层油温不得超过 95℃，一般情况下不宜长时间超过 85℃；③减少绝缘油与空气的接触，预防水分渗入；④对运行中电压为 35kV 及以上，容量在 1000kVA 及以上的油浸式变压器，每年至少进行一次溶解于绝缘油里的气体的气相色谱分析试验。

防止油与大气和水分接触的根本措施，就是无油枕无呼吸器的封闭式变压器，其寿命可高达 40～50 年，如 S_{11}—M 型配电变压器。

大型变压器为防止油与大气接触的机会，其油枕常用隔膜式油枕和胶囊式油枕。

5. 呼吸器

呼吸器又称吸湿器，通常由一根管道和玻璃容器组成，内装干燥剂（硅胶或活性氧化铝）。当油枕内的空气随变压器油的体积膨胀或缩小时，排出或吸入的空气都经过呼吸器，呼吸器内的干燥剂吸收空气中的水分，对空气起过滤作用，从而保持油的清洁。浸有氯化钴的硅胶，其颗粒在干燥时是蓝色的，但是随着硅胶吸收水分接近饱和时，粒状硅胶就转变成粉白色或红色，据此可判断硅胶是否已失效。受潮后的硅胶可通过加热烘干而再生，当硅胶颗粒的颜色变成钴蓝色时，再生工作就完成了。

6. 压力释放装置

压力释放装置在保护电力变压器方面起重要作用。充有变压器油电力变压器中，如果内部出现故障或短路，电弧放电就会在瞬间使油汽化，导致油箱内压力极快升高。如果不能极快释放该压力，油箱就会破裂，将易燃油喷射到很大的区域内，可能引起火灾，造成更大破坏，因此必须采取措施防止这种情况发生。压力释放装置有防爆管和压力释放器两种，防爆管用于小型变压器，压力释放器用于大、中型变压器。

（1）防爆管（又称喷油管）。防爆管装于变压器的顶盖上，喇叭形的管子与油枕或大气连接，管口由薄膜封住。当变压器内部有故障时，油温升高，油剧烈分解产生大量气体，使油箱内压力剧增。当油箱内压力升高至 5×10^4 Pa 时，防爆管薄膜破碎，油及气体由管口喷出，防止变压器的油箱爆炸或变形。

（2）压力释放器。压力释放器与防爆管相比，具有开启压力误差小、延迟时间短（仅2ms）、控制温度高、能重复动作使用等优点，故被广泛应用于大、中型变压器上。

压力释放器也称减压器，它装在变压器油箱顶盖上，类似锅炉的安全阀。当油箱内压力超过规定值时压力释放器密封门（阀门）被顶开，气体排出，压力减小后，密封门靠弹簧压力又自行关闭。可在压力释放器投入前或检修时将其拆下来测定和校正其动作压力。

压力释放器动作压力的调整，必须与气体继电器动作流速的整定相协调。如压力释放器的动作压力过低，可能会使油箱内压力释放过快而导致气体继电器拒动，扩大变压器故障范围。

压力释放器安装在油箱盖上部，一般还接有一段升高管使释放器的高度等于油枕的高度，以消除正常情况下油压静压差。

7. 散热器

散热器形式有瓦楞形、扇形、圆形、排管等，散热面积越大，散热的效果就越好。当变压器上层油温与下部油温产生温差时，通过散热器形成油的对流，经散热器冷却后流回油箱，起到降低变压器温度的作用。为提高变压器冷却效果，可采用风冷、强迫油风冷和强迫油水冷等措施。散热器的主要故障是漏油。

8. 绝缘套管

变压器绕组的引出线从箱内穿过油箱引出时，必须经过绝缘套管，以使带电的引线绝缘。绝缘套管主要由中心导电杆和瓷套组成。导电杆在油箱内的一端与绕组连接，在外面的一端与外线路连接。它是变压器易出故障的部件。

绝缘套管的结构主要取决于电压等级。电压低的一般采用简单的实心瓷套管。电压较高时，为了加强绝缘能力，在瓷套和导电杆间留有一道充油层，这种套管称为充油套管。电压在110kV以上，采用电容式充油套管，简称为电容式套管。电容式套管除了在瓷套内腔中充油外，在中心导电杆（空心铜管）与法兰之间，还有电容式绝缘体包着导电杆，作为法兰与导电杆之间的主绝缘。

变压器套管漏油是最常见的套管故障。严重的套管故障表现在套管对外壳击穿或相间闪络，套管对外壳击穿的原因，往往是在制造安装或检修时不慎使套管出现裂纹，或套管脏污而引起，因为相间有足够的距离，套管发生相间闪络的情况很少。

9. 分接开关（又称切换器）

分接开关是调整变压比的装置。双绕组变压器的一次绕组及三绕组变压器的一、二次绕组一般有3、5、7个或19个分头位置。分接头的中间分头为额定电压的位置，3个分接头的相邻分头电压相差5%，多个分头的相邻分头电压相差2.5%或1.25%。

操作部分装于变压器顶部，经传动杆伸入变压器的油箱。根据系统运行的需要，按照指示的标记来选择分接头的位置。

变压器的高压装置分为无载调压和有载调压两种。无载分接开关，是在不带电情况下切换，其结构简单。有载分接开关，是在不停电情况下切换，为了在切换过程中不致造成两切换抽头间线匝短路，必须接入一个过渡电路，通常利用一个电阻或电抗跨接在切换器的两抽头之间作为过渡。因此，有载分接开关过渡电路，结构较复杂，但其分接头可在带负荷下进行，故在电力系统中被广泛采用。

分接开关是变压器最易出故障的部位。分接开关的故障大部分是开关的接触面烧毁，其原因是接触面不足或接触面压力不够。当近处发生短路时，因过电流的热作用使其烧毁。分接开关发生事故时，一般是瓦斯保护装置动作。

变压器分接头一般都从高压侧抽头，主要原因在于：①变压器高压绕组一般在外侧，抽头引出连接方便；②高压侧电流小，因而引出线和分接头开关的载流部分导体截面小，接触不良的问题易于解决。

从原理上讲，抽头从哪一侧抽均可，要作技术经济比较。例如 500kV 大型降压变压器抽头是从 220kV 侧抽出的而 500kV 侧是固定的。

10. 气体继电器

气体继电器是变压器的主要保护设施，它可以反映变压器内部的各种故障及异常运行情况，如油位下降、绝缘击穿、铁芯、绕组等受潮、发热或放电故障等，且动作灵敏迅速，结构连线简单，维护检修方便。

气体继电器装设于变压器油箱与油枕之间的连管上，继电器上的箭头方向应指向油枕并要求有 1%～1.5% 的安装坡度，以保证变压器内部故障时所产生的气体能顺利地流向气体继电器。

安装在地震度为七级以上地区的变压器，应装用防震型的气体继电器。除特殊外，800kVA 以下变压器，无气体继电器。

11. 净油器（又称温差过滤器）

净油器是一个充满吸附剂（硅胶或活性氧化铝）的容器，它安装在变压器油箱的侧壁或强油冷却器的下部。在变压器运行时，由于上、下油层之间的温差，变压器油从上向下经过净油器形成对流。油与吸附剂接触，其中的水分、酸和氧化物等被吸收，使油质清洁，延长油的使用寿命。当使用硅胶时，其质量为变压器油质量的 1%；用活性氧化铝时，其质量为变压器油质量的 0.5%。

4.1.2 干式变压器

干式变压器在 20 世纪 60 年代中期由德国西门子电气集团研制以来，在全世界，特别是 20 世纪 90 年代以来使用量猛增。目前，我国已有上十万台干式电力变压器在电力网中运行。

4.1.2.1 干式变压器的特点

1. 干式变压器的优点

油浸式电力变压器存在着火、爆炸和延燃等缺点，而干式变压器树脂绝缘和填料配量合理，可做到在内部故障时不会发生起火爆炸延燃等现象，也不会污染环境，运行维护工作量小，因而防火等级较高的场所得到了优先使用。另外，从经济角度出发，干式变压器不需要单独的变压器室，不需设油坑和事故排油处理设施；还可与高低压配电柜相邻排列，节省了母线槽，减少了占地面积。

2. 干式变压器的缺点

由于干式变压器的器身是裸露于大气中的，而空气的绝缘强度和散热性能比变压器油差，同时其本身的电气特性又受环境空气的影响，因此，以空气作绝缘的干式变压器比相同容量体积的油浸式变压器的体积大，承受冲击电压能力也比油浸式的差，其使用条件一般限于不和架空线路相连，即不会受到大气过电压作用的场合（否则应加特殊防雷保护）。

一般油浸式变压器绕组的绝缘耐热等级用的是 A 级，而干式变压器常用的是 B 级和 H 级，且运行环境的最高年平均气温是 20℃ 及以下。

干式变压器绕组为了防潮，外表均涂有浸渍漆或环氧树脂等包封材料，但在运输和使用中仍应特别注意防潮。另外，干式变压器的散热能力差，在使用时应控制变压器不要过载或严格遵守过载要求，不论运行环境温度变化如何，铭牌容量的 1.5 倍为该台变压器的应急容量极限。另外，干式变压器比同等电压和容量的油浸式变压器价格高（但目前已缩小到 2∶1 以内）。

目前，35kV 及以下干式变压器使用较多，国内已生产 110kV 单相干式电力变压器组。

4.1.2.2 干式变压器的主要部件特性要求

变压器的电磁系统是相通的。但由前面干式变压器的缺点得知，干式变压器的绝缘性能，散热问题及耐受潮能力，都远不如油浸式变压器。因此，在允许电压工作范围内，干式变压器的温控和通风散热问题，是干式变压器运行的主要问题，因此必须可靠保证干式变压器的运行要求。

4.1.2.3 干式变压器的常见类型介绍

由于社会的发展与需求，以及干式变压器的不断进化，干式变压器的需求（特别是配电型）将越来越大，以下是国内干式变压器的主要类别。

（1）非包封式绝缘带缠包铜导线绕制的干式电力变压器。优点是散热好，可修复，制造模具少和价格低；缺点是线圈整体密封性差。目前国内配电干式电力变压器已很少选用此结构，但船用小容量低压干式电力变压器仍广泛采用这种结构。

(2) 石英粉填料的环氧树脂浇注于线圈外壁的厚绝缘干式电力变压器。绝缘厚度近 10mm，绝缘体膨胀系数接近铝。如用铜芯，由于导体膨胀系数与绝缘体差别大，在负荷突变引起温度突变时，树脂外壳易开裂，近年来已很少采用。

(3) 玻璃纤维填料的环氧树脂浇注薄绝缘干式电力变压器。高压绕组用铜线，低压绕组用铜箔，树脂渗入线圈内部，浇注薄绝缘层的膨胀系数接近铜线，故温度突变不会出现绝缘体开裂。有阻燃性能，抗短路能力远大于前两种变压器。严格执行制造工艺时局部放电测量值可控制在 5pC 以内。目前国内市场此类产品的供应量最大，质量亦较稳定。

(4) 薄绝缘铜绕组树脂浇注干式电力变压器。高、低压绕组均用铜线，纯树脂玻璃纤维增强，真空浸渍式浇注，烘箱中固化成型。浇注体热膨胀系数接近铜，温度突变绝缘体不会开裂，散热优于厚绝缘，严格执行制造工艺时局部放电量在 5pC 以内。此类产品市场占有量大。

(5) 薄绝缘树脂浇注干式电力变压器。高压绕组无氧铜线包玻璃纤维毡绕制后树脂真空浇注，低压绕组铜箔绕制后树脂真空整体浇注。

(6) 环氧树脂加压浇注玻璃纤维布增强薄绝缘干式电力变压器，高压绕组采用铜导线，低压绕组采用铜箔或铜导线，全真空浸渍式浇注加压固化，树脂可渗入线圈的层间及匝间，绝缘性能可靠，浇注体热膨胀系数与铜接近，温度突变时不会出现开裂，抗短路能力强，因采用加压固化，局部放电量低于 5pC，此类产品市场占有量大、运行质量稳定。

(7) 薄绝缘铜绕组树脂浇注干式电力变压器。高压铜线、低压铜箔端部包封。高压绕组采用玻璃纤维纯环氧树脂浇注薄绝缘结构。树脂膨胀系数接近铜，温度突变不会出现绝缘开裂。局部放电量可控制在 5pC 以内。低压绕组采用铜箔绕制，端部用树脂包封可增强抗潮能力，散热好，抗突发短路能力强。

(8) 树脂浸渍长玻璃纤维绝缘绕式干式电力变压器。低压绕组用铜箔，高压绕组用 H 级漆包铜线，上绕浸透树脂的长玻璃纤维作为层间绝缘，再直接在低压绕组上绕制成高压绕组，在烘房中旋转固化成型，绝缘体热膨胀系数接近铜，温度突变绝缘物不会开裂。一体绕制的高低压绕组结构很稳定，能耐受极强的短路电动力，绕组无需浇注模具，可根据需要设置散热气道，使绕组散热良好，可生产大容量和较大过负荷要求的产品。严格控制生产环境条件和工艺要求，可使 10kV 产品的局放值小于 5pC。采用优质的钢片和优化产品设计后，其负载损耗、空载损耗和噪音均低于国家标准的要求。

（9）石英粉填料环氧树脂真空浇注正压加固薄绝缘干式电力变压器。绕组层间有网状绝缘板真空浇注后再维持一段正压时间，可使注入树脂更紧密，局部放电值低于5pC。石英粉填料环氧树脂导热系数好、机械强度高和热容量大，与铜导体的膨胀系数匹配，浇注美观，不需修饰漆，耐火性能好。

（10）充石英粉环氧树脂浇注薄绝缘铝干式电力变压器。浇注体膨胀系数与铝箔匹配，温度突变浇注体不会开裂。箔式绕组抗突发短路能力强，浇注体耐火性好，机械强度高，散热好，外壳光洁美观，不需修饰漆，体积小，重量轻，噪音低。

（11）高低压绕组均为箔绕（铜箔或铝箔）的充石英粉环氧树脂浇注的薄绝缘干式电力变压器。低压绕组为箔绕圆筒式结构，高压绕组为箔绕分段式结构，高低压绕组都使用真空树脂浇注工艺，在高真空状态下浇注添加石英粉的环氧树脂，经固化形成密封整体。产品的绝缘等级为F级，由于采用箔绕结构，抗雷电冲击能力强。产品的局部放电量小于5pC，产品阻燃、防潮、节能、低噪音、无污染，能深入负荷中心使用。产品应用GE公司的装有管理继电器的SR754变压器，可对变压器作全方位的保护和检测，并具有RS232、RS485和RS422接口，能方便地实现与计算机系统通信。

（12）用美国杜邦公司NOMEX纸作主要绝缘材料的（H级耐热绝缘等级）"赛格迈"包封型干式电力变压器。低压绕组采用箔式，用上了胶的NOMEX纸作层间、端部绝缘，并把绕组包封起来，高温间和端部绝缘高温固化。NOMEX纸有很好的耐热、化学、机械、电气特性，可长期使用在220℃的高温中，用H级绝缘的变压器，有一定的安全和过载裕度。不仅能阻燃且抗污秽能力强，即使在250℃的高温下仍有很高的电阻率，有很高的介电强度而介电常数却很小（1.6～2.5），接近空气。这种变压器电场均匀，局部放电量小于5pC。绕组经高温固化后成一整体，有一定的机械强度和韧性，不会开裂，通常噪音在50dB以下。这种变压器在制造、运行和报废回收时都不会对环境造成污染。它还按欧洲HD464标准通过了F1（耐火能力）、C2（承受热冲击能力）、E2（适应环境能力）三项试验。

（13）用杜邦公司NOMEX纸作主要绝缘，在美国称为OVDT的新型敞开式干式变压器。把绕制好的绕组（层式或饼式）放入一个密闭浸渍罐中，首选进行真空干燥处理，然后注入H级或C级的高性能绝缘胶，再抽真空，消除气泡，最后施加6个大气压的压力，使绝缘胶填满缝隙，并在绕组表面形成保护膜，这种变压器与以前的常温、常压下浸渍低性能绝缘漆的敞开式变压器完全不同，既保留了通风散热好的优点，又一定的环境适应能力，在制造、运行和报废回收时都不会对环境造成污染，也易于修复。由于耐热等级高，散热性能力强，因而变压器体积小、重量轻，特别适用于地下输配电及经常过负荷的场所。

4.2 变压器的允许运行方式

变压器是电力系统最核心的元件，它的运行，必须严格遵守变压器技术说明和要求进行。

4.2.1 温度与温差的允许运行方式

1. 允许温度

运行中的变压器，由于铜损耗和铁损耗的原因，必然温度要升高。空载时比停运时高，负载时比空载时高，过载时比轻载时高，短路时的温升更高而且是突然猛升的。因为铁损基本不变，而铜损是与电流的平方成正比变化的。由于出厂运行的变压器的绝缘是一定的，其绝缘材料的绝缘强度（包括机械强度）也是一定的。随着时间的推移，特别是长期在温度的作用下，变压器绝缘材料的原有绝缘性能将会不断降低，这一过程，叫做变压器的绝缘老化。温度越高，其绝缘老化越快，同时变脆而碎裂，绕组的绝缘层的保护也会失去。经认证，当变压器绝缘材料的工作超过其允许的长期工作最高温度时，每升高 6℃，其使用寿命将减少一半。这就是变压器运行的 6℃原则（干式变压器是 10℃原则）。油浸式变压器的最高温度依次到最低温度的秩序是：绕组→铁芯→上层油温→下层油温。变压器绕组热点温度的额定值（长期工作的允许最高温度）为正常寿命温度，绕组热点温度的最高允许值（非长期的）为安全温度。油浸式变压器一般通过监测上层油温来监视变压器绕组的温度。

变压器绝缘材料，一般油浸式变压器用的是 A 级绝缘材料。A 级绝缘材料的耐热温度为 105℃。为使变压器绕组的最高运行温度不超过绝缘材料的耐热温度，规程规定，当最高环境温度为 40℃时，A 级绝缘的变压器，上层油温允许值见表4-1。

表 4-1　　　　　　　　　　　油浸式变压器上层油温允许值

冷却方式	环境温度（℃）	长期运行的上层油温度（℃）	最高上层油温度（℃）
自然循环冷却、风冷	40	85	95
强迫油循环风冷	40	75	85
强迫油循环水冷	40	75	85

由于 A 级绝缘变压器绕组的最高允许温度为 105℃，绕组的平均温度约比油温高

10℃，故油浸自冷或风冷变压器上层油温最高允许温度为 95℃，考虑油温对油的劣化影响（油温每增加 10℃，油的氧化速度增加 1 倍），故上层油温的允许值一般不超过 85℃。对于强迫油循环风冷或水冷变压器，由于油的冷却效果好，使上层油温和绕组的最热点温度降低，但绕组平均温度与上层油温的温差较大（一般绕组的平均温度比上层油温高 20～30℃），故变压器运行上层油温一般为 75℃，最高上层油温不超过 85℃。

为了监视和保证变压器不超温运行，变压器装有温度继电器和就地温度计。温度计用于就地监视变压器的上层油温。温度继电器的作用是：当变压器上层油温超出允许值时，发出报警信号；根据上层油温的范围，自动地起、停辅助冷却器；当变压器冷却器全停，上层油温超过允许值时，延时将变压器从系统中切除。

目前电力变压器所选用的绕组温度计等逐步趋于电子化，误报警和误跳闸的事故也逐年上升。对此，IEC 技术条款规定：电力变压器已不仅是一种干扰源，由于变压器组件的电子化，必须将电力变压器作为电磁干扰过程中的被动物体加以考虑。对具有数据保存、计算机通信和遥测遥控等智能化装置的，必须进行电磁兼容性项目考核，故控制和跳闸回路接点宜由对电磁干扰不敏感的机械类仪表提供。

2. 允许温升

如果说允许温度是反映变压器绝缘材料耐受温度破坏能力的话，那么允许温升是反映变压器绝缘材料承受对应热的允许空间。绝缘材料一定，其承受热的空间温度就不允许超过对应要求值。

变压器上层油温与周围环境温度的差值称温升。温升的极限值（允许值），称为允许温升。故 A 级绝缘的油浸变压器，周围环境温度为 + 40℃时，上层油的允许温升值规定如下：

（1）油浸自冷或风冷变压器，在额定负荷下，上层油温升不超过 55℃。

（2）强迫油循环风冷变压器，在额定负荷下，上层油温升不超过 45℃。强迫油循环水冷变压器，冷却介质最高温度为 + 30℃时，在额定负荷下运行，上层油温升不超过 40℃。

运行中的变压器，不仅要监视上层油温，而且还要监视上层油的温升。这是因为变压器内部介质的传热能力与周围环境温度的变化不是成正比关系，当周围环境温度下降很多时，变压器外壳的散热能力将大大增加，而变压器内部的散热能力却提高很少。所以当变压器在环境温度很低的情况下带大负荷或超负荷运行时，因外壳散热能力提高，尽管上层油温未超过允许值，但上层油温升可能已超过允许值，这样运行也是不允许的。例如：一台油浸自冷变压器，周围空气温度为 20℃，上层油温为 75℃，则上层油的温升为 75℃ - 20℃ = 55℃，未超过允许值 55℃，且上层油温也未超过允许值85℃，这台变压器运行是正常的。如果这台变压器周围空气温度为0℃，上层油温为60℃（未超过允许值85℃），但上层油的温升为60℃－0℃＝60℃＞55℃，故应迅速采取措施，使温升降低到允许值以下。需特别指出的是变压器在任何环境下运行，其温度温升均不得超过允许值。

干式自冷变压器的温升限值按绝缘等级确定，铁芯及结构零件表面温升最大不超过所接触绝缘材料的允许温升。

4.2.2 变压器的允许过负荷

在正常冷却条件下，变压器负荷的变化，也即电流的变化，是导致变压器温度波动的根本原因。过负荷电流或短路电流是导致变压器温度突变而影响寿命的根本。变压器的负荷变化，根据对变压器的影响及与时间的关系，把变压器的负荷划分为三种，即正常周期性负荷、长期急救周期性负荷和短期急救性负荷三类。其特点分别如下。

1. 正常周期性负荷

变压器在额定条件下或在周期性负荷中运行，某段时间环境温度较高或超过额定电流，可以由其他时间内环境温度较低或低于额定电流，在热老化方面能够等效补偿。变压器可以长期在这种负荷方式下正常运行。

2. 长期急救周期性负荷

要求变压器长时间在环境温度较高，或超过额定电流下运行。这种负荷方式可能持续几星期或几个月。变压器在这种负荷方式下运行将导致变压器的老化加速，虽不直接危及绝缘的初始值但将在不同程度上缩短变压器的寿命，应尽量减少出现这种负荷方式；必须采用时，应尽量缩短超额定电流运行的时间，超额定电流的倍数，有条件时（按制造厂规定）投入备用冷却器。当变压器有较严重缺陷或绝缘有弱点时，不宜超额定电流运行。超额定电流负荷系数 K_2 和时间可按 GB/T15164《油浸式电力变压器负载导则》的规定确定。在长期急救周期性负荷运行期间，应有负荷电流记录，并计算该运行期间的平均相对老化率。

3. 短期急救负荷

要求变压器短时间大幅度超额定电流运行，就是以前所说的事故过负荷。这种负荷方式可能导致绕组热点温度达到危险程度。出现这种情况时，应投入包括备用在内的全部冷油器（制造厂另有规定的除外），并尽量压缩负荷、减少时间，一般不超过0.5h。0.5h 短期急救负荷允许的负荷系数 K_2 见表4-2。表中 K_1＝起始负荷值/额定容量，K_2＝过负荷值/额定容量。当变压器有严重缺陷或绝缘有弱点时，不宜超额定电流运行。在短期急救负荷运行期间，应有详细的负荷电流记录，并计算该运行期间的相对老化率。

表 4-2　　　　　　　　0.5h 短期急救负载的负载系数 K_2 表

变压器类型	短期急救负载出现前的负载系数	环境温度（℃）							
		40	30	20	10	0	-10	-20	-25
配电变压器 （冷却方式 ONAN）	0.7	1.95	2.00	2.00	2.00	2.00	2.00	2.00	2.00
	0.8	1.90	2.00	2.00	2.00	2.00	2.00	2.00	2.00
	0.9	1.84	1.95	2.00	2.00	2.00	2.00	2.00	2.00
	1.0	1.75	1.86	2.00	2.00	2.00	2.00	2.00	2.00
	1.1	1.65	1.80	1.90	2.00	2.00	2.00	2.00	2.00
	1.2	1.55	1.68	1.84	1.95	2.00	2.00	2.00	2.00
中型变压器 （冷却方式 ONAN 或 ONAF）	0.7	1.80	1.80	1.80	1.80	1.80	1.80	1.80	1.80
	0.8	1.76	1.80	1.80	1.80	1.80	1.80	1.80	1.80
	0.9	1.72	1.80	1.80	1.80	1.80	1.80	1.80	1.80
	1.0	1.64	1.75	1.80	1.80	1.80	1.80	1.80	1.80
	1.1	1.54	1.66	1.78	1.80	1.80	1.80	1.80	1.80
	1.2	1.42	1.56	1.70	1.80	1.80	1.80	1.80	1.80
中型变压器 （冷却方式 ODAF 或 ODWF）	0.7	1.50	1.62	1.70	1.78	1.80	1.80	1.80	1.80
	0.8	1.50	1.58	1.68	1.72	1.80	1.80	1.80	1.80
	0.9	1.48	1.55	1.62	1.70	1.80	1.80	1.80	1.80
	1.0	1.42	1.50	1.60	1.68	1.78	1.80	1.80	1.80
	1.1	1.38	1.48	1.58	1.66	1.72	1.80	1.80	1.80
	1.2	1.34	1.44	1.50	1.62	1.70	1.76	1.80	1.80
中型变压器 （冷却方式 ODAF 或 ODWF）	0.7	1.45	1.50	1.58	1.62	1.68	1.72	1.80	1.80
	0.8	1.42	1.48	1.55	1.60	1.66	1.70	1.78	1.80
	0.9	1.38	1.45	1.50	1.58	1.64	1.68	1.70	1.70
	1.0	1.34	1.42	1.48	1.54	1.60	1.65	1.70	1.70
	1.1	1.30	1.38	1.42	1.50	1.56	1.62	1.65	1.70
	1.2	1.26	1.32	1.38	1.45	1.50	1.58	1.60	1.70
大型变压器 （冷却方式 OFAF 或 OFWF）	0.7	1.50	1.50	1.50	1.50	1.50	1.50	1.50	1.50
	0.8	1.50	1.50	1.50	1.50	1.50	1.50	1.50	1.50
	0.9	1.48	1.50	1.50	1.50	1.50	1.50	1.50	1.50
	1.0	1.42	1.50	1.50	1.50	1.50	1.50	1.50	1.50
	1.1	1.38	1.48	1.50	1.50	1.50	1.50	1.50	1.50
	1.2	1.34	1.44	1.50	1.50	1.50	1.50	1.50	1.50

变压器类型	短期急救负载出现前的负载系数	环境温度（℃）							
		40	30	20	10	0	−10	−20	−25
大型变压器（冷却方式 ODAF 或 ODWF）	0.7	1.45	1.50	1.50	1.50	1.50	1.50	1.50	1.50
	0.8	1.42	1.48	1.50	1.50	1.50	1.50	1.50	1.50
	0.9	1.38	1.45	1.50	1.50	1.50	1.50	1.50	1.50
	1.0	1.34	1.42	1.48	1.50	1.50	1.50	1.50	1.50
	1.1	1.30	1.38	1.42	1.50	1.50	1.50	1.50	1.50
	1.2	1.26	1.32	1.38	1.45	1.50	1.50	1.50	1.50

4.2.3 变压器运行的允许电压

在电力系统中运行的变压器，因系统的电压波动及升压变压器绕组的特点，从而决定了变压器绕组不可能处在额定电压值下运行。如果忽略变压器的内部阻抗，可以认为变压器的电源电压即一次电压 $U_1 = E_1 = 4.44 f N_1 \Phi_m$ 式中，频率 f、一次侧匝数 N_1 均为不变的常数，因此当电源电压 U_1 升高时，磁通 Φ_m 也将随之增加，从而使励磁电流 I_m 也相应的增加。变压器的励磁电流增大后，会使变压器的铁芯损耗增大而过热。同时变压器的励磁电流是无功电流，因此励磁电流的增加会使无功功率增加。由于变压器的容量 $S = (P^2 + Q^2)^{1/2}$ 是一定的，当无功功率 Q 增加时，相应的有功功率 P 应会减少。因此电源电压升高以后，变压器允许通过的有功功率将会降低。

此外，变压器的电源电压升高后，磁通增大，会使铁芯饱和，从而使变压器的电压和磁通波形畸变。电压畸变后，电压波形中的高次谐波分量也将随之加大，例如：磁通密度在 1T 时，三次谐波为基波的 21.4%；磁通密度在 1.4T 时，三次谐波为基波的 27.5%；磁通密度在 2T 时，三次谐波为基波的 69.2%。这样，由于高次谐波使电压畸变而产生尖峰波对用电设备有很大的破坏性。如：①引起用户的电流波形畸变，增加电机和线路的附加损耗；②可能使系统中产生谐振过电压，从而使电气设备的绝缘遭到破坏；③高次谐波会干扰附近的通信线路。因此规程规定：运行中的变压器，正常电压不得超过额定电压的 5%，最高不得超过额定电压的 10%。当变压器外加电源电压低于额定电压时，对变压器运行无任何危害。

从过电压形式而言，变压器的过电压有大气过电压和操作过电压两类。操作过电压的数值一般为额定电压的 2～4.5 倍，而大气过电压则可达额定电压的 8～12 倍。而变压器设计时绝缘强度一般按 2.5 倍额定电压承受力考虑，为了防止过电压损坏变压器，首先安装避雷器来限制过电压的幅值；其次在110kV及以上变压器上加装静电屏、静电极等，以改善起始电压和最终电压分布均匀，从而对变压器绝缘起到保护作用。

4.2.4 冷却装置的运行方式

4.2.4.1 冷却方式

冷却方式与变压器容量的大小有关。油浸自冷适用于小型变压器，油浸风冷适用于中型变压器，强迫油循环冷却适用于大型变压器，强迫油循环导向冷却适用于巨型变压器。干式变压器是用风机冷却的。

1．油浸自冷

油浸自冷即为油在油箱内自然循环，将热量带到油箱壁，由其周围空气对流传导进行冷却。变压器运行时，绕组和铁芯由于损耗产生的热量使油的温度升高，体积膨胀，密度减小，油自然向上流动，上层热油流经散热器冷却后，因密度增大而下降，于是形成了油在油箱和散热器间的自然循环流动，通过油箱壁和散热器散热而得到冷却。

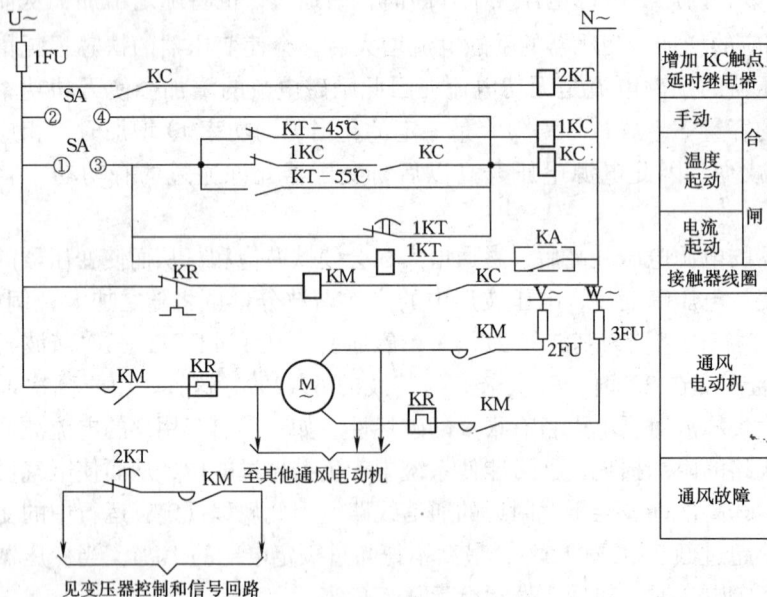

图4-3 油浸风冷变压器通风控制电路

KM—接触器；KR—热继电器；KC、1KC—中间继电器；1KT、2KT—时间继电器；
SA—转换开关；1FU～3FU—熔断路；KT—温度继电器；M—风扇电动机

2．油浸风冷

在油浸自冷的基础上，在散热器上加装了风扇，风扇将周围空气吹向散热器，加速散热器中油的冷却，使变压器油温迅速降低。小容量或较小容量的变压器一般采用油浸自冷或油浸风冷冷却方式。加装风冷后，可使变压器容量增加 30%～35%。

油浸风冷变压器通风控制电路如下：

图 4-3 为油浸风冷风扇电动机的控制电路图，油浸风冷变压器运行时，其冷却风扇根据变压器上层油温的高低，自动投入和切除。投、切的原则是：上层油温在45℃以下，冷却风扇不起动，变压器无风扇运行；上层油温在 55℃ 及以上，冷却风扇自动投入，低于45℃及以下，风扇自动停止运行，变压器负荷在额定容量的 70% 及以上，冷却风扇必须投入运行。依据上述冷却风扇的起、停原则，对风扇实行自动或手动控制。在图 4-3 中，风扇电动机的电源由接触器 KM 供给，其起动回路有手动和自动两种方式。自动控制按变压器温度和变压器负荷电流起动。当变压器油温超过 55℃时，其温度继电器动合触点 KT—55℃ 闭合起动接触器 KM。当温度低于45℃时，动合触点 KT—45℃ 闭合，将接触器 KM 断开。如果变压器需按负荷电流起动，则在其起动回路中并联一由监视变压器负荷电流的电流继电器 1KT 和中间继电器 KC，最后将接触器 KM 起动。

3．强迫油循环风冷

在油浸风冷的基础上，加装了潜油泵，用潜油泵加强油在油箱和散热器之间的循环，使油得到更好的冷却效果。其冷却过程（见图4-4）是：油箱上层热油在潜油泵作用下抽出→经上蝴蝶阀门 2→进入上油室 4→经散热器5→进入下油室 12→经过滤油室 10→潜油泵11→冷油经下蝴蝶阀门 13 进入油箱 1 的底部。如此不断循环，使绕组、铁芯得到冷却。

4．强迫油循环水冷

强迫油循环水冷冷却过程（见图 4-5）为：变压器油箱的上层油由潜油泵抽出，经冷油器冷却后，再进入变压器油箱的底部，如此反复循环，使变压器的铁芯和绕组得到冷却。

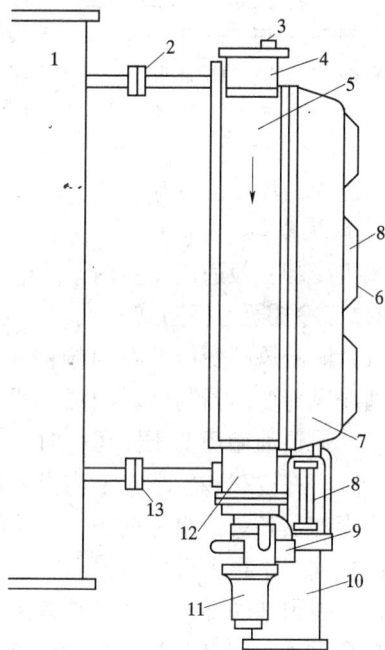

图 4-4 强迫油循环风冷装置示意图
1—油箱；2—上蝴蝶阀门；3—排气塞；
4—上油室；5—散热器；6—风扇；7—导风筒；
8—控制箱；9—继电器；10—热虹吸滤油器；
11—潜油泵；12—下油室；13—下蝴蝶阀门

在冷油器中，冷却水管内通冷水，管外流过热油，冷却水将油的热量带走，使热油得到冷却。大容量变压器一般都采用强迫油循环风冷或水冷冷却方式。

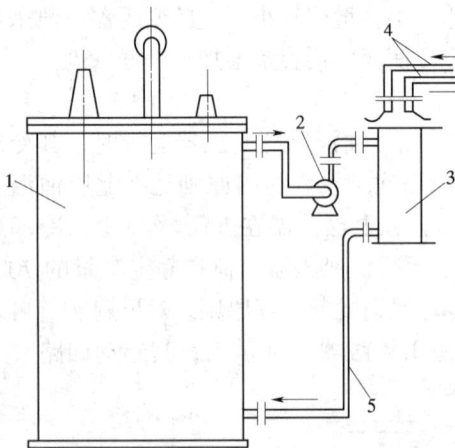

图 4-5 强迫油循环水冷的工作原理图
1—变压器；2—潜油泵；3—冷油器；
4—冷却水管道；5—油管道

强迫油循环冷却方式，若把油的循环速度提高 3 倍，则变压器的容量可增加 30%。

5. 强迫油循环导向冷却

所谓"导向"是指经过变压器外部冷却器冷却后的冷油由潜油泵送回变压器油箱后，冷油在变压器油箱内是按给定的路径流动的。为此，在变压器器身底部夹件两侧，各装有一根与外部冷却管道相通的钢管，冷油由此流入，再由管子分几路穿过绕组下面的支持平面，往上流经铁芯内的冷却油道及绕组内的油道，使冷油与发热部件充分接触，更有效地带走热量，提高铁芯和绕组的冷却效果。巨型变压器常采用强迫油循环导向冷却方式。

6. 风机冷却

风机冷却一般适用于室内干式电力变压器。

4.2.4.2 冷却器运行方式

（1）油浸风冷变压器在风扇停止工作时允许的负载和运行时间应遵守制造厂规定。油浸风冷变压器当上层油温不超过 65℃ 时，允许不开风扇带额定负载运行。

（2）强迫油循环变压器运行时，必须投入冷却器，并根据负载情况决定投入冷却器的台数。在空载和轻载时不应投入过多的冷却器。按温度或负载投切的辅助冷却器及备用冷却器各置 1 组并启用。变压器停运时应先停变压器，冷却装置需继续运行一段时间待油温不再上升后再停。

（3）强迫油循环冷却器必须有两路电源，且可自动切换，同时，当工作电源故障时，自动启动备用电源时并发出音响及灯光信号。为提高风冷自动装置的运行可靠性，要求对风冷电源及冷却器的自动切换功能定期进行试验。

（4）风扇、水泵及油泵的附属电动机应有过负荷、短路及断相保护，应有监视油泵电机旋转方向的装置。

（5）水冷却器的油泵应装在冷却器的进油侧，并保证在任何情况下冷却器中的油压大于水压 0.05MPa，以防止万一产生泄漏时，水不致进入变压器内。冷却器出水侧应有放水旋塞，在变压器停运时，将水放掉，防止冬天水结成冰胀破油管。

(6) 强迫油循环风冷式变压器运行中，当冷却系统（指油泵、风扇、电源等）发生故障，冷却器全部停止工作时，允许在额定负荷下运行 20min。20min 后上层油温尚未达到 75℃，则允许继续运行到上层油温上升到 75℃。但切除全部冷却装置后变压器的最长运行时间在任何情况下不得超过 1h。

(7) 干式变压器的通风良好，温控装置的电源引自与变压器低压侧直接连接的母排上，并根据应急使用的重复性采用自动切换的双路电源系统供电。

4.3　变压器的投运检查和正常运行的操作、监视与维护

4.3.1　变压器投运前的准备工作

4.3.1.1　验收项目

(1) 变压器本体无缺陷，无渗漏油和油漆脱落等现象。

(2) 变压器绝缘试验合格。变压器在安装或检修时，必须对变压器整体或部件作特定的或定期的绝缘试验。因为某一种试验方法只能从某一角度来反映变压器及其部件的绝缘状况，所以必须采用多种试验方法进行综合判断。但在现场因受条件限制，只能进行部分试验项目，而且大多数都是在对绝缘比较安全的低电压下进行的。常用的试验项目有：绝缘电阻（R_{60}）、吸收比（R_{60}/R_{15}）、泄漏电流（I_S）、介质损耗（$tg\delta$）和交流耐压（U）等。

当介质受潮、脏污或有破损时，由于潮湿的作用介质内部的游离电子增加，传导电流也增加，因此绝缘电阻降低。测试绝缘电阻对 A 级绝缘物的整体或部分受潮、表面脏污以及有无放电或击穿痕迹的贯通性缺陷具有一定的灵敏性。

A 级绝缘物的吸收现象不甚明显，用其变化判断变压器绝缘状况不够灵敏，但在变压器的整体试验时能够在一定程度上反映出绝缘受潮现象。要求 $R_{60}/R_{15}>1.3$（温度在 10~30℃时）合格。

泄漏电流试验对绝缘物施加了较高的直流电压，当介质受潮或有缺陷时，因传导电流的急剧增加而使伏安特性变成曲线。此种试验对发现变压器的整体绝缘缺陷十分有效。

在一定电压与频率下，介质损耗能反映出 A 级绝缘物的总体状况。尤其是对容量较小的变压器的整体绝缘缺陷反应灵敏。此外，介质损耗试验对绝缘油的电气性能也有很高的灵敏性。

交流耐压试验是向被试的绝缘物施加工频高压以检验其绝缘状况。当介质受潮或有缺陷时，有可能击穿或使缺陷更加明显。交流耐压试验对考核变压器主绝缘强度，特别是发现主绝缘的局部缺陷有决定性的作用。

通过以上几个项目的试验，对其结果进行综合分析并与原来的测试结果相比较，便可评定出变压器的绝缘状况。

强迫油循环风冷和油浸风冷变压器大、小修后投入运行前，应测量潜油泵和风扇电机的绝缘电阻，使用 500V 摇表测量的绝缘电阻值不低于 $0.5M\Omega$。

（3）各部分油位正常，各阀门的开闭位置应正确。油的简化试验和绝缘强度试验应合格。

（4）变压器的外壳应有良好的接地装置，接地电阻应合格。

（5）各侧分接开关位置应符合电网运行要求，有载调压装置，电动手动操作均应正常，指标指示（包括控制盘上的指示）和实际位置应相符。

（6）基础牢固稳定，轨辊应有可靠的止动装置。

（7）保护测量信号及控制回路的接线正确，各种保护均应进行实际传动试验，动作应正确，定值应符合电网运行要求，保护连接片（压板）应在投入运行位置。

（8）冷却风扇通电试运行良好，风扇自启动装置定值应正确，并进行实际传动。

（9）呼吸器应装有合格的干燥剂，检查应无堵塞现象。

（10）主变压器引线对地和线间距离应合格，各部导线接头应紧固良好，并贴有试温蜡片。

（11）变压器的防雷保护应符合规程要求。

（12）防爆管内部无存油，玻璃应完整，其呼吸小孔螺线位置应正确。

（13）变压器的安装坡度应合格。

（14）检查变压器的相位和接线组别，应能满足电网运行要求，变压器的二、三次侧可能和其他电源并列运行时，应进行核相工作，相色漆应标示正确、明显。

（15）温度表及测温回路完整良好。

（16）套管油封的放油小阀门和气体继电器放气阀门应无堵塞现象。

（17）变压器上应无遗留物，邻近的临时设施应拆除，永久设施应布置完毕并清扫现场。

4.3.1.2 检查冷却装置并投入运行

1. 检查冷却器装置并投入运行

检查项目包括测量冷却装置电机的绝缘电阻应合格；检查每组冷却器进出油蝶阀在开启位置；潜油泵转向正确，运行中无异音和明显振动，电机温升正常；油流继电器动作正常；风扇电动机转向正确，运行中无异音和明显振动，电机温升正常；冷却器组控制箱内各分路电磁开关合闸正常，无明显噪声和跳跃现象，冷却系统总控制箱内开关状态和信号正确。在变压器投入运行前，将全部冷却器装置投入运行，以排除残余空气。运转 1h 后，再按规定将辅助和备用冷却器停运。当变压器长期低负荷运行时，可以切除部分冷却器。

变压器开启部分冷却器时应监控上层油温和温升不超过规定值。

2．投入变压器冷却装置时应注意以下事项

(1) 在投入强油风冷装置时，严禁先起动潜油泵，后开启该组散热器上下联管的阀门。停止强油风冷装置时，严禁在未停下潜油泵的情况下，关闭其阀门。这是为了防止将大量空气抽入变压器本体内或损坏潜油泵轴承及叶轮。

(2) 在投入强油水冷装置时，必须先起动潜油泵，待油压止升后才可开启冷却水门，且保持油压高于水压，以免冷却器泄漏时水渗入油中，影响油的绝缘性能，进而造成变压器的故障。冷却装置停用时的操作顺序相反。

(3) 若变压器运行中投入某组强油风冷装置时，为防止瓦斯保护误动作，应将其短时退出运行（重瓦斯保护由跳闸改投信号）。

4.3.1.3　变压器投入运行前的冲击试验

变压器正式运行前要做空载合闸冲击试验。做空载合闸冲击试验的理由是：

(1) 拉开空载变压器时，有可能产生操作过电压。在电力系统中性点不接地或经消弧线圈接地时，过电压幅值可达 4～4.5 倍相电压；在中性点直接接地时，过电压幅值可达 3 倍相电压。为了检验变压器绝缘强度能否承受全电压或操作过电压的作用，故在变压器投入运行前，需做冲击试验。

(2) 带电投入空载变压器时，会产生励磁涌流，其值可达 6～8 倍额定电流。励磁涌流开始衰减较快，一般经 0.5～1s 后即减到 0.25～0.5 倍额定电流值，但全部衰减完毕时间较长，大容量变压器可达几十秒。由于励磁涌流产生很大电动力，为了考核变压器机械强度，同时考核励磁涌流衰减初期能否造成继电保护误动，故需做冲击试验。

每次冲击试验后，都要检查变压器有无异音异状。

变压器送电前其继电保护装置与测量仪表应全部投入。

4.3.2　变压器的正常运行操作

变压器停送电操作原则：

(1) 变压器的停送电必须使用断路器而不能用隔离开关，对空载变压器也如此。变压器的空载电流较大，且为纯感性电流。大容量变压器空载电流是其额定电流 0.6%～4%，中小容量变压器更大达额定电流的 5%～11%。用隔离开关切断变压器空载电流所产生的电弧，有时可能大大超过隔离开关的自然灭弧能力而拉不开，甚至引起弧光短路。因此，要尽量用断路器接通或切断变压器回路。当变压器回路无断路器时，允许用隔离开关拉、合空载电流不越过 2A 的变压器。切断 20kV 及以上的变压器空载电流，必须用带有消弧角和机械传动装置并装在室外的三联隔离开关。对10kV/320kVA 及以下、35kV/1000kVA 及以下的变压器，可用隔离开关分合其空载电流。如 400kVA 以下的配电变压器，就无高压断路器，其配电变压器的空载电流可用跌落保险来进行。该跌落保险的作用，短路时起短路保护作用；正常操作时，起隔离开关的倒闸操作作用。分闸时，先分中间相（V 相），后拉两边相（U、W 相）；如遇风时，逆风顺序拉开。合闸则相反。

（2）变压器停送电操作顺序。变压器送电时，先送电源侧，后送负荷侧，停电时与上述顺序相反。这是因为，按上述顺序送电时，若变压器有故障，可由保护装置动作于断路器跳闸，切除故障，便于按送电范围检查故障和对故障的判断及处理。按上述顺序停电还可防止变压器反充电。否则，先停电源侧，加大了电源侧断路器切断电路的负担，同时，遇变压器内部故障，可能造成保护误动或拒动，延长故障切除时间或扩大停电范围。

（3）对高压侧装隔离开关，低压侧装低压断路器或负荷开关的配电变压器，合闸时应先合高压侧后合低压侧；分闸时则相反。

（4）对于发变组单元接线的变压器，送电时尽可能安排由零起升压到额定值，再与系统并列。停电时顺序相反。

（5）变压器的投入或停用，均应先合上各侧中性点接地隔离开关。中性点接地隔离开关合上的目的，一方面可防止单相接地产生过电压和避免产生某些操作过电压，保护变压器绕组不因承受过电压而损坏；另一方面，中性点接地隔离开关合上后，当发生单相接地此时就是单相短路时，有接地故障电流流过变压器，使变压器差动保护和零序电流保护动作，将故障点切除。故变压器投入或停用前，中性点接地隔离开关必须先合上。如果变压器为充电状态，中性点接地隔离开关也应在合闸位置。

（6）两台变压器并联运行，中性点接地隔离开关的切换原则。两台变压器并联运行时，根据系统的需要，一台变压器中性点接地，另一台变压器中性点不接地。当这两台变压器中性点接地隔离开关需要进行切换操作时，应先将未接地的变压器中性点接地隔离开关合上，再拉开另一台变压器中性点接地的隔离开关，并进行零序电流保护的切换。原因是：若是先拉开已接地的变压器中性点的隔离开关，在未合上另一变压器中性点隔离开关时却突然发生单相短路，由于大接地系统变成了不接地系统，单相短路实质就变为了单相接地故障，非故障相将出现√3倍的相电压（大电流接地系统的对地绝缘是按相电压设计的），此时变压器的中性点也将出现高达相电压的对地电压。这对包括变压器在内的设备是非常危险的。故此，大电流接地系统变压器中性点接地隔离开关的切换原则是保证电网不能失去接地点，即采用先合后拉的操作方法：①合上备用接地点隔离开关；②拉开工作接地点隔离开关；③将零序保护切换到中性点接地的变压器上去。

(7) 变压器的保护使用原则。送电前，变压器的保护应全部投入（对可能误动或未试验合格的保护应经批准停用），禁止将无保护的变压器送电和运行。变压器停电后，在不影响备用设备或运行设备的情况下，或现场无继电保护班工作时，保护的连接片可不用断开，需要断开的保护连接片，应在交接班记录簿上详细记录。

(8) 变压器分接开关的切换。分接开关用于变压器的调压。通过切换分接开关，改变变压器分接头位置（即改变变比），达到调压的目的。分接开关分为有载调压和无载调压两种。无载分接开关的切换应在变压器停电状态下进行。有载分接开关在变压器带负荷状态下，可手动或电动改变分接头位置进行调压。

(9) 投入两绕组变压器时，应先合电源侧，后合负荷侧；切除相反。

(10) 投入三绕组升压变压器，先合低压侧，后合中压侧，再合高压侧；切除相反。

(11) 投入三绕组降压变压器，先合高压侧，后合中压侧，再合低压侧；切除相反。

说明：对 (9)、(10)、(11) 项，变压器拉合顺序根据现场不同情况也有个别的不同规定。

(12) 倒换变压器时，必须证实并入的变压器已带负荷，方准停下运行的变压器。备用变压器送电，如果遇到断路器的传动机构开焊、拉杆脱落或"漏"合隔离开关时，虽然断路器合闸后红灯亮，但变压器一次回路实际上并未接通。此时如不检查并入的变压器是否已带负荷，就草率把运行变压器停电，往往引起事故。因此，倒换变压器时，只要多看一眼，检查一下并入的变压器已带负荷电流，再操作，就可以堵塞漏洞，避免发生事故。

(13) 变压器并列运行原则。变压器并列运行的优点就是为了提高供电可靠性、经济性，减少备用容量和减少初期投资。并列运行的变压器并列时，必须满足的条件是接线组别相同；变比差值不得超过 ±0.5%；短路电压值相差不得超过 ±10%；两台变压器的容量比不宜超过 3:1。如果两台变压器的接线组的组别不一致，在并列变压器绕组的二次回路中，将会出现相当大的电压差，由于变压器的内阻抗很小，因此将会产生数倍于额定电流的循环电流，这个循环电流会使变压器烧毁。所以，接线组别不同的变压器是绝对不允许并列运行的，变压器的核相就是认证接线组别是否相同的手段。如果两台变压器的变比不相同，则二次电压的大小也不一样，在二次绕组回路中会产生环流。这个环流不仅占据变压器容量，增加变压器的损耗，使变压器所能输出的容量减小，而且当变比相差很大时，循环电流可能破坏变压器的正常工作。所以，变压器并列运行的变比差值不得超过 ±0.5%。由于变压器并列运行的负荷分配与变压器的短路电压成反比。如果两台变压器的短路电压不等，则当短路电压小的变压器所带的负荷满载时，短路电压大的变压器欠载。因此规定其短路电压值相差不得超过 ±10%。一般运行规程还规定两台并列运行的变压器的容量比不宜超过 3:1，这是因为不同容量的变压器短路电压值相差较大时，负荷分配极不平衡，运行很不经济。同时，在运行方式改变或事故检修时，容量小的变压器将起不到备用的作用。

4.3.3 变压器正常运行的监视与维护

（1）安装在发电厂和变电所内的变压器，以及无人值班变电所内有远方监测装置的变压器，应经常监视仪表的指示，及时掌握变压器运行情况。监视仪表的抄表次数由现场规程规定。当变压器超过额定电流运行时，应作好记录。

无人值班变电所的变压器应在每次定期检查时记录其电压、电流和顶层油温，以及曾达到的最高顶层油温等。对配电变压器，应在最大负载期间测量三相电流，并保持基本平衡。测量周期由现场规程规定。

（2）变压器的日常巡视检查，可参照下列规定：

1）发电厂和变电所内的变压器，每天至少 1 次；每周至少进行 1 次夜间巡视。

2）无人值班变电所内容量为 3150kVA 及以上的变压器每 10 天至少 1 次，3150kVA 以下的每月至少 1 次。

3）2500kVA 及以下的配电变压器，装于室内的每月至少 1 次，户外（包括郊区及农村）每季至少 1 次。

（3）在下列情况下应对变压器进行特殊巡视检查，增加巡视检查次数：

1）新设备或经过检修、改造的变压器在投运 72h 内。

2）有严重缺陷时。

3）气象突变（如大风、大雾、大雪、冰雹、寒潮等）时。

4）雷雨季节特别是雷雨后。

5）高温季节、高峰负载期间。

6）变压器急救负载运行时。

（4）变压器日常巡视检查一般包括以下内容：

1）变压器的油温和温度计应正常，储油柜的油位应与温度相对应，各部位无渗油、漏油。

2）套管油位应正常，套管外部无破损裂纹、无油污、无放电痕迹及异常现象。

3）变压器音响正常。

4）各冷却器手感温度应相近，风扇、油泵、水泵运转正常，油流继电器工作正常。

5）水冷却器的油压应大于水压（制造厂另有规定者除外）。

6）吸湿器完好，吸附剂干燥。

7）引线接头、电缆、母线应无发热迹象。

8）压力释放器或安全气道及防爆膜应完好无损。

9）有载分接开关的分接位置及电源指示应正常。

10）气体继电器内应无气体。

11）各控制箱和二次端子箱应关严、无受潮。

（5）应对变压器作定期检查（检查周期由现场规程规定），并增加以下检查内容：

1）外壳及箱沿应无异常发热。

2）各部位的接地应完好，必要时应测量铁芯和夹件的接地电流。

3）组别是油循环冷却的变压器应作冷却装置的自动切换试验。

4）水冷却器从旋塞放水检查应无油迹。

5）有载调压装置的动作情况应正常。

6）各种标志应齐全明显。

7）各种保护装置应齐全、良好。

8）各种温度计应在检定周期内，超温信号应正确可靠。

9）消防设施应齐全完好。

10）室（洞）内变压器通风设备应完好。

11）储油池和排油设施应保持良好状态。

（6）下述维护项目的周期，可根据具体情况在现场规程中规定：

1）消除储油柜集污器内的积水和污物。

2）清洗被污物堵塞影响散热的冷却器。

3）换吸湿器和净油器内的吸附剂。

4）变压器的外部（包括套管）清扫。

5）各种控制箱和二次回路的检查和清扫。

4.4　变压器的异常运行

变压器出现异常情况，可能是将要发生事故的先兆，内部故障多是由轻微到严重发展的。值班人员应随时对变压器运行的情况进行监视与检查。通过对变压器的声音、振动、气味、油色、温度及外部状况等现象的变化，来判断有无异常，以便采取相应的措施。

4.4.1 声音异常

正常变压器的声音，应是均匀的"嗡嗡"声。如果声音不均匀或有其他异音，都属不正常，但不一定都是内部有异常。

（1）内部有较高且沉重的"嗡嗡"声。可能是过负荷运行，由于电流大，铁芯振动力增大引起。可根据变压器负荷情况鉴定，并加强监视。

（2）内部有短时的"哇哇"声。一种可能是电网中发生过电压，如中性点不接地系统，有单相接地故障或铁磁谐振；另一种可能是大动力设备（如电弧炉、大电机等）起动，负荷突变大，因高次谐波作用产生。可以参考当时有无接地信号，电压、电流表指示情况，有无负荷的摆动来判定。

（3）内部有尖细的"哼哼"声。可能是系统中有铁磁谐振现象，也可能是系统中有一相断线或单相接地故障。"哼哼"声会忽粗忽细。可参考当时有无接地信号、电压表指示、绝缘监察电压表指示情况判断。

（4）系统内发生短路或接地故障，内部通过短路电流，发出很大的噪声。

（5）内部有"吱吱"或"劈啪"响声，可能是内部有放电故障。如铁芯接触不良，分接开关接触不良，内部引线对外壳放电等。

（6）内部个别零件松动，发出异音。如负荷突变，个别零件松动，内部有"叮当"声；轻负载时，某些离开叠层的硅钢片振动发出"嘤嘤"声；铁芯松动，内部有强烈而不均匀的噪声。

以上前四种情况，属外部因素引起的，而后两种则可能属内部因素造成。变压器运行中的异常声音较复杂，检查时，要注意以下几点：

（1）观察电压、电流表指示变化，保护、信号装置动作是否同时发生。

（2）用手或绝缘杆敲击油箱外部附件或引线，判断响声是否来自外部设备。借助于听音棒，细听内部声音变化。

（3）在几个不同的位置听响声，并注意排除变压器以外的其他声音。

（4）不同天气条件下，或不同时间（白天或夜间），不同运行状态下（负载或操作）巡视检查，仔细观察和听其响声。

（5）注意发生异音的同时，有关系统、设备的运行状况和保护及信号动作情况。

（6）必要时取油样做色谱分析，检测内部有无过热，局部放电等潜伏性故障。

为了积累基础数据，变压器投运前、后一段时间的色谱检测最为重要。一般制造上的故障都在投运后不久发生。规定是变压器投运前作一次分析，投运后第4天、第

10 天、第 30 天各作一次分析，若无异常情况，转为正常周期检测。但取样操作时的注意事项如下：

（1）取油样部位。应由变压器底部的放油阀取样。不宜在热虹吸、循环油泵或其他地方取样，因为这些部位易受其他因素的影响。

（2）取样方法。要尽量使所取油样避免与空气接触。在放油阀的出油小孔处接一根塑料软管放出一段死油区，将管引至油样瓶底，使油缓慢流入瓶底，使油缓慢流入瓶内；不要使油在瓶内冲击飞溅，直到充满油样瓶并溢出瓶口为止。

（3）取样容器。一般用棕色小口玻璃磨口瓶，并要密封好。使用前要洗净烘干。油样要注满瓶，不留空间，以免油中溶解气体挥发。由于温度的变化，瓶中油样会热胀冷缩，热胀时往往胀破容器，收缩时便造成真空逸出气体。因此，我国 SD187—86 推荐使用 100mL 热玻璃注射器作为取样容器。

（4）油样运输保存。运输及保存中应尽量避免剧烈震动，以免溶解度小的气体（如氢甲烷、一氧化碳）扩散掉。在保存油样过程中，有的气体会因化学反应而增减，阳光对油样内化学反应，也会影响。因此，应将油样避光保存，并应尽可能在取样后立即进行试验不超过 4 天，以保证分析的准确性。

4.4.2 外形异常

变压器运行中外表异常有以下几方面。

1. 防爆管防爆膜破裂

防爆管防爆膜破裂，引起水和潮气进入变压器内，将导致绝缘油劣化及变压器的绝缘强度降低，原因有下列几方面：

（1）防爆膜材质与玻璃选择、处理不当。如材质未经压力试验、玻璃未经退火处理，则防爆膜受到不均匀内应力的作用将导致破裂。

（2）防爆膜及法兰加工不精密，不平整，装置结构不合理，检修人员安装防爆膜时工艺不符合要求，坚固螺丝受力不匀，接触面无弹性等原因，也会造成防爆膜破裂。

（3）呼吸器堵塞或抽真空充氮情况下不慎受压力而破损。

（4）受外力或自然灾害袭击。

（5）变压器发生内部短路故障。

2. 压力释放阀的异常

目前，大中型变压器已大多应用压力释放阀（以下简称"释放器"）代替老式的防爆管装置。当变压器油压超过一定标准时，释放器便开始动作进行溢油或喷油，从而减小油压，保护了油箱。如果变压器油量过多、气温又高而造成非内部故障的溢油现象，溢出过多的油后释放器会自动复位，仍起到密封的作用。释放器备有信号报警，以便于运行人员迅速发现异常并进行处理。

3. 套管闪络放电

套管闪络放电会造成发热，绝缘老化受损甚至引起爆炸，常见原因如下：

（1）套管表面过脏，如粉尘、污秽等，在阴雨天就会使套管表面绝缘强度降低，容易发生闪络事故。若套管表面不光洁，在运行中电场不均匀则会发生放电现象。

（2）系统出现内部或外部过电压，套管内存隐患而导致击穿。

4. 渗漏油

（1）阀门系统。蝶阀胶垫材质不好、安装不良、放油阀精度不高、螺纹处渗漏。

（2）胶垫。接线桩头、调压套管基座及电流互感器出线桩头处胶垫不密封、无弹性，引起渗漏。运行时间过长、温度过高、振动等原因造成胶垫老化、龟裂、失去弹性，或本身材料质量不符合要求，位置不对称偏心等，均可能引起渗漏。

（3）绝缘子破裂渗漏油。

（4）高压套管升高座的法兰、油箱外表、油箱底盘大法兰等焊接处设计制造不良，有的法兰制造和加工粗糙形成渗漏油。

4.4.3 颜色、气味异常

变压器的许多故障常伴有过热现象，使得某些局部过热，因而引起一些有关部件的颜色变化或产生特殊臭味。

（1）引线、线卡处过热引起异常。套管接线端部坚固部件松动或引线头线鼻子滑牙等，导致接触面发生严重氧化，使接触处过热，颜色变暗失去光泽，表面镀层也遭到破坏。连接接头部分温度一般不宜超过 70℃，可用示温蜡片检查（一般黄色蜡片熔点为 60℃、绿色 70℃、红色 80℃），也可用红外线测温仪测量。温度很高时会发出焦臭味。

（2）套管、绝缘子有污秽或损伤严重时发生放电、闪络，产生一种特殊的臭氧味。

（3）呼吸器硅胶正常干燥时一般为蓝色，其作用为吸附空气中进入油枕胶袋、隔膜中的潮气。当硅胶由蓝色变为粉红色时，表明受潮而且硅胶已失效。一般粉红色部分超过 2/3 时，应予更换。硅胶变色过快的原因主要有：

1）长期处于阴雨天气，空气中湿度较大，吸湿变色过快。

2）硅胶玻璃罩罐有裂纹破损。

3）呼吸器容量过小。

4）呼吸器下部油封罩内无油或油位太低起不到良好油封作用，使湿空气未经油封过滤而直接进入硅胶罐内。

5）呼吸器安装不良，如胶垫龟裂不合格，螺丝松动，安装不密封而受潮。

a）附件电源线或二次线的老化损伤，造成短路产生异常气味。

b）冷却器中电机短路、分控制箱内接触器、热继电器过热烧损等产生焦臭味。

4.4.4 油温异常

上层油温异常升高，相同负荷和冷却条件下油温比平时升高。若发现变压器上层油温超出允许值，温升超过规定，或相同运行条件下上层油温比平时升高10℃及以上，或负荷不变但油温不断上升，应认为变压器温度属异常，应查明原因。

（1）检查散热器是否正常，各散热器阀门是否全部都打开，温度是否一致。散热器的工作状态，与变压器上层油温有直接关系。各散热器的外表温度若不一致，说明温度较低的散热器组油不循环散热（阀门可能未打开或油泵不转等）。散热器的各散热管之间，被油垢、脏物堵塞或覆盖都会影响散热。如某变电站曾因强油风冷散热器的散热管，糊满被风扇打死的飞虫，而影响散热，使变压器在运行中油温异常升高至近80℃。

（2）检查冷却器风冷系统，油循环系统有无异常，风扇、油泵转向是否正确。

（3）检查负荷、气温有无变化。

若以上无问题，可能属变压器内部有问题。但应注意温度计指示是否正确，有无大的误差或失灵。用几个不同安装点的温度计、压力温度计和水银温度计及远方测温表计相互参照比较，才能正确判别。

4.4.5 油位异常

变压器储油柜的油位表，一般标有−30℃、+20℃、+40℃三条线。这三条标志线的含义分别是指变压器安装地点在环境最低温度为−30℃时变压器空载运行的油位刻度线和环境平均温度为+20℃、环境最高为+40℃时变压器满载运行的油位刻度线。根据这三条标志线与变压器负载变化时相对应的油位高低，可以判断是否需要加油或放油。这是因为运行中变压器温度的变化会使油体积变化，从而引起油位的上下位移。

常见的变压器油位异常有如下几种情况。

1. 假油位

若变压器温度变化正常，而变压器油标管内的油位变化不正常或不变，则说明是假油位。运行中出现假油位的原因有：

（1）油标管堵塞。

（2）油枕呼吸器堵塞。

（3）防爆管通气孔堵塞。

（4）变压器油枕内存有一定数量的空气。

2. 油面过低

油面过低视为异常。因其低到一定限度时，会造成轻瓦斯保护动作；严重缺油时，变压器内部绕组暴露，会使其绝缘降低，甚至造成因绝缘散热不良而引起损坏事故。处于备用的变压器如严重缺油，也会因吸潮而使其绝缘降低。造成变压器油面过低或严重缺油的原因有：

(1) 变压器严重渗油。

(2) 修试人员因工作需要多次放油后未作补充。

(3) 气温过低且油量不足，或油枕容积偏小，不能满足运行要求。

4.4.6 油色异常

变压器油有新油和运行油两种。新油呈亮黄色或天蓝色且透明，运行油呈透明微黄色。运行值班人员巡视时，发现变压器油位计中油的颜色发生变化，应取样分析化验。当化验发现油内含有炭粒和水分、酸价增高、闪光点降低、绝缘强度降低时，说明油质已急剧下降，容易发生内部绕组对变压器外壳的击穿事故。此时，该变压器应停止运行。若运行中变压器油色骤然变化，油内出现碳质并有其他不正常现象时，应立即停用该变压器。

4.4.7 变压器过负荷

运行中的变压器过负荷时，警铃响，发"过负荷"和"温度高"光字牌信号，可能出现电流表指示超过额定值，有功、无功表指示增大。运行值班人员发现上述现象时，按下述原则处理：

(1) 停止音响报警，汇报值班长、值长，并做好记录。

(2) 及时调整运行方式，调整负荷的分配，如有备用变压器，应立即投入。

(3) 属正常过负荷或事故过负荷时，按过负荷倍数确定允许运行时间，若超过允许运行时间，应立即减负荷，并加强对变压器温度的监视。

(4) 负荷运行时间内，应对变压器及其相关系统进行全面检查，发现异常应立即处理。

4.5 变压器的故障处理

4.5.1 变压器的轻瓦斯保护动作处理

瓦斯保护是变压器的主保护，它能反映变压器内部发生的各种故障。变压器内部发生故障，一般是由较轻微，逐步发展为严重故障的。所以，大部分是先发出轻瓦斯动作信号，然后发展到重瓦斯动作跳闸。

轻瓦斯动作报出信号，不一定都是变压器内部有故障。所以，处理时的重点，应该是正确判断原因。把内部故障当作进入空气去处理，会使变压器损坏程度加重。

4.5.1.1 原因

(1) 变压器内部有较轻微故障产生气体。

(2) 变压器内部进入空气。如：变压器加油、滤油、更换净油器内的硅胶、检修散热器或潜油泵等工作后，都可能进入空气。变压器新安装或大修时进入空气，修后未完全排出，运行中可能由于冷却器、潜油泵等密封不严进入空气。

(3) 外部发生穿越性短路故障。

(4) 油位严重降低至气体继电器以下，使气体继电器动作。

(5) 直流多点接地、二次回路短路。例如：气体继电器接线盒进水，电缆长时间受渗出的变压器油的腐蚀，绝缘老化等。

(6) 受强烈振动影响。

(7) 气体继电器本身问题，例如：轻瓦斯浮子进油、继电器机构失灵。

4.5.1.2 处理程序

变压器报出轻瓦斯信号，应汇报调度和有关上级，对变压器做外部检查并取气分析。根据检查和取气分析结果，采取相应的措施。

1. 对变压器进行外部检查

进行外部检查前，应检查记录保护动作信号。外部检查的主要内容有：

(1) 电流、电压表指示情况，直流系统绝缘情况，有无其他保护动作信号。

(2) 变压器的油位、油色是否正常。若变压器油色异常，可能是内部有问题。若看不到油面，气体继电器内也没有充满油，则可能是油位低于气体继电器而误动。在冬季，油位很低时，在负荷小且严寒天气下，油位会更低，可能会低于气体继电器。

(3) 变压器声音有无异常。变压器若有噪声，属内部故障。无大噪声时，可以用一根木棒顶在油箱上，另一端贴在耳边细听。内部若有不均匀的噪音，或有"吱吱"放电闪络声，或有"叮当"等异音，说明内部有问题。

(4) 上层油温是否比平时明显升高。

(5) 油枕、防爆管有无喷油、冒油，盘根和塞垫有无凸出变形。

(6) 气体继电器内有无气体，若有，应取气检查分析气体的性质。

如果气体继电器内充满油，且无气泡上冒，则属误动。

如果检查变压器没有明显故障现象，应立即取气，分析气体继电器内气体的性质。若有明显严重异常，应汇报调度，投入备用变压器或备用电源，故障变压器停电后，再取气分析。因为，变压器有严重异常，随时可能会发生严重事故，危及人身安全。

2. 取气分析

变压器内部故障时析出的气体或进入的空气，积聚在气体继电器内。取气时，可以用胶管连接取气瓶（也可以用注射器），连接气体继电器的放气孔。观察记录气体继电器内气体的容积后，打开放气阀取气。

取气分析，主要是鉴别气体的颜色、气味、是否可燃，以此判别有无故障和故障性质。

气体的颜色、可燃性鉴别必须迅速进行。因为有色物质会沉淀，经一定时间后会消失。气体若有色、有味、可燃，说明内部有故障。分析判断如下：

（1）气体纯净无色、无味、不可燃，属于进入空气。判定属于进入空气的依据还有：报轻瓦斯信号前，曾进行过有可能进入空气的工作，检查变压器无任何异常。

（2）黄色不易燃气体，为固体（木质）绝缘过热损坏而分解的气体。这种气体，在油化验时，可发现一氧化碳含量增大（大于 1%～2%）。

（3）白色、淡灰色，有强烈臭味、可燃气体，为纸绝缘、麻绝缘损坏。

（4）灰黑色、褐色、有焦油味的易燃气体，为油过热或闪络而分解的气体。

（5）气体继电器内，气体的可燃成分占总容积的 20%～25% 时，气体即可点燃。气体的可燃性和油的闪点降低，可以直接判断内部故障的严重性。因此，从气体继电器内取气，检查气体的颜色、气味和可燃性，是判定内部有无故障的简便可行的方法。如果气体不可燃，又怀疑不是空气时，应取油样（由专业人员进行）测油的闪点。若闪点比规定值降低 5℃ 以上，变压器应停电检查。

检查气体是否可燃时，须特别小心。取气后，应远离变压器点火检查。

3. 根据检查分析确定处理的方法

（1）若外部检查发现有故障现象和明显异常，气体继电器内有气体。如声音、油色异常，上层油温异常升高，变压器有明显故障的，应立即投入备用变压器或者电源。而故障变压器应停电检查，取气分析。不经检查试验合格的变压器，不能投入运行。

（2）若外部检查无明显故障和异常现象，取气检查气体可燃、有色、有味，说明属于内部故障。应汇报调度，投入备用变压器或备用电源，故障变压器停电检查，不经试验合格，不许投入运行。

（3）若变压器未发现任何异常及故障现象，取气检查为无色、无味，不可燃气体，可能属进入空气。气体放出后，检查有无可能进入空气的部位，如：散热器、潜油泵、各接口阀门等，有无密封破坏进入空气之处。若有，则确属进入空气。

若属进入空气，应及时排出，监视并记录每次轻瓦斯信号报出的时间间隔。如时间间隔逐渐变长，说明内部和密封无问题，空气会逐渐排完。若时间间隔不变，甚至变短，说明密封不严有进入空气之处。应汇报调度和主管领导，并按其命令执行。认真检查可能进气的部位，如散热器、净油器的接口、阀门和密封点，特别是潜油泵的各密封点。可以用小纸片放在密封处检查（进气处的负压可吸引纸片），也可以使各组冷却器轮流停止工作，观察瓦斯信号报出的时间间隔是否加长的方法检查。若某一组冷却器停用后，报出信号的时间间隔加长或停报信号，则应重点检查该组冷却器的密封点。无备用变压器时，可根据调度命令，将重瓦斯保护暂时改投信号位置。

（4）若变压器未发现任何异常及故障现象，取气检查不可燃、无味、颜色很淡，不能确定为空气。气体的性质在现场不能明确，应汇报调度和有关上级，投入备用变压器，故障变压器停电检查。无备用变压器或备用电源的，按主管领导的命令执行，运行中应严密监视。无论能否立即停电，均应取气以及取油样分析（由专业人员进行）。

（5）变压器无明显异常和故障现象，发现油枕上的油位计内无油面，气体继电器内未充满油，取气检查为无色、无味、不可燃气体，这是油位过低所造成的。无备用变压器或备用电源时，可暂时维持运行，汇报调度和上级，设法处理漏油及带电加油（注意先将重瓦斯保护改投于信号位置，防止误跳闸）。有备用变压器的，投入备用变压器，故障变压器停电处理渗漏油并加油。

（6）检查变压器无任何异常和故障现象，气体继电器内充满油无气体，说明属于误动作。可能是二次回路问题，也可能是气体继电器本身问题，还可能是受振动过大或外部有穿越性短路。

区分误动原因的依据，是检查气体继电器的上接点位置，检查直流系统绝缘情况，检查轻瓦斯信号能否复归（有的变压器轻瓦斯动作，只报预告信号，有的还有信号掉牌）。

1）轻瓦斯信号掉牌不能复归，检查气体继电器上接点在闭合，直流系统绝缘良好。属气体继电器本身有问题，如浮子进油、机构失灵等。应汇报调度和上级，安排计划停电处理。

2）轻瓦斯信号掉牌能复归，气体继电器上接点在打开位置，直流系统绝缘良好。可能是有较大震动或外部有穿越性短路，造成误动作。

3）轻瓦斯信号掉牌不能复归，气体继电器上接点在打开位置，直流系统对地绝缘正常。可能二次回路短路，造成误动作。应检查气体继电器接线盒有无进水、端子排有无受潮。再检查气体继电器的引出电缆，看是否受腐蚀而短路等。

4）轻瓦斯信号掉牌不能复归，气体继电器上接点在打开位置，直流系统对地绝缘不良。可能是直流多点接地，造成误动作。应查明接地故障点，并排除故障。

检查出的问题，不能自行处理的，汇报上级，由专业人员处理。

处理变压器报出轻瓦斯信号事故，除了判定确属误动作的情况以外，只要检查气体继电器内的气体，不论可否点燃，都要取气并取油样作化验分析（由专业人员进行）。因为，变压器内部故障很轻微时，气体中的可燃成分较少，不一定能点燃。在夜间，灯光下很难辨别气体的颜色（气体颜色较淡时）。经专业人员对气体和油使用仪器化验，得出的结论才是最准确的。

图 4-6 变压器轻瓦斯保护动作的处理框图

为使对上述处理方法一目了然，其处理步骤如图 4–6 所示。

4.5.2 变压器的重瓦斯保护动作的处理

变压器的重瓦斯保护，反应变压器本体内部的故障。因此，变压器重瓦斯保护动作跳闸后，应当汇报调度，只要其他设备的保护没有动作，就可以先投入备用变压器或备用电源，恢复对全部或部分用户的供电，然后检查处理故障变压器的问题。

4.5.2.1 原因

（1）变压器内部严重故障。

（2）二次回路问题误动作。

（3）某些情况下，由于油枕内的胶囊安装不良，造成呼吸器堵塞。油温改造变化后，呼吸器突然冲开，油流冲动使气体继电器误动跳闸。

（4）外部发生穿越性短路故障（浮筒式气体继电器可能误动）。

（5）变压器附近有较强的震动。

4.5.2.2 一般处理程序

（1）立即投入备用变压器或备用电源，恢复供电，恢复系统之间的并列。若同时分路中有保护动作掉牌时，应先断开该开关。失压母线上有电容器组时，先断开电容器组开关。

（2）对变压器进行外部检查。

（3）外部检查无明显异常和故障迹象，取气检查分析（若有明显的故障迹象，不必取气即可认为属内部故障）。

（4）根据保护动作情况、检查结果、气体性质、二次回路上有无工作等综合分析判断。

（5）根据判断结果采取相应的措施。

4.5.2.3 对变压器进行外部检查的主要内容

（1）油温、油位、油色情况。

（2）油枕、防爆管、呼吸器有无喷油和冒油，防爆管隔膜是否冲破。

（3）各法兰连接处、导油管等处有无冒油。

（4）盘根（油封）是否因油膨胀而变形、流油。

（5）外壳有无鼓起变形，套管有无破损裂纹。

（6）气体继电器内无气体。

（7）有无其他保护动作信号。

（8）压力释放阀（安全阀）动作与否（若动作应报出信号）。

（9）现场取气，检查分析气体的性质。

4.5.2.4 分析判断依据

(1) 变压器的差动、速断等其他保护,是否有信号掉牌,变压器的差动保护等,是反映电气故障量的保护。瓦斯保护则反映的是非电气故障量(非直接电气故障量)。若变压器的差动保护等同时动作,说明变压器内部有故障。

(2) 变压器内部故障,一般是由较轻微发展到较严重的。若重瓦斯动作跳闸前,曾先有轻瓦斯信号,则可以检查到变压器的声音等有无异常。

(3) 有无发现异常和故障迹象。若变压器外部检查有明显异常和故障迹象,说明内部有故障。

(4) 取气检查分析结果。气体继电器内的气体,有色、有味,可点燃(主要是可燃性),无论是外部检查时,有无明显的故障现象,有无明显的异常,应判定为内部故障。

(5) 跳闸时表计指示有无冲击摆动,其他设备有无保护动作信号。重瓦斯动作跳闸时,老有所述现象且检查变压器外部无任何异常,气体继电器内充满油,无气体,重瓦斯信号掉牌能恢复。则就是属外部有穿越性短路故障,变压器通过很大短路电流,内部产生的电动力使变压器油波动很大而误动作。

(6) 跳闸时附近有无过大震动。

(7) 检查直流系统对地绝缘情况,重瓦斯保护掉牌信号能否复归,结合外部检查情况,以及前面的判断依据,判断是否属于直流多点接地或二次回路短路引起的误动。

若检查变压器无任何故障现象和异常,气体继电器内充满油,无气体;没有外部短路故障;跳闸之前,无轻瓦斯信号,也没有其他保护动作掉牌;如果重瓦斯信号掉牌不能恢复,观察气体继电器的下接点未闭合,有保护出口继电器接点仍在闭合位置,说明是二次回路短路,造成误动跳闸,与上述现象相同,且直流系统绝缘不良,有直流接地信号,则为直流多点接地造成误动跳闸。

二次回路短路或接地,造成误动跳闸的原因有:回路上有人工作,工作人员失误;气体继电器接线盒进水;气体继电器渗油,使电缆长时间受腐蚀,绝缘破坏;二次线端子排受潮等。

4.5.2.5 处理方法

(1) 经判定为内部故障,未经内部检查并未经试验合格,不得重新投入运行,防止扩大事故。有以下几种情况:

1) 外部检查,发现有明显的异常情况和故障象征。不经检查分析气体的性质,即可认为属内部故障。

2) 外部检查无明显异常现象,跳闸前有轻瓦斯信号,取气分析有味、有色、可燃，也属内部故障。因为，外部象征虽不明显，但内部故障可能较严重。

3）检查变压器差动保护或其他主保护有动作信号掉牌，跳闸前有轻瓦斯信号。无论变压器外部有无明显异常，取气分析是否有色、可燃或未查明气体的性质（可疑），均应认为内部有问题。

（2）对外部检查无任何异常，取气分析无色、无味、不可燃，气体纯净无杂质，同时变压器其他保护未动作。跳闸前轻瓦斯信号报出时，变压器声音、油温、温位、油色无异常，可能属进入空气太多，析出太快，应查明进气的部位并处理（如关闭进气的冷却器、潜油泵阀门，停用进气的冷却器组等）。无备用变压器时，根据调度和主管领导的命令，试送一次，严密监视运行情况，由检修人员处理密封不良问题。

（3）外部检查无任何故障迹象和异常，变压器其他保护未动作，取气分析，气体颜色很淡、无味、不可燃，即气体的性质不易鉴别（可疑），无可靠的根据证明属误动作。无备用变压器和备用电源者，根据调度和主管领导命令执行。拉开变压器的各侧刀闸，摇测绝缘无问题，放出气体后试送一次，若不成功应做内部检查。有备用变压器的，由专业人员取油样进行化验，试验合格后方能投运。

（4）外部检查无任何故障迹象和异常，气体继电器内无气体，证明确属误动跳闸。

1）若其他线路上有保护动作信号掉牌，重瓦斯掉牌信号能复归，属外部有穿越性短路引起的误动跳闸。故障线路隔离后，可以投入运行。

2）若其他线路上无保护动作信号掉牌，重瓦斯掉牌信号能复归，可能属震动过大原因误动跳闸，可以投入运行。

3）其他线路上无保护动作信号掉牌，重瓦斯掉牌信号不能复归。若当时直流系统对地绝缘良好，无直流接地信号，可能属二次回路短路造成误动跳闸。若直流系统对地绝缘不良，有直流接地信号，可能是直流多点接地而造成误动跳闸。应检查气体继电器接线盒有无进水，端子箱内二次接线有无受潮，气体继电器引出电缆，有无被油严重腐蚀。分别作如下处理：

a）能及时排除故障的，排除的变压器可投入运行。

b）不能短时内查明并排除故障的，无备用变压器或备用电源时，在有可靠的差动保护（或速断保护）和可靠的后备保护条件下，根据调度命令，暂时退出重瓦斯保护后，变压器投入运行恢复供电，然后检查处理二次回路问题。

变压器重瓦斯保护动作跳闸的一般处理程序，如图4-7所示。

4.5.3 变压器的差动保护动作的处理

变压器差动保护的保护范围，是变压器各侧电流互感器之间的电气部分。主要反

```
                    变压器重瓦斯保护动作跳闸
                             │
        断开失压母线上电容器组开关和有保护信号掉牌的开关，投
        入备用变压器或备用电源，恢复供电和恢复系统间联系
                             │
        检查变压器差动保护及其他设备(线路)有无保护信号掉牌，跳
        闸前变压器有无轻瓦斯动作信号,对变压器进行外部检查
```

气体继电器内无气休，检查变压器无任何异常，跳闸前无轻瓦斯信号，气体继电器接点在打开位置	无明显异常和故障现象，跳闸前轻瓦斯信号曾报出	有明显故障现象及异常

根据重瓦斯保护掉牌信号能否恢复，外部其他设备(或线路)有无保护动作掉牌信号，判断误动跳闸原因

外部无其他设备保护掉牌信号，重瓦斯掉牌不能复归	重瓦斯掉牌能恢复，外部其他设备无任何保护掉牌。可能是震动过大，引起误动跳闸	重瓦斯掉牌能恢复，外部其他设备有保护动作掉牌。可认为属外部穿越性短路导致误动跳闸

取气分析

内部故障。应取气分析，不准投运。经内部检查试验合格后方能投运

无备用变压器时，根据调度命令，退出重瓦斯保护后，变压器投入运行。检查二次回路误动原因	可以投运	隔离外部故障点后可以投运

气体色淡不可燃，但可疑，其他保护未动作，无可靠根据证明属误动或变压器内部无问题	变压器外部无任何异常，气体无色、无味、不可燃且纯净。无其他保护动作掉牌，跳闸前变压器声音、油温油色正常	气体有色、有味、可燃，或同时有差动保护信号掉牌

检查保护出口继电器 KPO 的接点位置,检查直流系统对地绝缘情况

KPO 接点闭合，直流系统绝缘正常，可能属二次回路短路造成误动	KPO 接点闭合，直流系统绝缘不良，属直流多点接地而误动

无备用变压器时，根据调度及主管领导命令，拉开各侧刀闸测绝缘无问题，放气后试送一次

检查气体继电器接线盒有无进水，电缆有无腐蚀绝缘损坏，端子排有无严重受潮，二次回路有无工作。查明直流接地或短路故障点，并排除故障

可能是进入空气，析出太快，无备用变压器时，根据调度及主管领导命令，重瓦斯保护退出后试送一次，严密监视。查明进气点，关闭进气的进出油阀门，停用进气的冷却器组

内部故障，不能投运

不成功应停电作内部检查	成功应严密监视

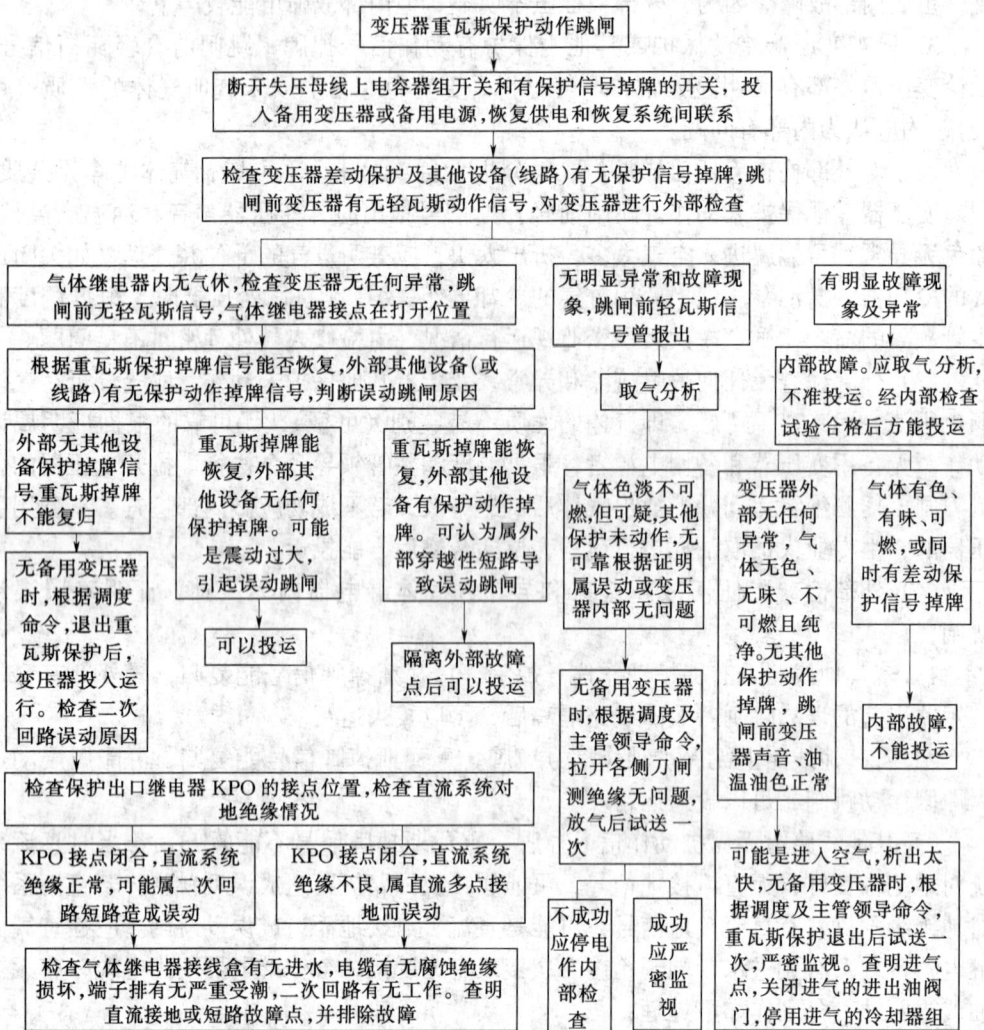

图 4-7 变压器重瓦斯保护动作跳闸的处理框图

映以下故障：

(1) 变压器引出线及内部线圈的相间短路。

(2) 严重的线圈层间短路故障。

(3) 大电流接地系统中，线圈及引出线的接地故障。

变压器差动保护，能迅速而有选择地切除保护范围内的故障。只要接线正确并调整得当，外部故障时不会误动。差动保护对变压器内部不严重的匝间短路，反应不够

灵敏。

4.5.3.1 差动保护动作跳闸的原因

(1) 变压器及其套管引出线，各侧差动电流互感器以内的一次设备故障。

(2) 保护二次回路问题误动作。

(3) 差动电流互感器二次开路或短路。

(4) 变压器内部故障。

4.5.3.2 一般处理程序

(1) 根据保护动作情况和运行方式，判明事故停电范围和故障范围。

(2) 断开有保护动作掉牌的线路开关（若有时），断开失压母线上的电容器组开关。

(3) 投入备用变压器各侧备用电源，恢复供电和系统间的并列。若差动电流互感器安装位置在开关的母线侧时，可先拉开刀闸与失压母线隔离，再投入备用变压器（若母线没有失压，说明该侧开关已将故障隔离，无须拉开刀闸）。

(4) 对变压器及差动保护范围以内的一次设备，进行详细的检查。

(5) 根据检查结果和分析判断结果，作相应的处理。

4.5.3.3 对设备进行外部检查的主要内容

(1) 变压器套管有无损伤，有无闪络放电痕迹，变压器本体外部有无因内部故障引起的异常现象。

(2) 变压器引出线是电缆时，检查电缆头有无损伤、有无击穿放电痕迹、有无移动现象（短路电流通过时的电动力所致）。

(3) 差动保护范围内所有一次设备，瓷质部分是否完整，有无闪络放电痕迹。变压器及各侧开关、刀闸、避雷器、瓷瓶等有无接地短路现象，有无异物落在设备上。

(4) 差动保护范围外有无短路故障（其他设备有无保护动作）。

4.5.3.4 分析判断依据

(1) 差动保护动作跳闸的同时，瓦斯保护动作与否。若同时有瓦斯保护动作，即使是只报出轻瓦斯信号，变压器内部故障的可能性极大。

(2) 检查差动保护范围内一次设备（包括变压器在内）有无故障现象。

(3) 差动保护范围外其他设备有无短路故障，其他线路有无保护动作信号掉牌。若差动保护动作整定值不当，保护范围外发生故障时，差动电流回路不平衡电流增大会误动。差动电流回路接线若有误，外部故障时会误动（内部故障时反而可能不动作）。

(4) 检查差动继电器的接点是否在打开位置，保护出口继电器线圈两端有无电压。若检查变压器以及差动保护范围内所有一次设备，没有发现任何故障迹象。跳闸时，无表计指示冲击摆动，瓦斯保护没有动作，保护范围以外无接地、短路故障。可在保护出口继电器线圈，测量有无电压。若差动继电器接点在打开位置，测量线圈两端有电压，或观察保护出口继电器常开接点在闭合位置，就属二次回路原因造成误动作。

1) 差动电流互感器二次开路（或短路）而误动作（正常运行中可能性很小）。

2) 变压器内部故障，外部无明显异常现象。

4.5.3.5 处理方法

(1) 检查故障明显可见，发现变压器本身有明显的异常和故障迹象，差动保护范围内一次设备上有故障现象，应停电检查处理故障，检修试验合格方能投运。

对于三圈变压器，若检查故障点不在变压器本体上，能用刀闸将故障点与变压器隔离时，应隔离故障点。检查变压器无问题，可先恢复无故障的两侧运行。这样，无备用变压器或备用电源时，能先恢复对部分用户的供电。

(2) 未发现任何明显异常和故障迹象，但同时有瓦斯保护动作，即使只是报出口继电器接点在打开位置，线圈两端无电压。差动保护范围外有接地、短路故障（其他设备或线路有保护动作信号掉牌）。可将外部故障隔离后，拉开变压器各侧刀闸，测量变压器绝缘无问题，根据调度命令试送一次。试送成功后检查保护误动原因，可根据调度命令先退出差动保护，由专业人员测量差动电流回路相位关系，检验有无接线错误。

(3) 检查变压器及差动保护范围内一次设备，无发生故障的痕迹和异常。变压器瓦斯保护未动作。其他设备和线路，无保护动作信号掉牌。检查保护出口继电器接点在断开位置，线圈两端无电压。若二次回路有人工作，应令其停止工作，无备用变压器时，根据调度命令，拉开变压器各侧刀闸，测量变压器绝缘无问题试送电一次，若成功，及时恢复对用户供电。若二次回路无人工作，应检查差动电流回路有无断线或短路、接地。若查出是电流回路问题，应排除故障，恢复变压器运行和对用户供电。若未查出回路问题，变压器应做试验检查合格后，再投入运行（无备用变压器或备用电源时，按调度和主管领导的命令执行）。

(4) 检查变压器及差动保护范围内一次设备，无发生故障的迹象和异常。差动保护范围外无故障，变压器其他保护没有动作。其他设备和线路，无保护动作信号掉牌。检查保护出口继电器接点在闭合位置，其线圈两端有电压。若直流系统对地绝缘不良，有"直流接地"信号，则属直流多点接地造成误动跳闸。反之，直流系统对地绝缘正常，可能属二次回路短路所致。无备用变压器时，可根据调度命令，先退出差动保护，变压器投入运行，恢复供电后再检查二次回路问题。

解除变压器差动保护，应保证瓦斯保护及其他保护在投入条件下，变压器方能运行。差动保护必须在24h内重新投入。

变压器差动保护动作跳闸，一般处理程序如图4-8所示。

变压器差动保护动作各侧开关跳闸

断开失压母线上电容器组开关和有保护信号掉牌的分路开关。投入备用变压器或备用电源,恢复供电,恢复系统间并列。若差动电流互感器在开关的母线侧时,可先拉开刀闸隔离,再投入备用变压器,恢复供电

检查变压器及差动保护范围内一次设备有无异常及故障迹象,瓦斯保护动作与否

未发现任何异常及故障迹象,变压器瓦斯保护未动作

未发现异常及故障迹象,但有瓦斯保护动作(即使是轻瓦斯报出信号)

有明显故障迹象

检查差动保护范围外有无接地短路故障,其他设备(或线路)有无保护动作掉牌,二次回路有无工作

很可能为变压器内部故障。应经停电检查并经试验合格方能投入运行

差动保护范围外无故障、其他设备无保护动作信号掉牌。二次回路有工作

差动保护范围外有故障、其他设备有保护动作信号掉牌。二次回路上无人工作

差动保护范围外无故障、其他设备无保护动作信号掉牌、二次回路上无人工作

变压器本体无故障,变压器外部故障点能隔离开的

变压器本体故障或变压器外部故障点不能与变压器隔离的

停止工作,断开工作接线及工作电源,根据调度命令试送一次,若成功,恢复供电(无备用变压器时)

检查KPO接点在打开位置。线圈两端无电压,可能为外部故障。将外部故障点(有保护动作的设备)隔离后,测变压器绝缘正常,根据调度命令试送一次。成功后检查误动原因

检查出口断电器KPO接点位置及其线圈两端有无电压

拉开刀闸隔离故障点,可先恢复无故障的两侧运行(三圈变),恢复部分用户供电

停电检修处理,试验合格后才能投入运行

KPO线圈两端有电压,接点在闭合位置

KPO接点在打开位置,线圈两端无电压

无备用变压器时,根据调度命令,解除差动保护,变压器投入运行,恢复供电后检查二次回路造成误动问题

检查差动电流回路有无断线、短路、接地,汇报上级派专业人员检查

差动电流互感器回路接线有误

调整不当,外部故障时不平衡电流过大而误动

检查直流系统绝缘

未查出问题,在变压器作试验无问题后再投入运行并恢复供电。无备用变压器时,根据调度或主管领导命令执行

若差动电流回路有问题,排除后,恢复变压器运行和对用户供电

绝缘不良,可能为直流多点接地造成误动

绝缘正常,可能属二次回路短路造成误动

图 4-8 变压器差动保护动作跳闸的处理框图

4.5.4　变压器过流等后备保护动作跳闸的处理

变压器过流等后备保护动作跳闸，主保护未动作，一般应视为外部（差动保护范围以外）故障，即母线故障或线路故障越级使变压器后备保护动作跳闸。变压器本体发生故障，由过流等后备保护动作跳闸的几率很小。

变压器过流等后备保护动作跳闸，要正确判断故障范围和停电范围，必须熟知变压器后备保护的保护范围，动作时跳对应开关。

（1）单侧电源的双圈降压变压器：后备保护一般装在高压侧，作低压侧母线及各分路的后备保护。动作时，其第一时限跳低压侧母线分段（或母联）开关，第二时限跳变压器两侧开关。

（2）单侧电源的三圈降压变压器：中、低压侧的后备保护，分别作相对应的中、低压侧母线和线路的后备保护。动作时，其第一时限跳本侧母线分段（或母线）开关，第二时限跳变压器本侧（有故障的一侧）开关。高压侧的后备保护，作中、低压侧的总后备保护，又是变压器本体的后备保护，动作时跳变压器三侧开关，其动作时限，大于中、低压侧后备保护的第一、二时限。高压侧后备保护动作时，其第一时限跳中压侧（或低压）侧的母线分段（或母联）开关，第二时限跳变压器的中压（或低压）侧开关，其第三时限跳变压器三侧开关。

（3）多侧电源的三卷降压变压器：

1）某一侧带有方向的后备保护（如方向零过流保护、复合电压闭锁方向过流保护等），其保护方向是指向本侧母线。带方向的后备保护和低压侧的后备保护（一般为35kV及以下），各作本侧母线及线路的后备保护。动作时，第一时限跳本侧母线分段（或母联）开关，第二时限跳变压器本侧开关。

2）高、中压侧不带方向的后备保护（如复合电压闭锁过流等）；既可以作为各自本侧母线及线路的后备保护，又可以作为变压器及另两侧的后备保护。动作时跳变压器三侧开关（高、中压侧同时又有带方向的后备保护时）。

变压器后备保护动作单侧跳闸时，跳闸侧一段母线失压。三侧跳闸时，中、低压侧可能各有一段母线失压。

4.5.4.1　变压器后备保护动作单侧跳闸的处理

变压器中、低压侧，某一侧过流等后备保护动作，单侧跳闸。跳闸的一侧段母线失压。其原因为：失压的母线上故障或线路故障越级。其中，线路故障越级跳闸的可能性，要比母线故障大得多。

1．故障范围的判断

失压的母线上，各分路中有保护信号掉牌时，属线路上发生故障，保护动作，属于开关未造成越级跳闸。有保护掉牌的线路上有故障。各分路都没有保护动作信号掉牌时，有两种可能：一是线路上有故障时，线路保护不动作，造成越级跳闸；二是母线上发生故障，变压器后备保护动作跳闸。母线故障时的故障点，又可以分为能用开关和刀闸隔离的不能隔离的两种情况。

各分路上都没有保护动作信号时，要区分故障，只有依据对母线及连接设备外部的检查。

2．处理方法

（1）根据保护动作情况、信号、仪表指示等，判断故障范围和停电范围。检查各分路有无保护动作信号掉牌，若站用电失去可先倒站用电，投入事故照明。

（2）断开失压的母线上各分路开关，并检查是否确已断开。发现有未断开的，手动拉开其两侧刀闸，断开电容器组开关。

（3）分路上有保护动作信号掉牌时，应立即将有掉牌的线路开关断开。检查母线及变压器跳闸开关无问题，合上变压器跳闸侧开关，对失压母线充电正常，恢复对其余各分路的供电，然后检查故障线路开关拒跳原因。

（4）各分路上均无保护动作信号掉牌时，应检查失压母线及连接设备上有无故障迹象及异常。根据检查结果：

1）发现有故障现象，故障点可以隔离时，立即拉开刀闸隔离之。合上变压器跳闸侧开关，对失压母线充电正常，恢复对用户的供电。若因隔离故障点使母线电压互感器停电时，可以合上母线分段（或母联）开关，合上电压互感器二次联络开关，使保护不失去交流电压。

2）发现母线上有故障，故障点不能用开关或刀闸隔离时，各分路转移负荷，较重要的用户可倒旁母恢复供电。双母线接线，可将各分路倒至另一段母线上恢复送电。

3）检查失压母线及连接设备上无任何故障迹象和异常，可以在各分路开关全部断开的情况下，根据调度命令，合上变压器跳闸侧开关，对母线试充电正常后，依次逐条分路试送，查明保护拒动的线路。试合各分路开关时，应严密注意线路的表计指示，若有短路冲击现象应立即断开开关。无故障分路恢复供电后，检查未跳开关的保护拒动原因。

4）变压器过流等后备动作，单侧跳闸的一般处理程序，如图4-9所示。

4.5.4.2　双卷变压器过流等后备保护动作跳闸的处理

双卷变压器后备保护动作跳闸，处理方法和三圈变压器单侧跳闸时基本相同。只是在检查设备时，还要检查变压器及连接设备，若有故障现象，变压器不能投入运行。如果变压器及连接设备有故障，应检查低压侧母线有无异常，各分路有无保护动

变压器过流保护等后备保护动作,单侧开关跳闸

检查失压侧母线上各分路有无保护掉牌;如站用电失电可以先倒站用电,断开失压母线各分路开关,并检查确已断开。先断开电容器组开关

检查各分路中无保护动作信号掉牌

检查分路中有保护动作信号掉牌

检查失压的母线及连接设备有无故障迹象及明显异常情况

立即将有保护掉牌的分路开关断开,若断不开应以手动打跳或拉开刀闸隔离。检查跳闸开关及母线正常

母线及连接设备上无故障迹象及异常情况

发现有故障迹象及异常情况

重新合上变压器跳闸侧开关,对失压母线充电正常后对无故障的分路恢复送电。最后检查分析分路开关拒跳原因

在各分路开关均已断开的情况下,合上变压器跳闸开关,对母线充电正常后,依次试送各分路。查出保护拒动的线路。试送时严密监视表计,若有冲击,立即断开开关。最后检查处理拒跳的分路保护拒动原因

故障点可以与母线隔离

故障点不能与母线隔离

拉开刀闸隔离故障点,合上变压器跳闸开关,使失压母线充电正常后,恢复分路送电。若隔离故障使电压互感器停电,可以合上分段(或母线)开关后合上电压二次联络,或倒运行方式(如双母线可倒母线)

失压母线各出线倒负荷。双母线的,可以将各分路倒另一组母线上恢复供电。有旁母的可将部分重要用户倒旁母带

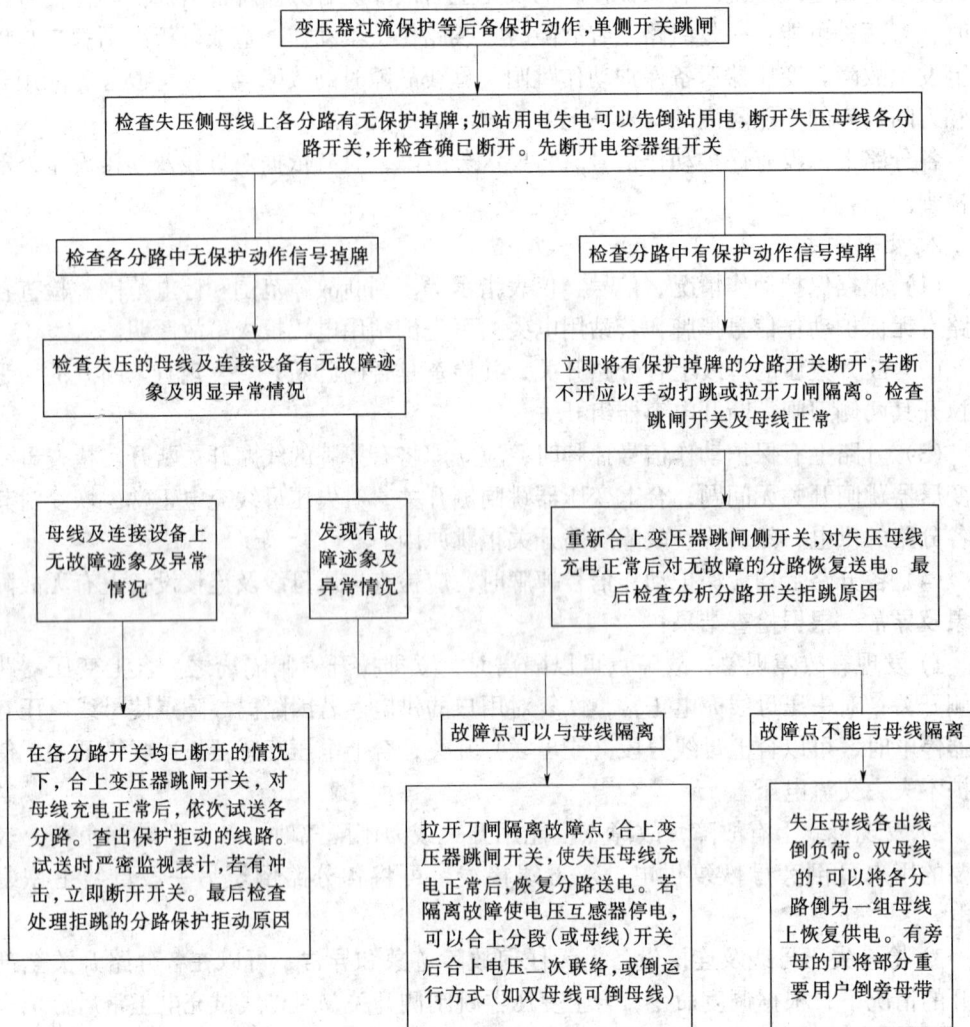

图4-9 变压器过流等后备保护动作单侧跳闸的处理框图

作信号,利用备用电源或合上母线分段(或母联)开关,对低压侧母线充电正常以后,依次对各分路送电。

4.5.4.3 变压器过流等后备保护动作三侧开关跳闸的处理

变压器过流等后备保护动作,三侧开关跳闸,会使中、低压侧各有一段母线失压。只要变压器本体及连接设备无问题,变压器即可投入运行,恢复对无故障的供电。在这种情况下,对于故障发生的范围,需要做认真地分析和判断。对失压的中、

低压侧母线，判定出某一侧范围内有故障，对另一侧母线可迅速恢复供电。

1．区分故障的依据

(1) 变压器跳三侧的后备保护动作跳闸。如果某一侧，有跳单侧的后备保护信号掉牌，该侧失压母线的范围内有故障。

(2) 某一侧失压的母线上，若有分路开关断不开，这一段母线即属有故障的范围。

(3) 变压器跳三侧的后备保护动作跳闸，若某一侧开关没有跳开，这一侧失压母线的范围内发生故障的可能较大。

(4) 变压器后备保护动作，三侧开关跳闸。若某一侧失压的母线上，有分路保护动作信号掉牌、有电源进线跳闸，或某一侧失压母线的分段（或母联）开关跳闸，该侧失压的母线，多为故障所在范围。

(5) 检查设备时，有故障现象的母线，为故障所在范围。

2．处理方法

(1) 根据变压器保护动作情况，检查各侧母线上的分路中，有无保护动作信号掉牌。并根据仪表指示，开关跳闸情况等，判断故障所在范围和停电范围。如果已失去站用电，应先恢复站用电。在夜间，应投入事故照明。

(2) 断开失压母线上各分路开关，并检查是否确已断开。发现有未断开的，应立即手动拉开其两侧刀闸。断开电容器组开关。

(3) 检查变压器无异常，恢复其无故障的两侧运行。先对无故障的一侧母线充电正常后，试送各分路。对另一侧失压母线，根据保护动作情况。分路中有无保护掉牌、开关跳闸情况、检查母线及连接设备有无故障等现象，根据调度命令，将故障点隔离以后，用备用电源或经倒运行方式恢复供电。具体处理方法和变压器后备保护动作单侧跳闸时基本相同。

(4) 各失压母线恢复运行后，对各无故障分路恢复供电。然后检查处理有关保护拒动、开关拒跳的问题。

应当说明，变压器跳三侧的后备保护动作跳闸。对于无故障的一侧母线，首先恢复正常供电。对于另一侧失压母线，应尽量利用其他的电源合闸充电。这是因为，变压器该侧后备保护或开关跳闸已不可靠。用倒运行方式的方法，恢复隔离故障后的母线供电时，应按有关规程规定，对有关保护及自动装置的投退方式，作相应的变动。

4.5.4.4 变压器作高压侧母线及线路的后备保护动作跳闸

变压器配置的后备保护，用作高压侧母线及线路的后备保护有：高压侧零序、方向零序保护，高压侧方向过流保护等。

根据保护的方向和保护范围可以知道，在这种情况下，故障范围是在高压侧母线及线路上。这时，高压侧母线（至少有一段）失压。同时，中、低压侧母线也可能失压。

高压侧母线失压，很可能是发生了系统事故。因此，事故处理应在调度统一指挥下进行。处理方法：

（1）断开失压母线上的电容器组开关、有保护信号掉牌的分路开关。有条件时，先恢复站用电。

（2）汇报调度，若变压器的中、低压侧有一段母线失压，应将该变压器各侧开关断开。

（3）投入备用变压器（合上分段或母联开关），对失压的中、低压侧母线及其各分路恢复供电。

（4）无备用变压器时，根据调度命令，可以利用备用电源，恢复中、低压侧母线及其各分路的供电。例如：失压的中压侧母线上有备用电源，先恢复中压侧母线和分路供电后，再恢复变压器中、低压侧运行（高压侧中性点必须接地），对低压侧母线及各分路恢复供电。必须注意备用电源的负荷能力，必要时，可只恢复对重要用户的供电，或根据调度命令，退出因过负荷可能误动作的保护。

（5）检查处理高压侧母线失压事故。其方法和变压器单侧跳闸时基本相同。

（6）高压侧母线恢复运行后，恢复原正常运行方式。

4.5.5 变压器有载分接开关故障的处理

4.5.5.1 油位的异常

有载调压变压器，变压器本体油箱里面的油，和高压装置油箱里的油，两者是相互隔绝的。所以，它们的油枕也分成相互隔绝的两部分，一部分和变压器本体油箱相通，另一部分和高压装置的油箱相通。

正常运行中变压器本体油箱中的油和调压装置油箱中的油，是绝对不能相混合的。因为，有载调压分接开关经常过负荷调压，分接开关在动作过程中，会产生电弧，使油质劣化。两个油箱中的油如果相混，会使变压器本体中的油质变坏，绝缘降低，影响变压器的安全运行。

根据以上所述，正常对变压器的运行监视中，应将变压器本体的油位和调压装置的油位相比较。两者经常保持不同，说明两个油箱、油枕之间的密封良好。当然，如果经常保持变压器本体的油位比调压装置的油位高，则更好。如果发现两部分油位呈相互接近相等的趋势，或两者已保持相平，应当汇报上级，取油样作色谱分析，以防止内部密封不良，造成两油箱中的油相混合。

4.5.5.2 调压操作中出现的故障

正常情况下，调压时应采用电动操作。每操作高压按钮一次，只许调节一个挡位。操作时，当调压指示灯亮，应立即松开使按钮返回。同时应注意电压表、电流表指示，注意挡位指示变化情况。这样可以及时发现异常，有故障时便于区分判断。一个挡位调整完毕，应稍停 1min 左右，方可再调至下一个挡位。

1. 调压操作时变压器输出电压不变化

（1）操作时，变压器输出电压不变化，调压指示灯亮，分接开关挡位指示也不变化。属电动机空转，而操作机构未动作。

处理：此情况多发生在检修工作后，忘记把水平蜗轮上的连接套装上，使电动机空转。也可能是频繁多次调压操作，传动部分连接插销脱落。将连接套或插销装好即可继续操作。

（2）操作时，变压器输出电压不变化，调压指示灯不亮，分接开关的挡位指示也不变化。属无操作电源或控制回路不通。处理方法如下：

1）先检查调压操作保险是否熔断或接触不良。若有问题，更换处理后可继续调压操作。

2）无上述问题，应再次操作，观察接触器动作与否，区分故障。

3）若接触器动作，电动机不转，可能是接触器接触不良、卡滞，也可能是电动机问题。测量电动机接线端子上的电压若不正常，属接触器的问题；反之，属电动机有问题。此情况下，若不能自行处理，应汇报上级，由专业人员处理。

4）若接触器不动作，属回路不通，应汇报上级，由专业人员检查处理。

（3）操作时，变压器输出电压不变化，调压指示灯亮，分接开关的挡位指示已变化。说明操作机构已动作，可能属过死点机构（快速机构）问题，选择开关已经动作，但是切换开关未动作。此时应切记，千万不可再次按下调压按钮。否则，选择开关拉弧会烧坏。

处理：应迅速手动用手柄操作，将机构先恢复到原来的挡位上。汇报调度和上级，按调度和主管领导的命令执行。同时应仔细倾听，调压装置内部有无异音。若有异常，应投入备用变压器或备用电源，将故障变压器停电检修。若无异常，应由专业人员取油样，作色谱分析。

2. 一次调压操作连续多挡位调压

出现这种情况，分接开关可能会一直调到"终点"位置，操作机构实现机械闭锁限位。原因多属于接触器保持，接点打不开。不论机构是否调压动作到"终点"位置，应迅速地断开调压电动机的电源（时间应选在刚好一个挡位调整的动作完成时，或在"终点"挡位时）。然后使用手柄，手力调压操作，调到适当的挡位，不使变压器输出电压过高或过低。通知检修人员，处理接触器不返回的缺陷。同时，应仔细倾听调压装置内部有无异音。若有异常，应投入备用变压器或备用电源，故障变压器停电检修。

4.5.6 变压器着火处理

变压器着火的主要原因是：套管破损和闪络，油流出并在顶盖上燃烧；变压器内部故障；外壳或起搏器破裂，使燃烧着的油溢出。发生这些情况时，应立即将变压器各侧断路器和隔离开关拉开，断开冷却器电源，然后进行灭火。灭火时应使用干式二氧化碳、1211灭火器、砂子等灭火。此时还应注意以下几点：

（1）若系变压器顶盖着火，则应打开事故放油阀，将变压器油放至着火处以下。

（2）若系变压器内部故障而着火，则不允许放油，以防变压器发生爆炸。

（3）变压器着火处理时，不论何种原因，应首先拉开断路器，切断电源，停用冷却器，并采取有效措施进行灭火。同时请求消防部门及上级主管部门协助处理。

4.5.7 变压器冷却装置故障的处理

变压器冷却装置的常见故障有冷却装置工作电源全部中断、部分装运装置电源中断、潜油泵故障或风扇故障使部分冷却装置停运、变压器冷却水中断、干式变压器温控装置失灵等。当冷却装置故障时，变压器发出"备用冷却器投入"和"冷却器全停"信号。冷却装置故障的一般原因为：

（1）供电电源熔断器熔断或供电电源母线故障。

（2）冷却装置工作电源开关跳闸。

（3）单台冷却器自动开关故障跳闸或潜油泵和风扇的熔断器熔断。

（4）潜油泵、风扇损坏及连接管道漏油。

当冷却系统发生故障时，可能迫使变压器降低运行，严重的可能使变压器停运甚至烧坏变压器。因此，当冷却系统发生故障时，应迅速处理。

对于油浸风冷变压器，当发生风扇电源故障时，应立即调整变压器所带的负荷，使之不超过70%额定容量。单台风扇发生故障，可不降低变压器的负荷。

对于强迫油循环风冷变压器，或冷却装置电源全部中断，应设法于10min内恢复1路或2路电源。在进行处理期间可适当降低负荷，并对变压器上层油温及油枕、油位严密监视。当冷却装置电源全停时，变压器油温和油位会急剧上升，有可能出现油从油枕中溢出或从防爆管跑油现象。如果10min内，冷却装置电源能恢复，当冷却装置恢复正常运行后，油枕油位又会急剧下降。此时，若油位下降到油标−20℃以下并继续下降时，应立即停用重瓦斯保护。如果10min内冷却装置电源不能恢复，则应立即停用变压器。

如果冷却器部分损坏或1/2电源失去，应根据冷却器台数与相应容量的关系，立即调整变压器负荷至相应允许值，直至冷却器修复或电源恢复。由于大型变压器一般设有辅助或备用冷却器，在个别冷却器故障时，备用或辅助冷却器会自动投入，无需调整变压器的负荷。但来"备用冷却器投入"信号后，运行值班人员应检查备用冷却器投入运行是否正常。

冷却装置一旦出现故障，一定随时监视变压器的有关温度不能超过对应时间的允许值。当冷却装置全停时，对容量大的变压器，如强油风冷变压器的冷却装置全停，无论负荷大小均不能连续运行。

小　结

尽管变压器没有转动部分，但它仍属于一个多元电器，故障范围多样，且一旦出现大事故，引起的停电时间长，停电面积大。因此，变压器运行，从投运前的检查合格→试运行→允许运行与巡视检查→异常运行与处理→事故运行与处理的各个环节，必须严格符合对应要求与规定。通过声、光、电、温度、气味、颜色的监视，判定而采取对应的快速、准确、合理的维护与处理，尽量使变压器处于健康运行状态，或即使因变压器故障也应尽快恢复供电，使系统因之受的损失减少到最小。

练　习　题

4-1　名词解释

(1) 6℃原则。

(2) 绝缘老化。

(3) 允许温升。

4-2　判断题

(1) 可以用隔离开关来分合变压器。（　　）

(2) 当冷却器全停时，变压器各侧断路器经延时跳闸。（　　）

(3) 变压器试运行时，冷却装置可缓投入。（　　）

(4) 干式变压器的绝缘性肯定比油浸式变压器的好。（　　）

(5) 温控装置是干式变压器自动使风扇起停的控制元件。（　　）

(6) 变压器停电操作时，先停电源侧，后停负荷侧。（　　）

(7) 用跌落保险（断熔器）切除变压器时，先分中间相，再分两边相。（　　）

(8) 变压器停运下来后，才停其保护和冷却装置。（　　）

4-3　填空题

(1) 强油风扇冷却器运行时，应检查_____转向正确。

(2) 变压器油的作用是_____、_____、_____。

(3) 变压器油中含_____的水，其绝缘将下降_____。

(4) 油浸自冷或风冷变压器运行时，当环境温度为 40℃ 时，上层油温一般为_____，最高油温为_____。

(5) 油浸式变压器运行时，温度最高的是_____部分，最低的是_____部分。

(6) 变压器中绝缘老化的同时，_____也同时下降。

(7) 巨型变压器采用的冷却装置是_____。

(8) 变压器的_____和_____问题是运行中强调的主要问题。

4-4　问答题

(1) 干式变压器与油浸式变压器相比的最大优点是什么？

(2) 干式变压器运行时应注意的主要事项是哪些？

(3) 为什么说变压器投运前一定要做冲击试验？目的何在？

(4) 举例说明变压器分闸时应从负荷侧到电源侧，合闸是相反的道理。

(5) 刚投入的变压器误动的原因何在？怎样对待处理？

(6) 进行气象色谱分析采集油样中，应注意哪些事项？

(7) 空气会给变压器油带来哪些不良后果？

(8) 变压器着火时应如何处理？

(9) 变压器并列运行的好处及条件是什么？

(10) 什么叫短期急救负荷？

(11) 变压器运行时，为什么同时要监视允许温度和允许温升？

(12) 变压器运行时，特殊巡视检查的项目有哪些？

(13) 变压器运行时，轻瓦斯保护动作的原因是什么？如何处理？

(14) 变压器运行时，重瓦斯保护动作的原因有哪些？如何处理？

(15) 变压器分接开关如何操作？

(16) 变压器分接开关出现故障时如何处理？

(17) 变压器有载分接开关巡视检查的内容是什么？

第 5 章

高压断路器的运行及事故处理

5.1 概　　述

5.1.1 高压断路器的用途及分类

高压断路器是电力系统最重要的控制和保护设备，它在电网中起两方面的作用：在正常时，根据电网的需要，接通或断开电路的空载电流和负荷电流，这时起控制作用，而当电网发生故障时，高压断路器与继电保护装置及自动装置配合，迅速、自动地切除故障电流，将故障部分从电网中断开，保证电网无故障部分的安全运行，以减少停电范围，防止事故扩大，这时起保护作用。

高压断路器主要依据它使用的灭弧介质来区分，可分为：

(1) 油断路器（包括多油断路器和少油断路器）：它是用变压器的油作为灭弧介质，多油断路器的油除灭弧外，还作为对地绝缘使用。

(2) 真空断流器：它是一种用真空作为灭弧介质和绝缘介质的断路器，具有可频繁操作、维护工作量少、体积小等优点。

(3) 空气断路器：它是以压缩空气作为灭弧介质和绝缘介质，具有灭弧能力强、动作迅速等优点。

(4) 六氟化硫（SF_6）断路器：它是采用具有优异的绝缘性能和灭弧能力的六氟化硫气体作为灭弧介质和绝缘介质的断路器，具有开断能力强、动作快、体积小等优点。

真空断路器、六氟化硫（SF_6）断路器是现在和未来重点发展与使用的断路器，油断路器、空气断路器已被淘汰。

5.1.2 高压断路器主要技术参数

(1) 额定电压：是指开关正常工作的线电压（有效值）。

(2) 最高额定电压：是指断路器可以长期使用的最高工作的线电压（有效值）。

(3) 额定电流：是指在规定的正常条件下，可以通过的长期工作电流（有效值）。

(4) 额定开断电流：是指断路器在额定电压下能可靠开断的最大电流。

(5) 遮断容量或断流容量：是指断路器在短路情况下可断开的最大容量。

(6) 动稳定电流：是指断路器在规定条件下可承受的峰值电流，主要反映短路时承受电动力的能力。

(7) 热稳定电流：是指断路器在某规定时间内允许通过的最大电流，主要反映短路时承受热效应的能力。

(8) 固有分闸时间：是指断路器从接到分闸指令起到主回路触点刚脱离电接触为止的时间。

(9) 固有合闸时间：是指断路器从接到合闸指令起到各相触头均接触时为止的时间。

5.1.3 对高压断路器的主要要求

电力系统的运行状态、负荷性质是多种多样的，作为起控制和保护作用的断路器，必须满足电力系统的安全运行，因此，对断路器提出如下要求：

(1) 绝缘部分应能长期承受最大工作电压，而且还应能承受操作过电压和大气过电压。

(2) 在长期通过额定电流时，各部分的温度不得超过允许值，以保证断路器工作可靠。

(3) 分断时间要短，灭弧速度要快，这样当电网发生短路故障时可以缩短切除故障的时间，以减轻短路电流对电气设备的损害。

(4) 能快速自动重合闸，为了提高供电可靠性和电力系统的稳定性，线路保护多采用自动重合闸方式，断路器应在很短时间内可靠连续分合几次短路电流，为此，要求断路器有较高的动作速度，且无电流间隔时间要短，在多次断开故障以后，断路器额定开断电流不应降低，或降低甚少，目前采用的三相快速自动重合闸的无电流间隔时间不大于 0.35s，单相自动重合闸的无电流间隔时间一般整定 1s 左右，以保证重合闸动作成功率。

(5) 额定开断电流要大于系统短路电流，以避免断路器在开断短路电流时引起爆炸或扩大事故。

（6）断路器在通过短路电流时，要有足够的动稳定和热稳定，以保证断路器的安全运行。

5.2　断路器的正常运行与巡视检查

5.2.1　断路器运行总则

（1）在正常运行时，断路器的工作电流、最大工作电压、额定开断电流不得超过额定值。

（2）为使运行中的断路器正常工作，应检查其操作电源完备可靠，气体断路器的气压正常，液压操动断路器的油压、弹簧操动断路器的储能、电磁操动断路器的合闸电源及远距离操作电源均应符合运行要求。

（3）所有运行中的断路器，对具有远距离操作接线的断路器，在带有工作电压时的分（合）操作，一般均应采用远距离操作方式，禁止使用手动机械分闸，或手动就地操作按钮分闸。只有在远距离分闸失灵或当发生人身及设备事故而来不及远距离拉开断路器时，方可允许手动机械分闸（油断路器），或者用就地操作按钮分闸（空气断路器）。对运行中断路器的就地操作，应禁止手动慢分闸和慢合闸。在操作空载线路时应迅速就地操作，但只限于操动机构为三相联动方式的断路器；对分相式操动机构的断路器，则不准分相就地操作。对于装有自动合闸的断路器，在条件可能的情况下，还应先解除重合闸后再行手动分闸，若条件不可能时，应在手动分闸后，立即检查是否重合上了，若已重合上即应再手动分闸。

（4）明确断路器的允许分、合闸次数，以保证一定的工作年限。根据标准，一般断路器允许空载分、合闸次数（也称机械寿命）应达 1000~2000 次。为了加长断路器的检修周期，断路器还应有足够的电气寿命即允许连续分、合闸短路电流或负荷电流的次数。一般来说，装有自动重合闸的断路器，在切断三次短路故障后，应将重合闸停用；断路器在切断四次短路故障后，应对断路器进行计划外检修，以避免断路器再次切断故障电流时造成断路器的损坏或爆炸。

（5）禁止将有拒绝分闸缺陷或严重缺油、漏油、漏气等异常情况的断路器投入运行。若需要紧急运行，必须采取措施，并得到上级运行领导人的同意。

（6）对采用空气操动的断路器，其气压应保持在允许的调整范围内，若超允许值，应及时调整，否则需停止对断路器的操作。

（7）一切断路器均应在断路器轴上装有分、合闸机械指示器，以便运行人员在操作或检查时用它来校对断路器断开或合闸的实际位置。

（8）在检查断路器时，运行人员应注意辅助触点的状态。若发现触点在轴上扭转、松动或固定触片自转盘脱离，应紧急检修。

（9）检查断路器合闸的同时性。因调整不当，合闸后因拉杆断开或横梁折断而造成一相未合导致两相运行时，应立即停止运行。

（10）多油式断路器的油箱外壳应有可靠的接地。运行人员作外部检查时，应注意其接地是否良好，尤其在断路器运行中取样时，更应注意。

（11）少油式断路器外壳均带有工作电压，故运行中值班人员不得任意打开断路器室的门或网状遮拦。

（12）需经同期合闸的断路器，必须满足同期条件后方可合闸送电。

5.2.2　断路器在运行中的巡视检查

在断路器运行时，电气值班人员必须依照现场规程和制度，对断路器进行巡视检查，及时发现缺陷，并尽快设法解除，以保证断路器的安全运行。实践证明，对断路器在运行中巡视检查，特别对容易造成事故部位如操作机构、出线套管等的巡视检查，大部分缺陷可以被发现。因此，运行中的维护和检查是十分重要的。

5.2.2.1　油断路器运行中的巡视检查项目

（1）油位检查。在油断路器中，灭弧都是用油来进行的，因此，断路器本身和充油套管在运行中必须保持正常油位，即油位计应指在规定的两条红线之间，不得高于油位计的最高红线，也不得低于油位计的最低红线。

（2）油位计的检查。检查断路器和充油套管的玻璃油位计有无裂纹或破损，耐酸橡皮垫是否合适，有无腐蚀、软化、胀出现象，盘根处有无渗漏油；油位计中是否有油泥和油的沉淀物；油位计的透明有机玻璃是否发生脆化或变形，油标管是否漏油等。

（3）油色的检查。油位计中的油，在运行中的颜色应当鲜明，不变质。我国生产的新油，一般是淡黄色，运行后呈浅红色。

（4）断路器渗漏油检查。渗、漏油会形成油污，降低瓷件的绝缘强度。漏油严重会使断路器油位降低，油量不足。

（5）瓷套管检查。检查瓷套管是否清洁，有无裂纹、破损和放电痕迹。

（6）引线接头及铝板、铜铝过渡板连接的检查。与断路器连接的接头是电路中较薄弱的环节之一。由于接头发热造成电气设备或系统事故是较多的，因此是巡视检查的重点之一。

（7）断路器分合位置指示是否正确，其指示应与当时实际运行工况相符。

（8）接地是否完好。

5.2.2.2 SF₆断路器运行中的巡视检查项目

（1）套管不脏污，无破损裂痕及闪络放电现象。

（2）检查连接部分有无过热现象，如有应停电退出，进行消除后方可继续运行。

（3）内部无异声（漏气声、振动声）及异臭味。

（4）壳体及操作机构完整，不锈蚀；各类配管及其阀门有无损伤、锈蚀，开闭位置是否正确，管道的绝缘法兰与绝缘支持是否良好。

（5）断路器分合位置指示是否正确，其指示应与当时实际运行工况相符。

（6）检查 SF_6 气体压力是否保持在额定表压，SF_6 气体压力正常值为 $0.4 \sim 0.6MPa$，如压力下降即表明有漏气现象，应及时查出泄漏位置并进行消除，否则将危及人身及设备安全。

（7）SF_6 气体中的含水量监视。当水分较多时，SF_6 气体会水解成有毒的腐蚀性气体；当水分超过一定量，在温度降低时会凝结成水滴，粘附在绝缘表面。这些都会导致设备腐蚀和绝缘性能降低，因此必须严格控制 SF_6 气体中的含水量。

5.2.2.3 真空断路器运行中的巡视检查项目

（1）断路器分合位置指示是否正确，其指示应与当时实际运行工况相符。

（2）支持绝缘子有无裂痕、损伤，表面是否光洁。

（3）真空灭弧室有无异常（包括有无异常声响），如果是玻璃外壳可观察屏蔽罩的颜色有无明显变化。

（4）金属框架或底座有无严重锈蚀和变形。

（5）可观察部位的连接螺栓有无松动、轴销有无脱落或变形。

（6）接地是否良好。

（7）引线接触部位或有示温蜡片的部位有无过热现象，引线驰度是否适中。

5.2.2.4 断路器运行中的特殊巡视检查项目

（1）在系统或线路发生事故使断路器跳闸后，应对断路器进行下列检查：

1）检查有无喷油现象，油色和油位是否正常。

2）检查油箱有无变形等现象。

3）检查各部位有无松动、损坏，瓷件是否断裂等。

4）检查各引线接点有无发热、熔化等。

（2）高峰负荷时应检查各发热部位是否发热变色、示温片是否熔化脱落。

（3）天气突变、气温骤降时，应检查油位是否正常，连接导线是否紧密等。

（4）下雪天应观察各接头处有无溶雪现象，以便发现接头发热。雪天、浓雾天气，应检查套管有无严重放电闪络现象。

（5）雷雨、大风过后，应检查套管瓷件有无闪络痕迹、室外断路器上有无杂物、导线有无断股或松股等现象。

5.2.2.5 断路器的紧急停运

当巡视检查发现下列情况之一时，应立即用上一级断路器断开连接该断路器的电源，将该断路器进行停电处理。

（1）断路器套管爆炸断裂。

（2）断路器着火。

（3）内部有严重的放电声。

（4）油断路器严重缺油，SF_6断路器SF_6气体严重外泄。

（5）套管穿心螺丝与导线（铝线）连接处发热熔化等。

5.2.2.6 断路器操作机构运行中的巡视检查项目

用来接通或断开断路器，并保持其在合闸或断开位置的机械传动机构称为断路器的操动机构。对断路器来说，操动机构是重要部件，也是易出问题的部位。

1. 弹簧操作机构

检查项目：

（1）机构箱门平整，开启灵活，关闭紧密。

（2）断路器在运行状态，储能电动机的电源开关或熔断器应在投入位置，并不得随意拉开。

（3）检查储能电动机，行程开关触点无卡住和变形，分、合闸线圈无冒烟异味。

（4）断路器在分闸备用状态时，分闸连杆应复归，分闸锁扣到位，合闸弹簧应储能。

（5）防潮加热器良好。

（6）运行中的断路器应每隔6个月用万用表检查熔断器情况。

2. 液压操作机构

（1）检查项目：

1）机构箱门平整、开启灵活，关闭紧密，箱内无异味。

2）油箱油阀正常，无渗漏油。

3）液压指示在允许范围内。

4）加热器正常完好。

5）每天记录油泵启动次数。

（2）运行注意事项：

1）经常监视液压机构油泵启动次数，当断路器未进行分合闸操作时，油泵在24h内启动，大多为高压油路渗油，应汇报调度和领导，及时处理。高压油路渗油油压降低至下限，机械压力触点闭锁，断路器将不能操作。

2）液压机构蓄压时间应不大于 5min，在额定油压下，进行一次分合闸操作油泵运转不大于 3min 。

3）运行中的断路器严禁慢分合操作（油压过低或开放高压放油阀将油压释放至零），紧急情况下，在液压正常时，可就地手按分闸按钮进行分闸。

3.电磁操作机构

（1）检查项目：

1）机构箱门平整，开启灵活，关闭紧密。

2）分合闸线圈及合闸接触器线圈无冒烟异味。

3）直流电源回路接线端无松动，无铜绿或锈蚀。

（2）运行注意事项：

1）严禁用手动杠杆和千斤顶的办法带电进行合闸操作。

2）以硅整流作电磁操作机构合闸电源，合闸电源应符合要求。

5.3 高压断路器的常见故障及其处理

5.3.1 油断路器的常见故障及其事故处理

5.3.1.1 油断路器声音异常

运行中的油断路器，内部有异常声音，如放电的"劈啪"声或开水似的"咕噜"声，则应尽快将断路器和断路器两侧隔离开关拉开，使断路器与电源隔离。

断路器运行中，内部发出声音，主要有以下几个原因造成：

（1）断路器内部绝缘损坏，造成带电部分向外壳（地）放电，形成较有规律的劈啪声。

（2）断路器内应与带电部分等电位的绝缘部分连接松脱，则由于悬浮电位放电，形成不规则的放电声。

（3）断路器动静触头接触不良，形成主电流回路放电和接触不良，造成电弧在油中急剧燃烧，则会有不断的开水似的"咕噜"声。

以上这几种异常，都是比较严重的。因此，一旦作出判断，应尽快将运行中的断路器断开（或用上一级断路器将其断开），如属新投运的断路器，则应立即将其断开，并拉开断路器两侧的隔离开关。对这个故障的断路器，在退出运行后，一般应认真的进行内部检查和油的分析化验，以确定故障的性质。

5.3.1.2 油断路器严重缺油

油断路器严重缺油，引起油面过低，在开断负荷电流和故障电流时，弧光冲出油面，游离气体混入空气中产生燃烧，甚至可能爆炸。另外，绝缘暴露在空气中极易受潮。

油断路器运行中缺油，是否已严重到不能保证分闸时的灭弧性能，应根据情况作出判断。油断路器油面较低时，如在冬季，气温很低时会看不到油面，而在气温有所上升时又能看到有很低的油面。一天中，后夜和凌晨会看不到油面，而在气温有所上升时又能看到有很低的油面。上述情况并不是已无灭弧能力，但应尽快加油，若发现断路器油位计看不到油面，同时有明显的漏油现象（漏油较多）时，才确系严重缺油，已不能保证可靠灭弧，不能安全地断开电路。

油断路器严重缺油，只能当作隔离开关使用，为防止造成严重事故，应采取以下措施：

（1）立即断开缺油断路器的操作电源，断路器改为非自动状态。

（2）在操作把手上挂"不许拉闸"标示牌。

（3）可经倒运行方式将断路器退出运行停电加油。

1）有双母线接线时，可将缺油断路器经倒闸操作，倒至单独在一段母线上与母联断路器串联运行，用母联断路器断开电路后停电加油并处理漏油。

2）有旁母接线时，可将缺油断路器倒至与旁母断路器并联，拔掉旁母断路器操作熔断器，用拉无阻抗并联电流的方法将缺油断路器两侧隔离开关拉开，停电加油并处理漏油。

3）利用本所主接线特点，不使用户停电，用其他倒运行方式的方法，将缺油断路器停电加油并处理漏油。

4）不能倒运行方式者，应汇报调度和有关上级。将负荷转移，断路器只能断开与隔离开关许可条件相同的空载线路（电容电流小于5A的35kV及以下线路）和空载设备（空载电流小于2A的变压器）。否则，只能在不带电情况下断开电路。断路器停电后加油并处理漏油。

5.3.1.3 油断路器跳闸后严重喷油冒烟

断路器切合较大的短路电流时，对断路器本身的要求是相当严格的，此时，如果油断路器存在着遮断容量不足的缺陷，则由于切合时间延长，电弧燃烧时间过长，会产生大量的气体，使断路器内的压力骤增，就会出现断路器喷油冒烟的现象。

影响断路器遮断容量的主要因素有以下几点：断路器油量不足，油质不符合要求，含水量太大；断路器灭弧室堵塞通气不畅；断路器分闸速度不够；断路器触头熔焊，影响分闸速度及分闸后的距离；断路器分合闸行程不够等。

当油断路器切合故障电流发生喷油现象时，运行人员不应对该断路器盲目强送或试送，应报告调度，待查明原因，经过检修后，方可继续使用。

5.3.1.4　油断路器着火

油断路器着火，可能有以下原因：

(1) 外部套管污秽或受潮，造成对地闪络或相间闪络。

(2) 油不清洁或受潮，引起内部的闪络。

(3) 分、合闸动作速度缓慢（机械卡滞或储能压力过低）。

(4) 断路器遮断容量不够，油质劣化等，事故跳闸时灭弧能力差。

(5) 油面过高使油箱内缓冲空间不足，事故跳闸时内部压力过大。

(6) 油面过低，事故跳闸时弧光冲出油面。

为了防止断路器着火事故发生，正常应做好对断路器维护工作。经常保持瓷质部分清洁，严重污染区严格落实防污闪措施。认真做好检修后的质量验收。断路器遮断容量不足时，合理地安排运行方式（如经常分段运行等）使母线短路容量减少，适当延长遮断容量不足的油断路器重合闸动作时间或退出重合闸装置，经常使断路器油面保持在允许范围内等。

发生了断路器着火事故，应沉着冷静，迅速果断地将断路器与无故障部分隔离，切断故障断路器各侧电源后灭火。将着火断路器与电源隔离时，火势较大时应注意将可能波及到的设备及直接连接的设备也与电源隔离。若断路器着火的同时母线失压，应先将故障隔离，恢复供电（火势波及不到的部分），再灭火（人手够时可与送电同时进行）。

故障点与电源隔离后，可用适合灭电气火灾的灭火器灭火。如：四氯化碳、干粉、1211灭火器、灭火弹等。室外断路器灭火，断路器内的油流出（特别是多油断路器）会引起火灾漫延，除用灭火器灭火外，应用砂子和土来压盖淌出的油火。扑灭火灾时，重要的是防止火势危及临近设备（特别是带电设备）。高压室内灭火，应注意开通风机排烟，打开各房门散烟，以防止人员中毒和窒息。

5.3.1.5　油断路器过热

断路器过热，主要靠值班人员在巡视检查中来发现，如不尽早消除，则可能会发展成严重过热而将断路器绝缘件烧坏，绝缘子烧裂，或造成断路器冒烟、喷油、甚至爆炸。值班人员发现断路器发热异常时，应向调度员报告，设法减少或转移该断路器所带的负荷。必要时，应停电处理。应戴防毒面具（或口罩）进入高压室内进行检查、操作和灭火。

5.3.1.6　断路器拒绝合闸

断路器拒绝合闸，既可能有本身的原因，也可能有操作回路的原因。因此，对拒绝合闸的断路器，应从以下几个方面依次查找原因：

(1) 检查直流电源是否正常、有无电压、电压是否合格、控制回路熔断器是否完好。

（2）检查合闸线圈是否烧坏或匝间是否短路、合闸回路是否断线（以绿色信号来监视）、合闸接触器辅助触头接触是否良好。

（3）检查操作把手触点、连线、端子处有无异常，操作把手与断路器是否联动。

（4）检查油断路器机构箱内辅助触点是否接触良好、连动机构是否起作用、电缆连接有无开脱断线的情况。

（5）检查断路器合闸机构是否有卡涩现象、连接杆是否有脱钩情况。

（6）检查液压机构油压是否低于额定值、合闸回路是否闭锁。

（7）检查弹簧储能机构合闸弹簧是否储能良好（检查牵引杆位置）和检查分闸连杆复归是否良好、分闸锁扣是否钩住。

根据以上步骤，就会逐步找到断路器拒绝合闸的原因，予以排除。

5.3.1.7　断路器拒绝跳闸

断路器拒绝跳闸，应从以下几个方面检查：

（1）检查直流回路是否良好。直流电压是否合格，操作回路熔断器是否完好，直流回路接线是否完好。

（2）检查跳闸回路。跳闸回路有无断线（以红灯监视），跳闸线圈是否烧坏或匝间是否短路，跳闸铁芯是否卡涩，行程是否正确。

（3）检查操作回路。操作把手是否良好，断路器内辅助触点接触是否良好，控制电缆接头有无开、松、脱、断情况。

（4）检查断路器本身有无异常，断路器跳闸机构有无卡涩，触头是否熔焊在一起。

（5）检查液压机构压力是否低于规定值，断路器跳闸回路是否被闭锁。

5.3.2　SF_6 断路器的常见故障及其处理

1. SF_6 断路器漏气故障

可能的原因有：

（1）密封面紧固螺栓松动。

（2）焊缝渗漏。

（3）压力表渗漏。

（4）瓷套管破损。

相应处理方法是：

（1）紧固螺栓或更换密封件。

（2）补焊、刷漆。

（3）更换压力表。

（4）更换新瓷套管。

2．SF$_6$断路器本体绝缘不良，放电闪络故障

可能的原因有：瓷套管严重污秽和瓷套管炸裂或绝缘不良所致。其处理方法是清理污秽及其异物，更换合格瓷套管。

3．SF$_6$断路器爆炸和气体外逸故障

SF$_6$断路器发生意外爆炸事故或严重漏气导致气体外逸时，值班人员接近设备需要谨慎，尽量选择从上风接近设备，并立即投入全部通风装置。在事故后15min以内，人员不准进入室内，在15min以后，4h以内，任何人进入室内时，都必须穿防护衣、戴防毒面具。若故障时有人被外逸气体侵袭，应立即清洗后送医院治疗。

5.3.3 真空断路器的常见故障及其处理

1．真空断路器灭弧室真空度降低

真空灭弧室真空度降低的原因有：

（1）真空灭弧室漏气。这主要是由于焊缝不严密，或密封部位存在微观漏气造成的。

（2）真空灭弧室内部金属材料含气释放。在真空灭弧室最初几次电弧放电过程中，触头材料中释放出一些残余的微量气体，使灭弧室压力在一段时间内上升，导致真空灭弧室真空度降低。

当真空灭弧室真空度降低到一定数值时将会影响它的开断能力和耐压水平。因此必须定期检查真空灭弧管内的真空度是否满足要求。规程规定，在大、小修时要测量真空灭弧室的真空度。

2．真空断路器接触电阻增大

真空灭弧室的触头接触面在经过多次开断电流后会逐渐被电磨损，导致接触电阻增大，这对开断性能和导电性能都会产生不利影响。因此规程规定要测量导电回路电阻。处理方法是：对接触电阻明显增大的，除要进行触头调节外，还应检测真空灭弧室的真空度，必要时更换相应的灭弧室。

3．真空断路器拒动现象

在真空断路器检修和运行过程中，有时会出现不能正常合闸或分闸的现象，被称为拒动现象。当发生拒动现象时，首先要分析拒动的原因，然后针对拒动的原因进行处理。分析的基本思路是先找控制回路，若确定控制回路无异常，再在断路器方面查找。若断定故障确实出在断路器方面，再将断路器从线路上解列下来进行检修。

真空断路器发生的拒动现象、原因及处理方法如表5-1所示。

表 5-1　　　　　　　　　　　拒动现象及其原因和处理方法

动作异常现象	原　因	处理方法
不能进行合闸动作	1. 合闸线圈烧坏或断线 2. 各触点接触不良	1. 更换 2. 用砂纸打磨触点
有合闸动作，但合不上闸	1. 由于受合闸时的冲击力使跳闸杠杆跳起 2. 由于摩擦，跳闸拉杆及其他各连杆回不去	1. 调整跳闸杠杆的位置达到产品技术要求 2. 检查销子是否被卡住，并注入润滑油
不能分闸	1. 分闸线圈烧坏或断线 2. 辅助触点接触不良 3. 由于摩擦，跳闸杠杆变紧	1. 更换 2. 调整触点或更换触点 3. 检查销子是否被卡住，注入黄油，调整到合适位置
计数器指示不准	操作计数器的拉杆偏斜	松开拉杆的螺钉，重新调整

4. 真空断路器其他故障

(1) 当真空断路器灭弧室发出"丝丝"声时，可判断为内部真空损坏，此时值班人员向上汇报申请停电处理。

(2) 发现真空管发热变色时，应加强监视，并进行负荷转移及处理。

(3) 当真空断路器开断短路电流达到额定次数时，应解除该断路器的重合闸压板。

小　结

本章首先介绍了高压断路器的用途及分类，并对高压断路器的主要技术参数作了具体解释，同时详细阐述了高压断路器在运行中的主要要求。其次分别介绍了油断路器、SF_6 断路器、真空断路器在运行中的一般巡视检查项目和特殊巡视检查项目，另外对断路器的弹簧操作、液压操作机构、电磁操作机构在运行中的一般巡视检查项目也分别作了介绍。最后重点介绍了油断路器、SF_6 断路器、真空断路器在运行中的一些常见故障及其处理方法。

练　习　题

5-1　是非题

(1) 空气断路器是以压缩空气作为灭弧、绝缘和传动介质的断路器。(　　)

（2）SF_6 气体断路器含水量超标时，应将 SF_6 气体放净，重新充入新气。（　　）

（3）检修断路器的停电操作，可以不取下断路器的主合闸熔断管和控制熔断管。（　　）

（4）CD20 型电磁操作机构由两个相同线圈组成，当线圈串联时适用于 220V 电压，线圈并联时适用于 110V 电压。（　　）

（5）由电动操作的油断路器投入运行时，不允许手动合闸。（　　）

（6）新装 SF_6 断路器投运前必须复测断路器本体内部气体的含水量和漏气率，灭弧室的含水量应小于 $150\mu L/L$（体积比），其他气室应小于 $25\mu L/L$（体积比），断路器年漏气率小于 1%。（　　）

（7）新装或投运的断路器内的 SF_6 气体严禁向大气排放，必须使用 SF_6 气体回收装置回收。（　　）

5—2　填空题

（1）绝缘油在少油断路器中的主要作用是_____。

（2）35kV 多油断路器中，油的主要作用是_____。

（3）为了改善断路器多断口之间的均压性能。通常采用的措施是在断口上_____。

（4）SN10—10 型断路器大修后，用 2500V 兆欧表测量绝缘电阻值，其值大于_____ MΩ 为合格。

（5）SN10—10 型断路器静触头导电接触面应光滑平整，烧伤面积达_____且深度大于 1mm 时应更换。

（6）SF_6 气体具有良好的_____性能和_____性能。

（7）SF_6 断路器及 GIS 组合电器绝缘下降的主要原因是由于_____的影响。

（8）真空断路器熄灭时间短，当_____过零时，电弧即熄灭，电弧触头的_____小。

（9）断路器技术参数中，动稳定_____的大小决定于导电及绝缘等元件的_____强度。

（10）真空断路器所采用的_____和_____是高真空。

（11）液压机构运行中起、停泵时，活塞杆位置正常而机构压力升高的原因是_____。

5—3　问答题

（1）什么是真空度？

（2）高压断路器的主要技术参数有哪些？

（3）对高压断路器有哪些要求？

（4）油断路器、SF_6断路器、真空断路器巡视检查项目有哪些？

（5）断路器操作机构运行中的巡视检查项目有哪些？

（6）断路器的特殊巡视检查项目有哪些？

（7）断路器在什么情况下应紧急停运？

（8）简述断路器拒合、拒分的原因和查找的方法？

（9）简述断路器常见故障及处理方法？

第 6 章
其他供配电装置及设备
的运行与事故处理

在电力系统和工业企业用户中，除了发电机、变压器、电动机和断路器等电气设备外，还有大量的其他电气设备，如母线、隔离开关、互感器、重合器、分断器和负荷开关等。此外，为了保护电网质量、提高经济性，还经常用到电容补偿装置。为了给各种电气设备提供控制、保护及信号装置和自动装置的操作电源，还需要直流电源系统。

6.1 母线、隔离开关的运行及事故处理

6.1.1 母线的运行及事故处理

母线又称为汇流排。母线的作用是：汇集电能和分配电能。

母线分为两大类：软母线和硬母线。软母线由多股铜绞线或钢芯铝绞线（以钢芯铝绞线居多）组成，主要用于 110kV 及以上电压等级的户外配电装置。硬母线由铜排或铝排组成，主要用于 35kV 及以下电压等级的户内配电装置。

在三相交流电路中，用不同颜色来区分不同相别的母线；在直流电路中，用不同颜色来区分直流正、负极。如表 6-1 所示。

表 6-1   母 线 的 色 标

母线用途	直流正极	直流负极	A相（L1）	B相（L2）	C相（L3）	中性线（接地）	中性线（不接地）
母线颜色	赭	蓝	黄	绿	红	紫带黑色横条	紫

6.1.1.1 母线及绝缘子在运行中的检查项目

母线都是固定在绝缘子上的，谈到母线离不开绝缘子。一般情况下，母线故障主要是由于绝缘子故障所引起的。母线本身在运行中常见的异常或故障是母线（尤其是母线与母线、母线与其他设备连接处）因电流过大、接触不良而过热。

母线及绝缘子在运行中的检查项目如下：

（1）母线温度不得超过允许值。母线在运行中各部位允许的最高温度如表 6-2 所示。

表 6-2   母线各部位允许的最高温度

母线部位	裸母线及其接头处	接触面有锡覆盖层	接触面有银覆盖层	接触面由闪光焊接
最高允许温度（℃）	70	85	95	100

（2）母线不得有开裂、变形现象。

（3）母线相与相之间、相对地之间绝缘良好，不得有放电、闪络现象。

（4）绝缘子表面清洁无杂物。

（5）绝缘子无破损、表面无裂缝。

6.1.1.2 母线及绝缘子的常见故障、产生的原因、危害及处理

1. 母线连接处发热

（1）产生的原因：母线在运行中，不仅有负荷电流流过，而且在接于母线的电气线路或设备发生短路等事故时，会受到短路电流的冲击。当母线连接处接触不良时，则接头处的接触电阻增大，加速接触部位的氧化和腐蚀，使接触电阻进一步加大，形成恶性循环。这种恶性循环的结果将使母线局部过热。

母线连接处发热的原因，绝大多数是因为连接不良造成的。

（2）发热的危害：若母线发生局部过热，会引起恶性循环，导致发热的进一步加剧。母线发热长期得不到处理，最终会严重到熔断母线，造成停电或电气设备损坏的重大事故。因此，电气运行人员在日常巡视中，应密切观察母线（尤其是各连接处）的发热情况，防止母线过热。

（3）发热的预防和处理：预防的办法是加强巡视，严格控制流经母线的电流；防止接于母线的电气线路或设备发生事故。母线发热到一定程度，发热部位会变色，运行人员可通过颜色的变化来判断母线连接处是否发热。

发现母线发过后，在可能的情况下，应设法降低流经发热处的电流。发热严重时，应尽快将负荷转移到备用母线上，将发热母线停电检修。

2. 母线对地闪络

（1）产生的原因：母线在运行中，发生对地闪络的原因主要是由于绝缘子表面脏

污使绝缘电阻下降，或者是绝缘子有裂缝等故障造成的。

（2）危害：若母线对地放电或闪络会引起母线接地，从而导致全厂（全所）停电的重大事故。

（3）预防和处理：预防的办法是加强日常维护，保证绝缘子表面清洁、干燥、无杂物。另外，加强运行中的巡视，力争在闪络的初期（还没有发生母线与地之间的贯通性闪络）就能得到处理，以防止母线接地事故的发生。处理办法是：若闪络是由于绝缘子表面脏污所造成的，停电（某些时候也可以不停电，但要遵守电业安全规程及相关操作规程）后，对绝缘子表面进行清理；若闪络是由于绝缘子损坏（如表面开裂等）造成的，则更换绝缘子。

在电力系统中，因绝缘子表面脏污使绝缘电阻下降或绝缘子损坏造成的事故比例较高。而且，由此产生的事故往往较严重。给工农业生产带来了很大的损失。因此，电气运行人员在巡视配电装置中，应重点加强对绝缘子的检查。

6.1.2 隔离开关的运行及事故处理

在电力系统的变、配电设备中，隔离开关数量最多。隔离开关与断路器不同，它没有灭弧装置，不具备灭弧性能。因此，严禁用隔离开关来开、合负荷电流和故障电流。隔离开关主要用来使电气回路间有一个明显的断开点，以便在检修设备和线路停电时，隔离电源、保证安全。另外，用隔离开关与断路器相配合，可进行改变运行方式的操作，达到安全运行的目的。

6.1.2.1 隔离开关的操作及注意事项

1. 严禁用隔离开关来拉、合负荷电流和故障电流（如短路电流等）

由于隔离开关本身具有一定的自然灭弧能力，所以可以利用隔离开关切断电流较小的电路。在系统正常工作的前提下，允许用隔离开关来开、合下列电路或设备：

（1）电压互感器。

（2）避雷器。

（3）变压器中性点接地回路。

（4）消弧线圈。

（5）空载电流较小的空载变压器（运行经验表明：220kV 及以下的隔离开关可拉、合励磁电流小于 2A 的空载变压器）。

（6）充电电流较小的母线。

（7）电容电流不超过 5A 的空载线路。

虽然可以利用隔离开关来拉、合电压互感器及小容量变压器等一些设备。但为了简化记忆，防止误操作，电气运行人员不一定要记住隔离开关允许操作的设备或线路，只要遵守下面事项下列操作事项就不会产生误操作：

若隔离开关所在的回路中有断路器、接触器等具有灭弧性能的开关电器或起动器等，那么就绝对不允许用隔离开关来拉、合电路；若隔离开关所在的回路中没有断路器、接触器等具有灭弧性能的开关电器或起动器等，就可以用隔离开关来开、合电路。

2．隔离开关合闸操作及注意事项

在进行隔离开关合闸操作时必须迅速果断，但合闸终了时用力不可过猛，防止冲击过大损坏隔离开关及其附件。合闸后应检查是否已合到位，动、静触头是否接触良好等。

如果在隔离开关合闸操作的过程中发现触头间有电弧产生（即误合隔离开关时），应果断将隔离开关合到位。严禁将隔离开关再拉开，以免造成带负荷拉刀闸的误操作。

3．隔离开关拉闸操作及注意事项

在进行隔离开关拉闸操作前，应首先检查其机械闭锁装置，确认无闭锁后再进行拉闸操作。在拉闸操作的开始期间，要缓慢而又谨慎，当刀片刚刚离开静触头时注意有无电弧产生。若无电弧产生等异常情况，则迅速果断地拉开，以利于迅速灭弧。隔离开关拉闸后应检查是否已拉到位。

如果在隔离开关刀片刚刚离开静触头瞬间有电弧产生，应果断地将隔离开关重新合上，停止操作，待查明原因并处理完毕后再行进行合闸操作。

如果在隔离开关刀片刚刚离开静触头瞬间有电弧产生（即误拉隔离开关时），仍强行拉开隔离开关的话，可能造成带负荷拉刀闸的严重事故。

4．隔离开关与断路器配电操作及注意事项

隔离开关与断路器配合操作时的操作顺序是：断开电路时，先拉开断路器，再拉开隔离开关；送电时，先合隔离开关，再合断路器。总之，在隔离开关与断路器配合操作时，隔离开关必须在断路器处于断开（分闸）位置时才能进行操作。

6.1.2.2　隔离开关运行中的检查项目及注意事项

隔离开关在运行中，要加强巡检，及时发现异常和缺陷并进行处理，防止异常和缺陷转化为事故。具体检查项目如下：

（1）隔离开关触头的应无发热现象。隔离开关在正常运行时，其电流不得超过额定电流；温度不得超过 70℃。若接触部位的温度超过 80℃，应减少其负荷。

（2）绝缘子应完整无裂纹，无电晕和放电现象。

（3）操作机构和各机械部件应无损伤和锈蚀，安装牢固。

（4）闭锁装置应良好，销子锁牢，辅助触点位置正确。

（5）动、静触头的消弧部位应无烧伤、不变形。

（6）动、静触头无脏污、无杂物、无烧痕。

（7）压紧弹簧和铜辫子无断股、无损伤。

（8）接地用隔离开关应接地良好。

（9）动、静触头间接触良好。

6.1.2.3 隔离开关异常及事故处理

1. 隔离开关接触部位过热

现场运行经验表明，隔离开关触头因发热而烧损的现象比较普遍，甚至有时在60%额定负荷的情况下温度就超过了允许值。隔离开关触头发热的原因及相应的处理方法如下：

（1）触头压紧弹簧性能（如弹性）下降。触头压紧弹簧弹性下降会使动、静触头间接触面压力不够，从而导致接触电阻的增大。接触电阻的增大又会使发热量增加，使接触面处温度进一步上升。温度的升高又会使压紧弹簧弹性进一步下降。形成恶性循环。这种现象如果得不到及时处理，就会酿成动、静触头烧损从而导致非正常停电的重大事故。

处理方法：更换或调整弹簧。

（2）动、静触头间接触不良（如触头氧化或腐蚀导致接触电阻增大）。动、静触头间接触不良，就会使动、静触头间的接触电阻增大。因此，动、静触头间接触不良情况的演变和后果，同触头压紧弹簧弹性下降一样。

处理方法：去除氧化层，并在结合面上涂导电膏。

（3）动、静触头间接触面积偏小。动、静触头间接触面积偏小，就会使动、静触头间的接触电阻增大。因此，动、静触头间接触面积偏小情况的演变和后果，同触头压紧弹簧弹性下降一样。

处理方法：重新调整触头，使动、静触头间全接触。

（4）隔离开关与铜排连接处接触不良（如连接处氧化或腐蚀导致接触电阻增大）。隔离开关与铜排连接处接触不良，就会使隔离开关与铜排连接处接触不良的接触电阻增大。接触电阻增大会使连接处发热量增加，使连接处温度上升。而温度上升又反过来使接触电阻进一步增大。形成恶性循环。这种现象如果得不到及时处理，就会酿成隔离开关与铜排连接处烧断，从而导致非正常停电的重大事故。

处理方法：去除氧化层，并在结合面上涂导电膏。

（5）隔离开关与铜排连接处固定不紧。隔离开关与铜排连接处固定不紧会导致连接处接触电阻增大。这种情况的演变和后果与隔离开关与铜排连接处接触不良相同。

处理方法：紧固连接。

2．支柱绝缘子闪络

隔离开关导电部分与基座之间是靠支柱绝缘子连接并形成绝缘的。当支柱绝缘子脏污或有裂纹时，就会产生爬电或闪络现象。如果爬电或闪络现象得不到及时处理，就会引起接地事故的发生。支柱绝缘子闪络产生的具体原因及相应的处理方法如下：

（1）绝缘子表面脏污或有杂物。绝缘子表面脏污或有杂物，使得绝缘子的绝缘性能下降，从而引发闪络事故。

处理方法：清洁绝缘子并擦干。

绝缘子的污秽闪络（即由脏污引起的闪络）的进一步演化过程如下：

1）绝缘子表面的污染过程。

2）绝缘子表面受污层的湿润过程。

3）局部放电过程。

4）局部放电发展为贯穿性放电的过程。

常用的防污闪技术措施如下：

1）调整绝缘子的爬电距离。或更换成抗污闪性能更好的绝缘子，如大爬距绝缘子、防尘绝缘子等。

2）清扫、净化绝缘子。

3）采用各种防污闪涂料。如硅油、硅脂地蜡等。

（2）绝缘子表面有裂纹。绝缘子表面有裂纹，也会使得绝缘子的绝缘性能下降，从而引发闪络事故。

处理方法：更换绝缘子。

说明：绝缘子发生闪络现象后，闪络处温度会上升，导致绝缘子因各部位不均匀受热、温度差异较大而爆裂。

3．隔离开关拒绝分、合闸

（1）隔离开关拒绝分闸。隔离开关拒绝分闸，一般是由于隔离开关操作机构故障或断路器与隔离开关间闭锁装置损坏或因断路器处于合闸位置从而正常闭锁所造成。具体原因及相应的处理方法如下：

1）隔离开关操作机构故障。

处理方法：修复操作机构。

2）断路器与隔离开关间闭锁装置故障或损坏。

处理方法：修复或更换闭锁装置。

3）断路器处于合闸位置。

处理方法：按正常倒闸操作程序，先将断路器拉闸，再拉开隔离开关。

（2）隔离开关拒绝合闸。隔离开关拒绝合闸，一般也是由于隔离开关操作机构故障或断路器与隔离开关间闭锁装置损坏或因断路器处于合闸位置从而正常闭锁所造成。具体原因及相应的处理方法如下：

1）隔离开关操作机构故障。

处理方法：修复操作机构。

2）断路器与隔离开关间闭锁装置故障或损坏。

处理方法：修复或更换闭锁装置。

3）断路器处于合闸位置。

处理方法：按正常倒闸操作程序，先将断路器拉闸，再合隔离开关，然后再合断路器。

6.2　互感器的运行及事故处理

互感器是实现电气一、二次系统互相联络的重要的一次设备。互感器的主要用途是：把一次系统的高电压、大电流转换成统一标准的低电压、小电流，供二次系统的测量仪表、继电保护和自动装置等设备使用，使这些设备可以工作在低电压、小电流状态下。

使用互感器的目的有两个：第一，使二次系统及其设备与高电压、大电流的一次系统隔离，而且互感器二次侧均接地，保护了二次设备和人身的安全。第二，通过互感器将一次系统的高电压、大电流转换成统一标准的低电压、小电流后，可以使测量仪表、继电保护和自动装置等二次设备标准化、小型化，并使其结构简单、价格便宜，便于屏内布置。

互感器分为电压互感器和电流互感器两大类。通常，电压互感器的二次侧电压统一规定为 100V；电流互感器的二次侧电流统一规定为 5A 或 1A。

6.2.1　电压互感器

电压互感器一般是经过隔离开关和高压熔断器接入一次系统的。应该注意的是：电压互感器高压侧装设熔断器的目的是防止一次系统受电压互感器本身及其引线故障的影响，它并不能防止电压互感器受到过负荷的影响。电压互感器过负荷保护是依靠装设在二次侧（低压侧）的熔断器来实现，因此，电压互感器二次侧必须装设熔断器。

电压互感器在运行中，二次侧不得短路。因为电压互感器本身阻抗很小，短路会使二次回路产生很大的电流，使二次侧熔丝熔断，影响测量仪表的工作，甚至会引起继电保护和自动装置误动作。

为了防止一、二次绕组间绝缘击穿时，高电压窜入二次侧，从而危及人身和二次侧设备的安全，二次侧必须有一端可靠接地。这样，当一、二次绕组因绝缘破坏而击穿时，可将高电压引入大地。

电压互感器的额定变比 K_n 是电压互感器重要的技术参数。额定变比是指一、二次额定电压之比

$$K_n = \frac{U_{1n}}{U_{2n}}$$

式中　K_n——电压互感器的额定变比；

　　　U_{1n}——电压互感器一次侧额定电压；

　　　U_{2n}——电压互感器二次侧额定电压，一般为 100V。

6.2.1.1　电压互感器的允许运行方式

(1) 运行中的电压互感器，其二次回路不得短路。

(2) 运行中的电压互感器，其二次绕组的一端和铁芯必须可靠接地（在发电厂中，一般采用 B 相接地）。

(3) 电压互感器运行中的容量（即二次侧负载）不准超过其铭牌上所标的规定值。

(4) 投入运行的电压互感器绝缘电阻应符合下列要求：

1) 一次侧额定电压为 1000V 及以上的电压互感器的绝缘电阻不得小于 1MΩ/kV（采用 1000V 或 2500V 摇表测量）。

2) 一次侧额定电压为 1000V 以下（不包含 1000V）的电压互感器的绝缘电阻不得小于 0.5MΩ（采用 500V 摇表测量）。

3) 电压互感器二次侧回路的绝缘电阻不得小于 0.5MΩ（采用 500V 摇表测量）。

(5) 电压互感器一、二次侧回路都必须装设熔断器。具体要求如下：

1) 一次侧（即高压侧）熔断器的熔断电流不得大于 1A，一般为 0.5A。

2) 二次侧（即低压侧）熔断器的熔断电流不得大于 2A。

3) 一、二次侧熔丝必须用消弧绝缘套住。

(6) 电压互感器所带的负载必须并联在二次回路中。

6.2.1.2　电压互感器的操作及注意事项

1. 电压互感器投入运行前的检查项目

为了防止将异常或有故障的电压互感器投入运行，从而影响正常的安全生产，电压互感器在投入运行前必须经过仔细、全面的检查，具体要求如下：

(1) 电压互感器周围应无影响送电的杂物。

（2）各连接部位接触良好，无松动现象。

（3）电压互感器及其绝缘子无裂纹、无脏污、无破损现象。

（4）接地部分接地良好。

（5）电压互感器附属设备及回路应情况良好，无影响运行的异常或缺陷。

（6）充油式电压互感器油位正常、油色清洁，无渗、漏油现象。

2．电压互感器的操作及注意事项

（1）投入运行操作及注意事项：

1）电压互感器及其所属设备、回路上无检修等工作，工作票已收回。

2）检查电压互感器及其附属回路、设备均正常，没有影响送电的异常情况。

3）放上一、二次侧熔丝。

4）合上电压互感器隔离开关。

5）电压互感器投入运行后，应检查电压互感器及其附属回路、设备运行正常。

注意事项：若在投入运行过程中，发现异常情况，应立即停止投运操作，待查明原因并处理完毕后再行投入运行。

（2）电压互感器退出运行的操作及注意事项：

1）先将接在该电压互感器回路上的，在该电压互感器退出运行后可能引起误动作的继电保护和自动装置停用（如低电压保护、备用电源自投装置等）。

说明：如果相关继电保护装置和自动装置可以切换至另一组电压互感器回路运行，则不必将它们停用，通过电压互感器的自动或手动切换装置切换至另一组电压互感器回路即可。

2）拉开电压互感器高压侧隔离开关。

3）取下高压侧熔丝。

4）取下低压侧熔丝。

5）根据需要，做好相应的安全措施。

注意事项：若无特别要求，停用的电压互感器，除了取下高压侧熔丝外，还应取下低压侧熔丝，以防止低压侧电源反充至高压侧。

（3）电压互感器二次侧切换操作的注意事项：

1）电压互感器一次侧不在同一系统时，其二次侧严禁并列切换。

2）当低压侧熔丝熔断后，在没有查明原因前，即使电压互感器在同一系统，也不得进行二次切换操作。

6.2.1.3　电压互感器运行中的检查项目及注意事项

电压互感器在运行中，电气运行人员应加强巡回检查（具体间隔时间各个单位有所不同，但间隔时间最好不超过 4h），以便及时发现异常和缺陷并进行处理，防止异常和缺陷转化为事故。具体检查项目如下：

（1）电压互感器高、低压侧熔丝应完好。

（2）各连接部位接触良好，无松动现象，辅助开关接点接触良好。

（3）电压互感器及其绝缘子无裂纹、无脏污、无破损现象。

（4）没有焦味及烧损现象。

（5）无放电（声音、弧光）现象。

（6）接地部分接地良好。

（7）充油式电压互感器油位正常、油色清洁，无渗、漏油现象。

6.2.1.4 电压互感器异常及事故处理

在进行电压互感器异常或事故处理时，若需要将电压互感器退出运行，必须先将可能引起误动作的保护和自动装置停用或切换至另一组电压互感器二次回路。如低电压保护、备用电源自动投入装置等。

1. 高压侧或低压侧熔丝熔断

现象和后果：电压互感器熔丝熔断（无论是高压侧熔丝熔断，还是低压侧熔丝熔断），都会带来下列现象和后果：

（1）相应的"PT电压回路断线"光字牌亮。

（2）各种表计没有指示或指示异常（比正常指示值低）。

（3）低电压保护有可能误动作、强励信号发信（若三相熔丝熔断，则强励误动作）。

说明：若设计合理，低电压保护由接于不同线电压上的两只低电压继电器的动断触点串联来起动低电压保护，则一相熔丝（无论是高压侧熔丝还是低压侧熔丝）熔断不会造成低电压保护误动作。只有当两相或两相熔丝熔断时，才会造成低电压保护误动作。但如果低电压保护由一只低电压继电器的动断触点来起动，则低电压保护可能会误动作。

（4）若是自动励磁调整装置用的电压互感器熔丝熔断，则发电机无功负荷下降、电压降低、电流减小。

原因：若为低压侧熔丝熔断，往往是过负荷或电压互感器二次侧短路造成的；若为高压侧熔丝熔断，则可能是电压互感器击穿或因绝缘下降而产生放电或闪络所造成。

处理方法：若为低压侧熔丝熔断，则应先检查电压互感器二次回路有无短路现象，若二次回路短路，则先排除短路故障后，再更换熔丝即可。若无短路，那么低压侧熔丝熔断一般是由于过负荷引起，这时应主要检查二次回路及二次设备有无绝缘下降或损坏现象并处理后，再更换熔丝即可。

若为高压侧熔丝熔断，则应检查电压互感器是否已击穿（高压或低压线圈相间绝缘击穿或短路，高压侧与低压侧间击穿、高压或低压线圈对地击穿等）。若检查结果是击穿造成的，那么修复或更换电压互感器。若没有击穿现象，则往往是由于电压互感器受潮、脏污等原因使绝缘下降引起的，对之进行相应的处理并用摇表测量相关部位的绝缘电阻合格后，更换高压侧熔丝。

说明：

（1）一般情况下，设计人员设计时，均已考虑到电压互感器的负载情况，因此，若二次回路及二次设备均状态良好的话，电压互感器负荷基本上是恒定的，一般不会过负荷。在使用中电压互感器过负荷往往是由于二次回路及二次设备存在绝缘下降或损坏现象，如表计或电压继电器电压线圈匝间短路等。

（2）根据运行经验表明：电压互感器高、低压侧熔丝（尤其是高压侧熔丝）受到瞬时的冲击而熔断的情况较为常见。许多情况下，熔丝熔断并不意味着电压互感器或其一、二回路有异常或故障。因此，若电压互感器熔丝熔断，但为了生产的需要，在经过仔细然而又是简单的望、闻、听等检查发现没有异常和故障的情况下，可以不进行进一步的检查，直接更换熔丝即可投入运行。但若电压互感器熔丝连续两次熔断，则必须将电压互感器退出运行，进行检修。待查明原因并处理完毕后再行将其投入运行。

2．电压互感器表面放电或闪络

现象和后果：电气运行人员只要加强巡检，电压互感器表面放电或闪络现象是很容易发现的。只要关掉灯光，仔细观察，就会发现弧光，并且能听到"吱吱"的放电声。电压互感器放电或闪络如果得不到及时处理，最终会演化为绝缘击穿事故。

原因：可能是电压互感器脏污、受潮，也可能是绝缘损坏。

处理方法：若是由于电压互感器脏污、受潮造成，则将电压互感器退出运行后进行清扫、干燥等处理即可；若是由于电压互感器绝缘损坏（如瓷套管裂纹等）所造成，则将电压互感器退出运行后，进行修复绝缘或更换电压互感器。

3．电压互感器发热、温度高

现象和后果：电压互感器发热，温度比正常情况下明显增高，如果得不到及时处理，会导致电压互感器着火事故。

原因：可能是电压互感器内部有局部短路现象（如匝间短路、层间短路等），也可能是接地所造成。

处理方法：立即将电压互感器退出运行后，更换电压互感器。

4．电压互感器内部发出焦味、冒烟、着火

现象和后果：电压互感器内部发出焦味、冒烟、着火等现象。可能造成某些保护和自动装置误动作，从而影响正常的生产。如果电压互感器着火得不到及时处理，会酿成火灾。

原因：可能是电压互感器内部局部短路（如匝间短路、层间短路等），或者是接地得不到及时处理，从而导致故障扩大。焦味、冒烟、着火往往意味着电压互感器绝缘已烧坏。

处理方法：立即将电压互感器退出运行后，更换电压互感器。

5. 电压互感器内部有异常声音（如放电声）

现象和后果：电压互感器内部放电，表面看不出来，但仔细倾听，能听到"噼噼叭叭"的放电声。电压互感器内部放电得不到及时处理，最终会演化为绝缘击穿事故。

原因：可能是电压互感器内部短路、接地以及夹紧螺丝松动等引起，主要原因是绝缘损坏。如果得不到及时处理，会导致电压互感器击穿。

处理方法：立即将电压互感器退出运行后，更换电压互感器。

6. 油浸式电压互感器渗、漏油，油位下降

现象和后果：电压互感器表面有油渍，仔细观察发现油位比正常情况低。如果得不到及时处理，会使电压互感器因严重缺油而出现事故。

原因：可能是密封件老化损坏，套管部件间结合面螺丝松动等引起。

处理方法：若渗、漏油现象不太严重，且油位尚在能正常运行的范围内，则可根据生产情况，选择合适的时间处理；若漏油非常严重，或是油位已低至不能保证安全运行的要求时，则应立即停用电压互感器，进行处理。

7. 油浸式电压互感器油变色

现象和后果：油色变暗红或局部黑色。油色变化往往暗示着电压互感器内部有某种异常或故障的存在，因此，若得不到足够的重视，可能会延误发现异常或故障的时间，导致因异常或故障得不到及时的处理而引发事故。

原因：油浸式电压互感器使用的是变压器油。清洁、合格的变压器油呈透明、无色样。油色变暗红或局部黑色。往往是由于电压互感器内部有放电情况，从而导致变压器油分解所致。

处理方法：可根据生产情况，选择合适的时间处理。当然，处理不能只是简单地对变压器油进行处理或换油，而应查明变色的原因并作出相应的处理后再换油。

6.2.2 电流互感器

电流互感器是用来把大电流转化为小电流，并提供给测量仪表、继电保护和自动装置使用的电气设备。电流互感器的二次侧电流一般为5A或1A，常用的为5A。电

流互感器一次侧绕组通常只有一匝或几匝，串联在被测电气设备的一次回路中。因此，一次绕组的电流完全取决于被测电路的负荷电流，与二次绕组的负荷大小无关。电流互感器的二次绕组匝数较多，二次回路所接仪表或继电器的线圈必须串联在二次回路中。由于电流互感器二次侧所接的仪表和继电器等的电流线圈阻抗很小，因此，电流互感器在正常运行时，其二次侧回路接近于短路状态。

电流互感器在运行中，其二次回路严禁开路。否则，可能会因为产生高电压而危及人身和设备的安全。

为了防止一、二次绕组间绝缘击穿时，高电压窜入二次侧，从而危及人身和二次侧设备的安全，电流互感器二次侧必须有一端可靠接地。这样，当一、二次绕组因绝缘破坏而击穿时，可将高电压引入大地。

电流互感器的额定变比 K_n 是电流互感器重要的技术参数。额定变比是指一、二次额定电流之比

$$K_n = \frac{I_{1n}}{I_{2n}}$$

式中　　K_n——电流互感器的额定变比；

$\quad\quad I_{1n}$——电流互感器一次侧额定电流；

$\quad\quad I_{2n}$——电流互感器二次侧额定电流，一般为5A。

6.2.2.1　电流互感器的允许运行方式

（1）运行中的电流互感器，其二次回路不得开路。

（2）运行中的电流互感器，其二次绕组的一端和铁芯必须可靠接地。

（3）电流互感器运行中的容量（即二次侧负载）不准超过其铭牌上所标的规定值。

（4）投入运行的电流互感器绝缘电阻应符合下列要求：

1）一次侧额定电压为 1000V 及以上的电流互感器的绝缘电阻不得小于 1MΩ/kV（采用 1000V 或 2500V 摇表测量）。

2）一次侧额定电压为 1000V 以下（不包含 1000V）的电流互感器的绝缘电阻不得小于 0.5MΩ（采用 500V 摇表测量）。

3）电流互感器二次侧回路的绝缘电阻不得小于 0.5MΩ（采用 500V 摇表测量）。

（5）电流互感器一、二次侧回路都不得装设熔断器；

（6）电流互感器所带的负载必须串联在二次回路中。

6.2.2.2　电流互感器投入运行前的检查项目

为了防止将异常或有故障的电流互感器投入运行，从而影响正常的安全生产，电流互感器在投入运行前必须经过仔细、全面的检查，具体要求如下：

(1) 电流互感器周围应无影响送电的杂物。

(2) 各连接部位接触良好，无松动现象。

(3) 电流互感器及其绝缘子无裂纹、无脏污、无破损现象。

(4) 接地部分接地良好。

(5) 电流互感器附属设备及回路应情况良好，无影响运行的异常或缺陷。

(6) 二次回路中的试验端子接触牢固无断开现象。

6.2.2.3 电流互感器运行中的检查项目及注意事项

电流互感器在运行中，电气运行人员应加强巡回检查（具体间隔时间各个单位有所不同，但间隔时间最好不超过 4h），以便及时发现异常和缺陷并进行处理，防止异常和缺陷转化为事故。具体检查项目如下：

(1) 电流互感器二次回路无开路现象。

(2) 各连接部位接触良好，无松动现象，试验端子接触良好。

(3) 电流互感器及其绝缘子无裂纹、无脏污、无破损现象。

(4) 没有焦味及烧损现象。

(5) 无放电（声音、弧光）现象。

(6) 接地部分接地良好。

6.2.2.4 电流互感器异常及事故处理

因为电流互感器是直接串接在其所服务的一次设备的回路中的，因此，电流互感器不像电压互感器那样可以单独退出运行。电流互感器发生了必须退出运行的异常或故障，则其所服务的一次设备（如发电机、线路等）亦必须同时退出运行。

1. 电流互感器表面放电或闪络

现象和后果：电气运行人员只要加强巡检，电流互感器表面放电或闪络现象是很容易发现的。只要关掉灯光，仔细观察，就会发现弧光，并且能听到"吱吱"的放电声。电流互感器放电或闪络如果得不到及时处理，最终会演化为绝缘击穿事故。

原因：可能是电流互感器脏污、受潮，也可能是绝缘损坏。

处理方法：若是由于电流互感器脏污、受潮造成，则将电流互感器随同其所服务的一次设备退出运行后进行清扫、干燥等处理即可；若是由于电流互感器绝缘损坏（如瓷套管裂纹等）所造成，则将电流互感器退出运行后，进行修复绝缘或更换电流互感器。

2. 电流互感器发热、温度高

现象和后果：电流互感器发热，温度比正常情况下明显增高，如果得不到及时处理，会导致电流互感器着火事故。

原因：可能是电流互感器内部有局部短路现象（如匝间短路、层间短路等），或是主导体接触不良，也可能是由于二次回路开路所引起。

处理方法：电流互感器发热、温度高，若是由于电流互感器内部故障或是主导体接触不良所引起，则立即将电流互感器及其所服务的一次设备退出运行，更换电流互感器或检查主回路，将主导体接触不良部位紧固，使其接触良好；若是由于电流互感器二次回路开路所引起，则仔细检查二次回路，将开路部位连接好。

3. 电流互感器内部发出焦味、冒烟、着火

现象和后果：电流互感器内部发出焦味、冒烟、着火等现象。可能造成某些保护和自动装置误动作，从而影响正常的生产。如果电流互感器着火得不到及时处理，会酿成火灾。

原因：可能是电流互感器内部局部短路（如匝间短路、层间短路等），或者是接地得不到及时处理，从而导致故障扩大。焦味、冒烟、着火往往意味着电流互感器绝缘已烧坏。

处理方法：立即将电流互感器及其所服务的一次设备退出运行后，更换电流互感器。

4. 电流互感器内部有异常声音（如放电声）

现象和后果：电流互感器内部放电，表面看不出来，但仔细倾听，能听到"噼噼叭叭"的放电声。电流互感器内部放电得不到及时处理，最终会演化为绝缘击穿事故。

原因：可能是电流互感器内部短路、接地以及夹紧螺丝松动等引起，主要原因是绝缘损坏。如果得不到及时处理，会导致电流互感器击穿。

处理方法：立即将电流互感器及其所服务的一次设备退出运行后，更换电流互感器。

5. 油浸式电流互感器渗、漏油，油位下降

现象和后果：电流互感器表面有油渍，仔细观察发现油位比正常情况低。如果得不到及时处理，会使电流互感器因严重缺油而出现事故。

原因：可能是密封件老化损坏，套管部件间结合面螺丝松动等引起。

处理方法：若渗、漏油现象不太严重，且油位尚在能正常运行的范围内，则可根据生产情况，选择合适的时间处理；若漏油非常严重，或是油位已低至不能保证安全运行的要求时，则应立即停用电流互感器及其所服务的一次设备，进行处理。

6. 油浸式电流互感器油变色

现象和后果：油色变暗红或局部黑色。油色变化往往暗示着电流互感器内部有某种异常或故障的存在，因此，若得不到足够的重视，可能会延误发现异常或故障的时间，导致因异常或故障得不到及时的处理而引发事故。

原因：油浸式电流互感器使用的是变压器油。清洁、合格的变压器油呈透明、无色样。油色变暗红或局部黑色。往往是由于电流互感器内部有放电情况，从而导致变压器油分解所致。

处理方法：可根据生产情况，选择合适的时间处理。当然，处理不能只是简单地对变压器油进行处理或换油，而应查明变色的原因并作出相应的处理后再换油。

6.3 电抗器和消弧线圈的运行及事故处理

6.3.1 电抗器的运行及事故处理

在小型电厂及热电厂中广泛采用电抗器，如：母线分段电抗器、线路电抗器以及厂用电分支电抗器等。电抗器的主要作用是：当电抗器所在回路发生短路故障时，限制短路电流，维持母线残压。

电抗器的参数除了额定电压、额定电流等外，还有一个相当重要的参数是百分电抗值（或电抗值）$X_{DK}\%$（X_{DK}）。百分电抗值（或电抗值）反映了该电抗器限制短路电流的能力。

6.3.1.1 电抗器的操作及注意事项

1. 电抗器投入运行前的检查项目

为了防止将异常或有故障的电抗器投入运行，从而影响正常的安全生产，电抗器在投入运行前必须经过仔细、全面的检查，具体要求如下：

（1）电抗器周围应无影响送电的杂物。

（2）各连接部位接触良好，无松动现象。

（3）电抗器及其支持绝缘子无裂纹、无脏污、无破损现象。

（4）绝缘电阻应不小于 $1M\Omega/kV$（采用 1000kV 或 2500kV 摇表测量）。

2. 电抗器的操作及注意事项

电抗器一般与主回路同时投入或退出运行，因此，电抗器的操作往往包含在主回路的操作步骤中。但在电抗器刚投入运行后，应检查各部分的运行情况。如：有无放电或闪络、各连接部位有无发热等。这些情况在投运前无法进行检查。

6.3.1.2 电抗器运行中的检查项目及注意事项

电抗器在运行中，电气运行人员应加强巡回检查（具体间隔时间各个单位有所不同，但间隔时间最好不超过 4h），以便及时发现异常和缺陷并进行处理，防止异常和缺陷转化为事故。具体检查项目如下：

（1）电抗器在正常工作中，其工作电流不得超过额定值。当环境温度超过规定温度时，应根据具体情况，相应减小其工作电流。

（2）各连接部位接触良好，无发热现象。

（3）混凝土支架（或环氧树脂支架）无裂纹、无破损现象。

（4）支持绝缘子无裂纹、无脏污、无破损现象。

（5）没有焦味及烧损现象。

（6）无放电（声音、弧光）现象。

6.3.1.3　电抗器异常及事故处理

电抗器总是随同其所服务的主回路（主设备）同时投入或退出运行，因此，当电抗器出现异常或事故时，应根据生产情况和异常（或故障）性质决定是立即停止运行，还是根据具体情况在适当的时候退出运行。电抗器常见的异常或故障以及处理方法如下。

1．电抗器整体发热、温度高

现象和后果：电抗器整体发热，温度高。电抗器整体发热如果得不到及时处理，可能会使电抗器绕组烧坏，从而造成设备损坏和停电事故。

原因：出现这种情况，往往是电抗器过负荷或环境温度过高所引起。

处理方法：若是因为环境温度过高所引起，则应加强通风，设法降低环境温度；若是由于过负荷引起，则应减小电抗器的负荷。

说明：

（1）若是由于环境温度过高导致电抗器发热，而且采用各种降温措施后，仍无法使电抗器的温度下降到正常值，则必须减小电抗器的负荷。

（2）若是由于过负荷导致电抗器发热，但因生产需要不能减小电抗器负荷的情况下，可采取临时冷却措施（如在电抗器周围临时加装风扇等）办法使电抗器的温度下降。

（3）不论采用何种方法，都必须保证电抗器的温度在允许范围内。

2．电抗器局部发热、温度高

电抗器容易发生局部发热的部位主要是各导体连接处。

现象和后果：电抗器导体连接处发热，温度高。导体连接处发热如果得不到及时处理，可能会使导体连接处烧断，从而造成停电事故。

原因：电抗器导体连接处发热往往是导体连接处接触不良所致。如连接处铜排（铝排）氧化、腐蚀，连接处螺栓没有拧紧等。

处理方法：电抗器导体连接处若有发热现象，应根据具体情况决定是否立即停电处理。处理办法是：若是由于连接处导体氧化、腐蚀引起，则拆开连接处，对导体（铜排或铝排）进行去除氧化、腐蚀层并清理后，涂上导电膏，然后重新紧固连接即可。若是由于导体连接处螺栓没有拧紧引起，则拧紧螺栓。

说明：即使是由于导体连接处螺栓没有拧紧引起，但由于发热会促使氧化或腐蚀现象的产生和发展。任何原因引起发热，一般都会伴随着导体氧化或腐蚀现象的产生。因此，即使是由于导体连接处螺栓没有拧紧引起发热的处理，最好也将导体连接处拆开，对导体（铜排或铝排）进行检查，是否有氧化或腐蚀现象。若有氧化或腐蚀现象，则去除氧化、腐蚀层并清理后，涂上导电膏，然后重新紧固连接即可。

3. 电抗器支持瓷瓶炸裂

现象和后果：电抗器支持瓷瓶炸裂，从而造成设备损坏和停电事故。

原因：

(1) 电抗器支持瓷瓶所属的金属构件产生涡流，导致瓷瓶处过热引起。

(2) 支持瓷瓶闪络引起。

处理方法：若是因为电抗器支持瓷瓶所属的金属构件产生涡流，导致瓷瓶处过热引起，则应设法消除或减小涡流，如对金属片开槽，切断涡流的通路；若是由于支持瓷瓶闪络引起，则应在更换瓷瓶后，对所有瓷瓶进行检查，检查瓷瓶有无裂纹，是否脏污等，并处理之。

4. 电抗器放电或闪络

现象和后果：电抗器本体放电或闪络比较少见，比较常见的是支持绝缘子放电或闪络现象。强烈的放电或闪络比较容易发现，但轻微的放电或闪络不易察觉。运行人员只要加强巡检，采用关掉灯光，仔细观察、倾听的方法，就比较容易发现。放电或闪络现象通过仔细观察，一般会看到弧光，并且能听到"吱吱"的放电声。电抗器或其支持绝缘子放电或闪络如果得不到及时处理，最终会演化为电抗器相间短路或接地事故。

原因：主要原因是电抗器（主要是其支持绝缘子）脏污、受潮，但电抗器线圈变形导致部分线圈间间距下降也会引起放电或闪络现象。

处理方法：若是由于电抗器或其支持绝缘子脏污、受潮造成，则将电抗器退出运行后进行清扫、干燥等处理即可；若是由于电抗器线圈变形导致部分线圈间间距下降所造成，则将电抗器退出运行后，进行修复或更换电抗器。

6.3.2 消弧线圈的运行及事故处理

6.3.2.1 消弧线圈的简要原理分析

在中性点不接地电网中，电网的每一相与大地之间都具有一定的电容。当电网内各相对地电容平衡时，正常运行情况下，电网三相对地电容电流的相量和为零，因此，流过电网中性点的电流为零，电网中性点对地电压为零。然而，当该电网中某一相发生单相接地故障时，电网三相不再对称，电网三相对地电容电流的相量和不再为零，其不平衡部分通过电网的中性点（中性点与地之间也有电容存在）形成回路，这时电网中性点对地电压不再为零。

当中性点不接地电网中电容电流不大时（不超过5A），接地故障点的电弧一般能够快速自行熄灭。但当中性点不接地电网中电容电流大于一定值时（与电网额定电压有关），接地故障点的电弧就可能无法自行熄灭，而且电弧又是不稳定的（一会儿电弧熄灭，一会儿电弧重燃）。这种不稳定燃烧的电弧会引起电网运行状态的瞬息变化，导致电网振荡，并在电网中产生危险的过电压，影响电网的安全运行。

由于电感电流与电容电流相位相反，可以达到相互补偿的效果。工程中，广泛采用在电网变压器中性点接入消弧线圈（实际上是一个大电感）的办法来消除中性点不接地电网中弧光接地过电压。

目前，规程规定在电压等级为3～60kV的电网中，当电网接地电容电流大于下列数值时，应采用消弧线圈接地方式：

（1）3～6kV的电网中，接地电容电流大于30A。

（2）10kV的电网中，接地电容电流大于20A。

（3）20kV的电网中，接地电容电流大于15A。

（4）35kV及以上电压等级的电网中，接地电容电流大于10A。

说明：

（1）对于重要的60kV电网，即使接地电容电流小于10A，也最好采用消弧线圈接地方式。

（2）对于0.4kV和110kV及以上电压等级的电网，目前都是采用中性点直接接地的方式，因此，不存在上面的问题。

（3）中性点采用消弧线圈接地方式的电网，在电网正常运行期间，消弧线圈必须投入运行。在电网中有操作故障或接地故障时，不得停用消弧线圈。

根据消弧线圈的电感电流要 I_L 对电网接地电容电流 I_{DC} 补偿程度的不同，可分为三种补偿方式：

（1）全补偿（$I_L = I_{DC}$）。这种补偿方式，消弧线圈的电感电流等于电网接地电容电流，完全补偿了电网接地电容电流，消弧效果最好。然而，这种补偿方式容易引起电网串联谐振，产生串联谐振过电压。在实际使用中，不采用全补偿方式。

（2）欠补偿（$I_L < I_{DC}$）。这种补偿方式，消弧线圈的电感电流小于电网接地电容电流。部分补偿了电网接地电容电流，使电网接地电容电流小于一定数值，达到电网安全运行的目的。然而，当电网在运行中切除部分线路时，这种补偿方式可能会接近或达到全补偿方式，使电网产生串联谐振过电压。因此，欠补偿方式一般也很少

使用。

（3）过补偿（$I_L > I_{DC}$）。这种补偿方式，消弧线圈的电感电流大于电网接地电容电流。接地处尚余有多余的电感电流。这种补偿方式可避免串联谐振过电压的产生，因此电网采用消弧线圈接地方式补偿主要是采用过补偿的方式。

消弧线圈的参数除了额定电压、额定电流等外，还有一个相当重要的参数就是补偿度 ρ。补偿度 ρ 的定义如下

$$\rho = \frac{I_L - I_C}{I_C} \times 100\%$$

式中　ρ——补偿度；

　　　I_L——消弧线圈的电感电流；

　　　I_C——电网电容电流总和。

补偿度可通过调节消弧线圈的分接头来调整。

有关中性点采用消弧线圈接地补偿的原理分析、补偿度计算的详细情况请参考相关书籍。

6.3.2.2 消弧线圈的操作及注意事项

1.消弧线圈投入运行前的检查项目

为了防止将异常或有故障的消弧线圈投入运行，从而影响正常的安全生产，消弧线圈在投入运行前必须经过仔细、全面的检查，具体要求如下：

（1）消弧线圈周围应无影响送电的杂物。

（2）各连接部位接触良好，无松动现象。

（3）消弧线圈无裂纹，无脏污，无渗、漏油以及无破损现象。

（4）绝缘电阻应不小于 $1\text{M}\Omega/\text{kV}$（采用 1000kV 或 2500kV 摇表测量）。

（5）隔离开关情况良好。

（6）所在电网无接地故障。

（7）所在电网没有其他操作。

2.消弧线圈的操作及注意事项

电网在正常运行时，消弧线圈必须投入运行。消弧线圈的操作除了投入、退出运行的操作外，在运行中还需要根据电网运行方式的变化调节分接头（即调节补偿度）。

（1）消弧线圈的投入、退出运行以及调节分接头的操作，必须在查明电网无单相接地故障后方可进行。

（2）改变消弧线圈的分接头前，必须拉开消弧线圈的隔离开关，将消弧线圈停电后方可进行。

（3）变换消弧线圈分接头位置工作完成后，应该在仔细检查各部分情况良好后，

再将消弧线圈投入运行。

（4）不许将两台变压器的中性点同时并接在一台消弧线圈上运行。

（5）若需要将消弧线圈由一台变压器的中性点切换到另一台变压器的中性点上运行时，应该先将消弧线圈从一台变压器的中性点上拉开再合到另一台变压器的中性点上，以防止消弧线圈同时并接在两台变压器的中性点上运行。

（6）若运行中的变压器与接于该变压器中性点上的消弧线圈一起停电时，最好先停消弧线圈，再停变压器；送电时顺序相反。

（7）当中性点经消弧线圈接地的电网进行线路停、送电操作时，应注意进行消弧线圈分接头的相应调节：

1）当电网采用过补偿方式运行情况下，在线路送电操作时，应先调节消弧线圈分接头的位置，以增加消弧线圈电感电流，使其适应电网因线路增加后的过补偿度，然后再送电。线路停电时的操作顺序相反。

2）当电网采用欠补偿方式运行情况下，在线路送电操作时，应先将线路送电，再调节（提高）消弧线圈的分接头位置。停电时的操作顺序相反。

3．实例说明

若在电网中进行线路停、送电操作时不按上述要求进行操作，就有可能使电网在操作过程中进入完全补偿状态，从而有可能引起电网串联谐振，产生串联谐振过电压，危害电网的安全运行。下面以过补偿为例举例说明不正确操作造成完全补偿的情况：

某 10kV 电网当前运行方式下的总接地电容电流为 25A，消弧线圈补偿的电感电流为 30A，若需要将一条对地电容电流为 5A 的线路投入运行，并且要求线路投入运行后，消弧线圈补偿的电感电流提高为 36A，以保证电网始终运行在过补偿状态，且补偿度保持不变。下面分析采用两种不同操作方式下电网补偿度的变化。

（1）先将线路送电，再调节（提高）消弧线圈的分接头位置，以提高补偿度

1）操作前电网的补偿度

$$I_C = 25A$$

$$I_L = 30A$$

$$\rho = \frac{I_L - I_C}{I_C} \times 100\% = \frac{30 - 25}{25} \times 100\% = 20\%$$

这时 $I_L > I_C$，$\rho = 20\% > 0$。电网为过补偿运行方式。电网运行是安全的。

2）在线路送电后，消弧线圈的分接头调节（提高）前期间的电网补偿度

$$I_C = 25 + 5 = 30A$$

$$I_L = 30A$$

$$\rho = \frac{I_L - I_C}{I_C} \times 100\% = \frac{30 - 30}{30} \times 100\% = 0$$

这时 $I_L = I_C$，$\rho = 0$。电网进入完全补偿方式运行。从而有可能引起电网串联谐振，产生串联谐振过电压，危害电网的安全运行。

3）操作完成后

$$I_C = 25 + 5 = 30A$$

$$I_L = 36A$$

$$\rho = \frac{I_L - I_C}{I_C} \times 100\% = \frac{36 - 30}{30} \times 100\% = 20\%$$

这时 $I_L > I_C$，$\rho = 20\% > 0$。电网为过补偿运行方式。电网运行是安全的。

（2）先调节（提高）消弧线圈的分接头位置，再将线路送电。

1）操作前电网的补偿度

$$I_C = 25A$$

$$I_L = 30A$$

$$\rho = \frac{I_L - I_C}{I_C} \times 100\% = \frac{30 - 25}{25} \times 100\% = 20\%$$

这时 $I_L > I_C$，$\rho = 20\% > 0$。电网为过补偿运行方式。电网运行是安全的。

2）在消弧线圈的分接头调节（提高）后，线路送电前期间的电网补偿度

$$I_C = 25A$$

$$I_L = 36A$$

$$\rho = \frac{I_L - I_C}{I_C} \times 100\% = \frac{36 - 25}{25} \times 100\% = 44\%$$

这时 $I_L > I_C$，$\rho = 44\% > 0$。电网为过补偿运行方式。电网运行是安全的。

3）操作完成后

$$I_C = 25 + 5 = 25A$$

$$I_L = 36A$$

$$\rho = \frac{I_L - I_C}{I_C} \times 100\% = \frac{36 - 30}{30} \times 100\% = 20\%$$

这时 $I_L > I_C$，$\rho = 20\% > 0$。电网为过补偿运行方式。电网运行是安全的。

从上述分析可见，电网运行在过补偿方式的情况下：

（1）若采用先将线路送电，再调节（提高）消弧线圈的分接头位置的操作方式。那么在线路已送电，而消弧线圈的分接头位置调节（提高）前这段时间，有可能使电网：$I_L = I_C$，$\rho = 0$，电网进入完全补偿方式运行。在这段时间若电网发生单相接地

故障，就有可能引起电网串联谐振，产生串联谐振过电压，危害电网的安全运行。

（2）若采用先调节（提高）消弧线圈的分接头位置，再将线路送电的操作方式。那么无论在操作前、操作期间，还是操作完成后，电网始终保持：$I_L > I_C$，$\rho > 0$，即电网始终保持在过补偿方式运行。因此，电网运行是安全的。

电网在过补偿方式运行时的线路停电操作顺序，以及电网在欠补偿方式运行时的线路停、送电操作顺序对电网补偿度和电网运行安全性的影响，读者可自行分析。

（3）当因各种原因（如雷雨天气、单相接地等），使电网中性点对地电压超过50%的额定相电压或接地电流超过极限值（见表6-3）时，严禁用隔离开关投入或切除消弧线圈。

表 6-3   接 地 电 流 极 限 值

电网额定电压（kV）	3~6	10	20	35	60	发电机直配网络
接地电流极限值（A）	30	20	15	10	5	5

6.3.2.3 消弧线圈运行中的检查项目及注意事项

消弧线圈在运行中，电气运行人员应加强巡回检查，以便及时发现异常和缺陷并进行处理，防止异常和缺陷转化为事故。具体检查项目如下：

（1）消弧线圈的补偿电流以及温度应在正常范围内。

（2）中性点位移电压不得超过额定相电压的15%；在操作过程中，允许一小时内可以超过15%，但不得超过30%。

（3）当电网发生单相接地故障时，应加强对消弧线圈及其所属设备的检查，并监视所属仪表的指示值和信号情况，以判明接地相，及时做好记录并汇报调度。

（4）寻找接地故障或其他原因导致消弧线圈带负荷运行时，其上层油温不得超过95℃，其时间不得超过运行规程规定或铭牌规定。

（5）定期检查气体继电器的情况，并按规定及时进行放气操作。

（6）消弧线圈的油色应正常、油位应在正常范围内。上层油温不得超过85℃。消弧线圈本体无渗、漏油现象。

（7）消弧线圈声音应正常。

（8）所属套管、支持绝缘子以及隔离开关、防爆玻璃等附件应完好，无破损和裂纹现象。

（9）检查外壳和中性点的接地装置完好。

（10）检查吸潮剂颜色以判明是否受潮，及时更换吸潮剂。

（11）密切监视信号装置的情况，及时发现问题并处理。

6.3.2.4　消弧线圈异常及事故处理

消弧线圈及其所属设备的运行情况直接关系到整个电网的运行安全。因此，电气运行人员除了加强巡回检查、认真监护等运行维护手段外，应及时处理发现的异常和故障情况，使消弧线圈及其所属设备始终保持在完好状态。消弧线圈常见的异常或故障以及处理方法如下。

1．系统单相接地时的检查和处理

现象：消弧线圈有关保护动作，信号装置发出相应指示；绝缘监视电压表指示某相对地电压为零，其余两相对地电压升高至线电压；中性点位移电压明显升高（等于相电压）；流过消弧线圈的补偿电流明显增大。

原因：消弧线圈所在系统发生单相接地故障。

处理方法：

（1）值班员应及时判明接地的相别、接地性质（接地性质分为永久性、瞬时性和间歇性三种）；读取各相关仪表指示数据和保护信号动作情况。及时向值班负责人和调度汇报。

（2）巡视母线、配电装置、消弧线圈及其所连接的变压器。若接地故障持续15min仍未消除，应详细检查消弧线圈本体，并每20min检查一次。若上层油温超过95℃的持续时间超过运行规程规定值（没有运行规程或运行规程未标明时，可按铭牌规定值处理）时，则应向调度提出申请，将该消弧线圈退出运行。

（3）做好值班记录（包括各仪表指示值、保护及信号装置动作情况和处理经过等）。

说明：

（1）系统发生单相接地故障时，消弧线圈允许运行2h。

（2）在系统单相接地故障未消除前，消弧线圈不得退出运行（若出现再不退出运行，可能导致消弧线圈的损坏等必须将消弧线圈退出运行的故障时，则可按相关规定并报调度批准，可将消弧线圈退出运行。但退出运行的操作方案及过程应确保系统和消弧线圈的安全，必要时，将消弧线圈所连接的变压器等电气设备一同退出运行）。

（3）在系统单相接地故障期间，将消弧线圈退出运行的操作必须采用具有灭弧装置的设备——如断路器等进行操作，不得用隔离开关进行操作。如果没有断路器等具有灭弧装置的设备，则必须通过将消弧线圈所连接的变压器退出运行来间接地将消弧线圈退出运行。

2．欠补偿方式运行时，产生串联谐振过电压的故障处理

当消弧线圈在欠补偿方式下运行时，由于线路因故跳闸或断路器三相触头不同期动作等情况下，有可能产生串联谐振过电压。

现象：消弧线圈有关保护动作，信号装置发出相应指示；中性点位移电压表及补偿电流表指示最大值；绝缘监视电压表各相指示值升高且各相不一致；消弧线圈铁芯发出强烈的"吱吱"声；消弧线圈上层油温急剧上升等。

原因：在消弧线圈所在系统欠补偿方式运行时，电网中线路因故跳闸或是由于断路器三相触头不同期动作等原因所致。

处理方法：当电网在欠补偿方式运行时产生串联谐振过电压故障时，值班人员应立即报告调度，然后按下列措施之一进行处理：

(1) 降低负荷，将接有消弧线圈的主变压器连同消弧线圈一起退出运行。

(2) 将发电厂（或变电所）与系统解列，设法消除串联谐振。

(3) 做好值班记录（包括各仪表指示值、保护及信号装置动作情况和处理经过等）。

3. 消弧线圈整体发热、温度或温升超过极限值

现象：消弧线圈整体发热，温度表指示值升高（超过极限值）。若是消弧线圈内部故障，则气体继电器有可能动作。

原因：出现这种情况，可能是由于系统发生单相接地故障，导致消弧线圈流过较大的补偿电流，且长时间得不到处理引起；或是由于欠补偿方式运行时产生串联谐振过电压，导致消弧线圈流过较大的补偿电流，且长时间得不到处理引起；也可能是消弧线圈内部故障所引起。

处理方法：首先立即将消弧线圈退出运行，再根据导致故障的原因作出相应的处理。

4. 消弧线圈内部有放电声

现象：消弧线圈内部发出"吱吱"的放电声。

原因：主要原因是消弧线圈内部线圈匝间绝缘损坏导致匝间放电，或是消弧线圈与外壳间绝缘损坏导致对外壳（地）放电。

处理方法：立即将消弧线圈退出运行，对损坏绝缘进行修复或更换消弧线圈。

5. 消弧线圈从防爆管处向外喷油

现象：消弧线圈从防爆管处向外喷油。

原因：主要原因是消弧线圈内部有严重故障。如短路等。

处理方法：立即将消弧线圈退出运行，查明故障原因并进行修复或更换消弧线圈。

6.3.2.5 必须立即将消弧线圈退出运行的故障

若在运行中发现消弧线圈有下列故障之一者，必须立即将其退出运行：

(1) 消弧线圈温度或温升超过极限值。

（2）消弧线圈向外喷油。

（3）消弧线圈油面骤然降低，油位指示器内已看不到油位。

（4）消弧线圈内部有强烈而又不均匀的噪声及内部有放电声。

（5）消弧线圈着火。

（6）消弧线圈更换分接头位置时，发现分接头开关接触不良。

6.4　重合器、分段器的运行及事故处理

所谓重合器是一种能够检测故障电流，并能在给定时间内切断故障电流，以及按照预先设定的程序进行给定次数重合的控制装置。

重合器实际上是一种高压开关电器。从作用方面来看，重合器集中了断路器、继电保护装置、自动重合闸装置以及操作机构等设备及装置的几乎所有功能，相当于一个集成电气设备。因此，重合器不再需要另外配置控制和操作机构，也不需要另外配置控制屏、保护屏和自动重合闸装置等。此外，重合器对安装环境的要求也不高，可以安装在变电所的构架上，甚至可装设在线路的杆塔上，从而可以大大缩小变电所的土建面积，节省投资。在当前的配电系统中，重合器已是一种非常重要的自动化元件。

自动线路分段器是配电系统中用来隔离线路区段的自动保护装置。分段器通常与电源侧保护装置，例如重合器配合使用，以达到当系统中某一线路发生故障时，将故障线路与系统分割开来，缩小停电范围的目的。

从作用方面来看，自动线路分段器类似于一个具有自动控制功能的隔离开关。

需要注意的是：重合器与分段器主要用在配电系统中（主要是 10kV 配电系统）。发电系统与输、变电系统因为对继电保护和自动重合闸的要求较高，一般不采用重合器和分段器。而是采用各个独立制作的断路器、隔离开关与相应的继电保护和自动重合闸装置配合构成。

6.4.1　重合器的运行及事故处理

在电力系统的配电系统中，大量使用着重合器。重合器具有下列功能：

（1）重合器具有灭弧装置，因此可以开断和接通负荷电流和故障电流。

（2）按照预先设定的程序自动进行给定次数的重合闸，提高供电的可靠性。

统计资料表明，在配电系统中，超过 80% 的故障属于暂时性故障。而重合器采用的多次重合闸方案，将会大大提高重合闸的成功率，从而减少非故障停电次数。

6.4.1.1　重合器的操作及注意事项

1. 重合器投入运行前的检查项目

为了防止将异常或有故障的重合器投入运行，从而影响正常的安全生产，重合器在投入运行前必须经过仔细、全面的检查，具体要求如下：

（1）重合器周围应无影响送电的杂物。

（2）各连接部位接触良好，无松动现象。

（3）重合器本体及附件应无异常。

（4）主回路绝缘电阻应不小于 1MΩ/kV（采用 1000kV 或 2500kV 摇表测量），控制部分绝缘电阻应不小于 0.5MΩ（采用 500kV 摇表测量）。

（5）套管无裂纹、无脏污及无破损现象。

（6）控制部分动作正常。

2．重合器的操作及注意事项

重合器虽然是一种自动控制器件，但其投入运行和退出运行的操作也是由运行人员完成的。重合器与断路器一样具有分断和接通负荷电流和故障电流的能力，因此其操作步骤和注意事项与断路器基本一致，不再赘述。需要注意的是：

（1）在投入运行前，应预先设定好重合次数和动作程序。

（2）在重合器所在线路发生故障期间，不要人工将重合器退出运行，而应该由重合器自动切断电路。

6.4.1.2 重合器运行中的检查项目及注意事项

重合器在运行中，要加强巡检，及时发现异常和缺陷并进行处理，防止异常和缺陷转化为事故。具体检查项目如下：

（1）重合器各导体连接部位应无发热现象。

（2）绝缘套管应完整无裂纹，无电晕和放电现象。

（3）操作机构和各机械部件应无损伤和锈蚀，安装牢固。

（4）重合器内部无异常声音和放电声。

（5）无渗、漏油或漏气现象。

（6）外壳接地应良好。

6.4.1.3 重合器异常及事故处理

1．重合器与导体连接处过热

（1）原因：重合器在运行中，不仅有负荷电流流过，而且在重合器所在的电气线路或设备发生短路等事故时，会受到短路电流的冲击。当重合器与导体连接处接触不良时，则接头处的接触电阻增大，加速接触部位的氧化和腐蚀，使接触电阻进一步加大，形成恶性循环。这种恶性循环的结果将使重合器与导体连接处过热。

重合器与导体连接处发热的原因，绝大多数是因为连接不良造成的。

（2）危害：若重合器与导体连接处过热，会引起恶性循环，导致发热的进一步加剧。发热长期得不到处理，最终会严重到连接处熔断，造成停电或电气设备损坏的重大事故。因此，电气运行人员在日常巡视中，应密切观察各连接处的发热情况，防止连接处因发热而烧断。

（3）预防和处理：预防的办法是加强巡视，密切关注各连接部位的发热情况。一旦发现发热现象，应及时减小负荷。发热到一定程度，发热部位会变色，运行人员可通过颜色的变化来判断各连接处是否发热。

发现重合器与导体连接处发热后，在可能的情况下，应设法降低流经发热处的电流。发热严重时，应尽快将负荷转移到其他线路上，将线路停电检修。具体处理方法如下：

1）若是由于连接处导体氧化、腐蚀引起，则拆开连接处，对导体（铜排或铝排）进行去除氧化、腐蚀层并清理后，涂上导电膏，然后重新紧固连接即可。

2）若是由于导体连接处螺栓没有拧紧引起，则拧紧螺栓。

说明：即使是由于导体连接处螺栓没有拧紧引起，但由于发热会促使氧化或腐蚀现象的产生和发展。任何原因引起发热，一般都会伴随着导体氧化或腐蚀现象的产生。因此，即使是由于导体连接处螺栓没有拧紧引起发热的处理，最好也将导体连接处拆开，对导体（铜排或铝排）进行检查，是否有氧化或腐蚀现象。若有氧化或腐蚀现象，则去除氧化、腐蚀层并清理后，涂上导电膏，然后重新紧固连接即可。

2. 重合器本体过热

（1）原因：重合器在运行中，若发生重合器本体过热，一般是由下列原因引起：

1）重合器过负荷。

2）合器内部有严重故障。

（2）危害：若重合器本体过热得不到及时处理，会酿成设备损坏和停电事故。

（3）预防和处理：预防的办法：一是加强监盘，严格控制流经重合器的电流，防止重合器过负荷；二是加强巡视，及早发现和处理重合器本体的异常和故障，防止事故的扩大。

发现重合器发热后，应根据产生的原因区别对待。具体处理方法如下：

1）若重合器发热是由于过负荷引起，则应设法减小负荷电流，将重合器本体的温度降到允许范围内。

2）若发热是由于重合器内部有严重故障引起，则应尽快将负荷移到其他线路，将该重合器退出运行进行检修或更换。

3. 重合器套管闪络或爬电

（1）原因：重合器在运行中，发生套管闪络或爬电的原因，主要是由于套管表面脏污使套管表面等效爬电距离下降，或者是套管有裂缝等缺陷造成的。

（2）危害：若重合器发生套管闪络或爬电现象，闪络或爬电进一步发展，会引起接地故障；而且，闪络和爬电产生的热量会使套管因受热不均而炸裂，从而导致停电事故。

（3）预防和处理：预防的办法是加强运行中的巡视，力争在闪络或爬电的初期（还没有发生导电部分与地之间的贯通性闪络）就能得到处理，以防止接地事故的发生。处理办法是：若闪络或爬电是由于套管表面脏污所造成的，停电（某些时候也可以不停电，但要遵守电业安全规程及相关操作规程）后，对套管表面进行清理；若闪络或爬电是由于套管损坏（如表面开裂等）造成的，则停电后更换套管。

在电力系统中，因套管表面脏污使绝缘电阻下降或套管损坏造成的事故比例较高。而且，由此产生的事故往往较严重。给工农业生产带来了很大的损失。因此，电气运行人员在巡视配电装置中，应重点加强对套管的检查。

4. 重合器拒绝分闸

（1）原因：重合器操作机构（含控制回路）异常或故障。

（2）危害：若重合器拒绝分闸，则重合器的功能丧失。这时若所在线路发生故障，则必须由上一级保护配合断路器切断故障，扩大停电范围。

（3）预防和处理：预防的办法是：加强日常维护，提高检修质量。处理办法是：将负荷转移到其他线路后，将该重合器退出运行，对其操作机构（含控制回路）进行检修。

5. 重合器拒绝合闸

（1）原因：重合器操作机构（含控制回路）异常或故障。

（2）危害：若重合器在运行期间拒绝合闸，则重合器的重合功能丧失。这时若所在线路发生故障，重合器切断线路后，不能进行重合闸，降低了供电的可靠性。

（3）预防和处理：预防的办法是：加强日常维护，提高检修质量。处理办法是：将负荷转移到其他线路后，将该重合器退出运行，对其操作机构（含控制回路）进行检修。

重合器有油介质型、真空介质型和SF_6介质型等各种型式。不同的型式尚有各自特有的异常和故障类型，如渗、漏油，漏气等。这里不作介绍。

6.4.2 分段器的运行及事故处理

在配电系统中，大量使用着分段器。分段器可以开、合额定负荷电流和闭合故障电流，但不能用来开断故障电流，因此，它必须与电源侧的保护装置，例如重合器配合使用。当线路发生故障后，电源侧的保护装置（如重合器）切断故障线路，分段器的计数装置开始计数，当达到预先整定的动作次数后，在重合器断开故障线路和瞬间，分段器自动跳开，使故障线路与系统分割开来。若未达到预先整定的动作次数，分段器不分断，重合器再次合闸，如此可恢复发生暂时性故障线路的供电。

分段器所累计的计数值，经一段时间后会自动消除，为下次动作做好准备。

分段器的作用类似于一个具有自动控制功能的隔离开关。

6.4.2.1　分段器的操作及注意事项

1．分段器投入运行前的检查项目

为了防止将异常或有故障的分段器投入运行，从而影响正常的安全生产，分段器在投入运行前必须经过仔细、全面的检查，具体要求如下：

（1）分段器周围应无影响送电的杂物。

（2）各连接部位接触良好，无松动现象。

（3）分段器本体及附件应无异常。

（4）主回路绝缘电阻应不小于$1M\Omega/kV$（采用$1000kV$或$2500kV$摇表测量），控制部分绝缘电阻应不小于$0.5M\Omega$（采用$500kV$摇表测量）。

（5）套管无裂纹、无脏污及无破损现象。

（6）控制部分动作正常。

2．分段器的操作及注意事项

分段器虽然是一种能够自动跳闸的电气设备，但其投入运行和退出运行的操作以及自动跳闸后再行合闸的操作，也是需要由运行人员来完成的。分段器的操作及注意事项如下：

（1）在投入运行前，应预先设定好分段器的动作次数和动作程序，而且其整定的动作次数必须比与其配合使用的重合器少一次或以上。

（2）在分段器所在线路发生故障期间，不要人工将分段器退出运行，而应该由与其配合使用的重合器自动切断电路。

6.4.2.2　分段器运行中的检查项目及注意事项

分段器在运行中，要加强巡检，及时发现异常和缺陷并进行处理，防止异常和缺陷转化为事故。具体检查项目如下：

（1）分段器各导体连接部位应无发热现象。

（2）绝缘套管应完整无裂纹，无电晕和放电现象。

（3）操作机构和各机械部件应无损伤和锈蚀，安装牢固。

（4）分段器内部无异常声音和放电声。

（5）无渗、漏油或漏气现象。

（6）外壳接地应良好。

6.4.2.3　分段器异常及事故处理

1．分段器与导体连接处过热

（1）原因：分段器在运行中，不仅有负荷电流流过，而且在分段器所在的电气线路或设备发生短路等事故时，会受到短路电流的冲击。当分段器与导体连接处接触不良时，则接头处的接触电阻增大，加速接触部位的氧化和腐蚀，使接触电阻进一步加大，形成恶性循环。这种恶性循环的结果将使分段器与导体连接处过热。

分段器与导体连接处发热的原因，绝大多数是因为连接不良造成的。

（2）危害：若分段器与导体连接处过热，会引起恶性循环，导致发热的进一步加剧。发热长期得不到处理，最终会严重到连接处熔断，造成停电或电气设备损坏的重大事故。因此，电气运行人员在日常巡视中，应密切观察各连接处的发热情况，防止连接处因发热而烧断。

（3）预防和处理：预防的办法是加强巡视，密切关注各连接部位的发热情况。一旦发现发热现象，应及时减小负荷。发热到一定程度，发热部位会变色，运行人员可通过颜色的变化来判断各连接处是否发热。

发现分段器与导体连接处发热后，在可能的情况下，应设法降低流经发热处的电流。发热严重时，应尽快将负荷转移到其他线路上，将线路停电检修。具体处理方法如下：

1）若是由于连接处导体氧化、腐蚀引起，则拆开连接处，对导体（铜排或铝排）进行去除氧化、腐蚀层并清理后，涂上导电膏，然后重新紧固连接即可。

2）若是由于导体连接处螺栓没有拧紧引起，则拧紧螺栓。

说明：即使是由于导体连接处螺栓没有拧紧引起，但由于发热会促使氧化或腐蚀现象的产生和发展。任何原因引起发热，一般都会伴随着导体氧化或腐蚀现象的产生。因此，即使是由于导体连接处螺栓没有拧紧引起发热的处理，最好也将导体连接处拆开，对导体（铜排或铝排）进行检查，是否有氧化或腐蚀现象。若有氧化或腐蚀现象，则去除氧化、腐蚀层并清理后，涂上导电膏，然后重新紧固连接即可。

2．分段器本体过热

（1）原因：分段器在运行中，若发生分段器本体过热，一般是由下列原因引起：

1）分段器过负荷。

2）分段器内部导电回路（如动、静触头间）接触不良（直流电阻增大）。

3）分段器内部有严重故障。

（2）危害：若分段器本体过热得不到及时处理，会酿成设备损坏和停电事故。

（3）预防和处理：预防的办法：一是加强监盘，严格控制流经分段器的电流，防止分段器过负荷；二是加强检修质量；还有就是加强运行巡视，及早发现和处理分段器本体的异常和故障，防止事故的扩大。

发现分段器发热后，应根据产生的原因区别对待。具体处理方法如下：

1）若分段器发热是由于过负荷引起，则应设法减小负荷电流，将分段器本体的温度降到允许范围内。

2）若发热是由于分段器内部导电回路（如动、静触头间）接触不良（直流电阻增大）引起，则根据发热的程度和用电的需要，选择合适的时机将负荷移到其他线路，将该分段器退出运行进行处理。关于接触不良的处理在其他章节中已多次介绍。

3）若发热是由于分段器内部有严重故障引起，则应尽快将负荷移到其他线路，将该分段器退出运行进行检修或更换。

3．分段器套管闪络或爬电

（1）原因：分段器在运行中，发生套管闪络或爬电的原因，主要是由于套管表面脏污使套管表面等效爬电距离下降，或者是套管有裂缝等缺陷造成的。

（2）危害：若分段器发生套管闪络或爬电现象，闪络或爬电进一步发展，会引起接地故障；而且，闪络和爬电产生的热量会使套管因受热不均而炸裂，从而导致停电事故。

（3）预防和处理：预防的办法是加强运行中的巡视，力争在闪络或爬电的初期（还没有发生导电部分与地之间的贯通性闪络）就能得到处理，以防止接地事故的发生。处理办法是：若闪络或爬电是由于套管表面脏污所造成的，停电（某些时候也可以不停电，但要遵守电业安全规程及相关操作规程）后，对套管表面进行清理；若闪络或爬电是由于套管损坏（如表面开裂等）造成的，则停电后更换套管。

4．分段器拒绝分闸

（1）原因：分段器操作机构（含控制回路）异常或故障。

（2）危害：若分段器拒绝分闸，则分段器的功能丧失。这时若所在线路发生永久性故障时，必须由与分段器配合使用的重合器切断故障并隔断故障线路，在某些接线方式下，有可能扩大停电范围。

（3）预防和处理：预防的办法是：加强日常维护，提高检修质量。处理办法是：将负荷转移到其他线路后，将该分段器退出运行，对其操作机构（含控制回路）进行检修。

5．分段器拒绝合闸

（1）原因：分段器操作机构（含控制回路）异常或故障。

（2）危害：若分段器在运行期间拒绝合闸，则当所在线路发生永久性故障，分段器隔断故障线路后，对线路进行检修，线路消除故障后，线路无法重新送电，降低了供电的可靠性。

（3）预防和处理：预防的办法是：加强日常维护，提高检修质量。处理办法是：将负荷转移到其他线路后，将该分段器退出运行，对其操作机构（含控制回路）进行检修。

6.4.3 重合器与分段器的配合使用

在配电系统中，将重合器与分段器配合使用并合理配置后，可以减小线路故障时的停电范围。分析如下：

若重合器与分段器配合使用的电路接线如图 6 - 1 所示。图中电源经配电变压器降压后，通过重合器 ACR，然后再分别经过分段器 1 (S1)、分段器 2 (S2) 和分段器 3 (S3) 给线路一、线路二和线路三供电。下面分某条线路（例如线路一）发生瞬时性故障和永久性故障两种情况分析重合器和各分段器的动作情况以及停电时间和范围。

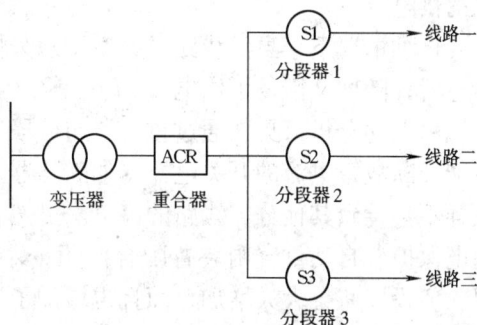

图 6 - 1 重合器与分段器配合使用的电路接线

1. 若线路一发生瞬时性故障

在线路一发生瞬时性故障瞬间，重合器和分段器 1 通过故障电流，重合器保护动作切断总供电线路并进行计数，分段器 1 进行计数。而分段器 2 和分段器 3 因没有通过故障电流而没有进行计数。重合器切断总供电线路后，线路一、线路二和线路三均失电。重合器切断总供电线路后，按照预先设定的程序和动作时间进行重合闸，恢复总供电线路运行。而这时分段器 1 因没有达到预先整定的计数次数而不分断，另外，分段器 2 和分段器 3 因根本没有计数，当然也不分断。若这时故障已消失，则重合器不再动作跳闸，恢复对线路一、线路二和线路三供电。

这种情况下，线路一、线路二和线路三都只是瞬间断电，随即又恢复了供电。

2. 若线路一发生永久性故障

在线路一发生永久性故障瞬间，重合器和分段器 1 通过故障电流，重合器保护动作切断总供电线路并进行计数，分段器 1 进行计数。而分段器 2 和分段器 3 因没有通过故障电流而没有进行计数。重合器切断总供电线路后，线路一、线路二和线路三均失电。重合器切断总供电线路后，按照预先设定的程序和动作时间进行重合闸，恢复总供电线路运行。而这时分段器 1 因没有达到预先整定的计数次数而不分断。另外，分段器 2 和分段器 3 因根本没有计数，当然也不分断。若这时故障仍未消失，则重合器和分段器 1 再次通过故障电流，重合器再次动作跳闸并再次计数，分段器 1 也再次计数（分段器 2 和分段器 3 因没有通过故障电流照样没有计数）。当分段器 1 达到预先整定的动作次数后，在重合器断开故障线路的瞬间，分段器自动跳开，使故障线路（即线路一）与系统分割开来。而重合器整定的动作次数必定大于分段器1（分段器2和分段器3也一样）的动作次数，因此重合器再次按照预先设定的程序和动作时间进行重合闸，恢复总供电线路运行。这时，因故障线路（即线路一）已被分段器1断开，重合器因其所供电的回路没有故障而不会再次动作跳闸。恢复了对线路二和线路三的供电。

这种情况下，虽然线路一发生了永久性故障而停电，但线路二和线路三只是瞬间断电后，随即又恢复了供电。

由上述分析可见：通过重合器与分段器的合理配合使用，即使各分支线路没有装设能开断故障电流的开关电器（如断路器、重合器等），某条分支线路的永久性故障，同样不会导致其他分支线路的停电。虽然各分支线路都装设重合器或断路器（必须与继电保护、自动重合闸装置配合使用，才能达到重合器的功能）也能达到同样的效果，但投资将会大大增加，而且也增加了运行操作的复杂性和维护工作量。

6.5　防雷装置与接地装置的运行及事故处理

电气设备在日常运行中，常常会遭受各种类型的雷击和雷电波的入侵。为了保护电气设备安全可靠的运行，必须采取措施，使电气设备免遭雷击。在电力系统中，防雷装置是必不可少的安全装置。

使电气设备免遭雷击和雷电波入侵的装置，称为防雷装置。防雷装置的工作原理就是，设法将各种类型的雷击引向防雷装置自身，并通过接地装置将高电压、大电流的雷电波引入大地，从而使被保护的电气设备免遭雷击。或者将高电压、大电流的雷电波在入侵电气设备前，通过防雷装置及其附属的接地装置引入大地，使被保护的电气设备免遭雷电波入侵。

由上述分析可知，防雷装置必须与接地装置配合使用方能起到防雷的作用。此外，在电力系统中，为了防止电气设备因绝缘损坏而导致设备外壳带电，从而威胁人身安全，一般都将电气设备的外壳接地或接零。另一方面，为了保证电力系统正常工作，在某些情况下也需要接地。如：变压器中性点直接接地或通过消弧线圈接地，防雷装置的接地等。

电气设备某部分经导体与大地良好的连接称为接地，它是由接地装置来实现的。

6.5.1　防雷装置

防雷装置不管型式如何多样，主要是由引雷部分、接地引下线和接地体三部分组成。根据预防对象的不同常用的防雷设备主要分为下列几类：

（1）避雷针：主要用于保护建筑物或户外电气设备（例如户外安装的变压器、配电装置等）免遭直击雷的雷击。

（2）避雷线：避雷线又称为架空地线，主要用于保护输电线路免遭直击雷的雷击。

（3）避雷网和避雷带：主要用于保护建筑物免遭直击雷的雷击。建筑物的屋角、屋檐等突出部位都应装设避雷带。

（4）避雷器：避雷器主要用于保护电气设备免遭雷电波的入侵。避雷器主要有阀型避雷器、管型避雷器和金属氧化物避雷器等种类。

（5）保护间隙：某些要求不高的情况下可以用保护间隙代替避雷器。

此外，感应雷也会严重威胁建筑物的安全和电力系统的正常运行。预防感应雷的主要措施是将建筑物内的金属设备、金属管道及结构钢筋等可靠接地。

6.5.1.1 防雷装置投入运行前的检查项目及注意事项

为了保证防雷装置投入使用后，能安全可靠地工作，防雷装置在投入运行前必须经过仔细、全面的检查，具体要求如下：

（1）防雷装置的接地电阻应符合规定要求。

（2）各连接部位连接良好，无松动现象，焊接部位焊接合格。

（3）避雷器已完成各项试验并符合要求。

（4）防雷装置各组成部分应无异常。

（5）避雷器本体无裂纹、无脏污及无破损现象。

（6）控制部分动作正常。

（7）检查避雷器与被保护设备之间的电气距离是否符合要求。

说明：避雷器应尽量靠近被保护的电气设备。10kV 及以下变、配电所阀型避雷器与变压器之间的电气距离应符合表 6-4 所示的要求。

表 6-4　　　　　　避雷器与 10kV 及以下变压器的最大电气距离

雷雨季节经常运行的进线回路数	1	2	3	4
允许的最大电气距离（m）	15	23	27	30

6.5.1.2 防雷装置运行中的检查、维护项目及注意事项

防雷装置在运行中，要加强巡检，及时发现异常和缺陷并进行处理，严防防雷装置形同虚设或防雷性能下降。具体检查项目如下：

（1）防雷装置引雷部分、接地引下线和接地体三者之间连接良好。

（2）运行中应定期测试接地电阻，接地电阻应符合规定要求。

（3）避雷器应定期做好预防性试验。

（4）避雷针、避雷线及其接地线应无机械损伤和锈蚀现象。

（5）避雷器绝缘套管应完整，表面应无裂纹、无严重污染和绝缘剥落等现象。

（6）定期抄录放电记录器所指示的避雷器的动作次数。

（7）接地部分接地应良好。

此外，在每年的雷雨季节来临之前，应进行一次全面的检查、维护，并进行必要的电气预防性试验。具体的试验项目（其中有关避雷器部分是以阀型避雷器为例）如下：

（1）测量接地部分的接地电阻。

（2）避雷器标称电流下的残压试验。

（3）避雷器工频放电电压试验。

（4）避雷器密封试验等。

6.5.1.3 防雷装置异常及事故处理

1. 避雷器的引线及接地引下线有严重烧痕或放电记录器烧坏

（1）原因：阀型避雷器的引线及接地引下线有严重烧痕，或放电记录器烧坏主要原因往往是避雷器存在隐性缺陷。

因为在正常情况下，避雷器动作以后，接地引下线和放电记录器中只通过雷电流和幅值很小（一般为 80A 以下）、时间很短（约 0.01s）的工频续流，所以除了使放电记录器动作外，一般不会产生烧伤的痕迹。然而，当阀型避雷器内部阀片存在缺陷或不能及时灭弧时，则通过的工频续流的幅值增大、时间加长。这样接地引下线的连接处会产生烧伤的痕迹，或使放电记录器内部烧黑或烧坏。

（2）危害：若发现避雷器的引线及接地引下线有严重烧痕，或放电记录器烧坏，没有引起重视并对避雷器进行相应的检查和处理。那么，随着时间的推移，就有可能使避雷器损坏或引线连接处烧断，从而使避雷器形同虚设，起不到避雷作用。

（3）预防和处理：预防的办法是加强巡视，密切关注各连接部位的情况。一旦发现避雷器的引线及接地引下线有严重烧痕，或放电记录器烧坏，应立即设法将避雷器退出运行，对避雷器进行检查和试验，并进行处理。必要时更换避雷器。

2. 避雷器套管闪络或爬电

（1）原因：避雷器在运行中，发生套管闪络或爬电的原因，主要是由于套管表面脏污使套管表面等效爬电距离下降，或者是套管有裂缝等缺陷造成的。

（2）危害：若避雷器发生套管闪络或爬电现象，常常会引起放电记录器的误动作。闪络或爬电进一步发展，会引起电网接地故障，而且，闪络和爬电产生的热量会使套管因受热不均而炸裂，从而导致停电事故。

（3）预防和处理：预防的办法是加强运行中的巡视，力争在闪络或爬电的初期（还没有发生导电部分与地之间的贯通性闪络）就能得到处理，以防止接地事故的发生。处理办法是：若闪络或爬电是由于套管表面脏污所造成的，停电（某些时候也可以不停电，但要遵守电业安全规程及相关操作规程）后，对套管表面进行清理；若闪络或爬电是由于套管损坏（如表面开裂等）造成的，则停电后更换套管。

在进行防雷装置的异常或事故处理时，应注意以下事项：

（1）如果在雷雨时发现防雷装置有异常，只要防雷装置还能使用，就不能将防雷装置退出运行。待雷雨过后再行处理。

（2）发现避雷器内部有异常声音或套管有炸裂现象，并引起电网接地故障时，值班人员就避免靠近避雷器。可用断路器或人工接地转移的方法，将故障避雷器退出运行。

（3）阀型避雷器在运行中突然爆炸，但尚未造成电网永久性接地时，可在雷雨过后拉开故障相的隔离开关将避雷器退出运行，并及时更换合格的避雷器。

（4）阀型避雷器在运行中突然爆炸，并已造成电网永久性接地时，则严禁通过操作隔离开关来将避雷器退出运行。

6.5.2　接地装置

电气设备必须接地的部分与大地作良好的连接，称为接地。埋设在地下并直接与大地接触的金属导体，称为接地体。将电气设备的接地部分与接地体连接起来的金属导体称为接地线。由接地线、接地体连接起来面形成的网，称为接地网。接地线、接地体和接地网统称为接地装置。此外，从变压器或低压发电机的中性点引出并接地的线，称为中性线（或零线）。将电气设备的某部分与零线连接，称为接零。

避雷针的接地一般采用独立的接地体构成环状。而避雷器的接地以及其他接地系统的接地和变压器、低压发电机的中性点接地一般都接入总接地网。

6.5.2.1　接地装置投入运行前的检查项目及注意事项

为了保证接地装置投入使用后，能安全可靠地工作，接地装置在投入运行前必须经过仔细、全面的检查，具体要求如下：

（1）接地装置的接地电阻应符合规定要求。

（2）各连接部位连接良好，无松动现象，焊接部位焊接合格。

（3）接地体应通过接地扁钢连接成环或网。

（4）接地材料的防锈漆（或热镀锌）应完好。

（5）接地体和接地线的规格符合规定。

钢接地体和接地线的最小规格如表6-5所示。

表6-5 接地体和接地线的最小规格

接地体和接地线的种类	最小规格及单位	地 上		地 下
		室 内	室 外	
钢 管	管壁厚度（mm）	2.5	2.5	3.5
角 钢	厚 度（mm）	2	2.5	4
圆 钢	直 径（mm）	5	6	8
扁 钢	截面/厚度（mm^2/mm）	24/3	48/4	48/4

注 电力杆塔的接地体引出线，截面不应小于50mm^2，并应采用热镀锌材料。

6.5.2.2 接地装置日常检查、维护项目及注意事项

接地装置在运行中，要加强巡检，及时发现异常和缺陷并进行处理，保证接地装置状况良好。具体检查项目如下：

（1）设备接地部分、接地连线（或接地引下线）和接地体三者之间连接良好。

（2）接地标志齐全、明显。

此外，在每年的雷雨季节来临前，应对接地装置进行一次全面的检查维护，并测量接地电阻。具体项目如下：

（1）测量接地电阻，接地电阻应符合规定要求。

（2）检查各接地引下线有无机械损伤及腐蚀现象。

（3）接地螺栓是否拧紧，焊接处是否牢固、无脱焊现象。

6.5.2.3 电气装置必须接地的范围

除了防雷装置接地和工作接地外，电压在1kV及以上的电气装置，在各种情况下均应采取保护接地。电压在1kV以下的电气装置，若中性点直接接地时，应采取保护接零；若中性点不直接接地，则应采取保护接地。下列电气装置的金属部分应接地或接零：

（1）各种电气设备的外壳。

（2）电流互感器、电压互感器的二次绕组。

（3）开关柜、配电屏、动力箱和控制屏等各种电气屏、柜、箱的外壳及基础。

（4）屋外配电装置的金属构架以及靠近带电部分的金属围栏和金属门。

（5）电缆接线盒、终端盒的外壳和电缆的外皮。

（6）各电缆（或电线）的金属保护管。

（7）装有避雷线的电力线路杆塔。

（8）安装在配电线路杆塔上的开关设备、电容器等电力设备。

6.6 低压电气设备的运行及事故处理

额定电压在 1000V 以下的电气设备称为低压电气设备。低压电气设备种类繁多，本节主要讲述低压开关电器。

低压开关电器主要分为：低压断路器、闸刀开关和接触器等。此外，用于保证人身安全的漏电保护器也可看作是低压开关电器。

6.6.1 低压断路器的运行及事故处理

低压断路器过去又称为自动空气开关，其用途与高压断路器差不多，只不过使用在不同的电压等级而已。低压断路器往往自己带有短路和过载保护装置以及欠电压保护装置，既可以独立工作，也可以与继电保护配合工作；而高压断路器一般没有各种保护装置，需要与继电保护配合工作。这是两者在功能上的最大区别。

常用的国产低压断路器有 DW 系列万能式自动空气断路器和 DZ 系列塑壳式自动空气断路器；常用的国外引进（或国内组装、合资生产）的低压断路器有 ME、AH 系列等。

低压断路器具有下列功能：

(1) 低压断路器具有灭弧装置，因此可以开断和接通负荷电流和故障电流。

(2) 具有多种保护功能，如短路保护、过载保护以及欠电压保护等。

6.6.1.1 低压断路器的操作及注意事项

1. 低压断路器投入运行前的检查项目

为了防止将异常或有故障的低压断路器投入运行，从而影响正常的安全生产，低压断路器在投入运行前必须经过仔细、全面的检查，具体要求如下：

(1) 低压断路器周围应无影响送电的杂物。

(2) 各导电连接部位接触良好，无松动现象。

(3) 低压断路器本体及附件应无异常。

(4) 主回路及控制回路绝缘电阻应不小于 0.5MΩ（采用 500kV 摇表测量）。

(5) 各种保护装置动作正常，整定值符合要求。

(6) 控制部分动作正常。

2. 低压断路器的操作及注意事项

由于低压断路器具有开断和接通负荷电流和短路电流的能力，其功能相当于高压断路器在低压回路中的翻版。因此，其操作步骤和注意事项与高压断路器基本一致，共同部分不再赘述。需要注意的是：若低压断路器与继电保护配合工作，则必须将低压断路器自带的保护功能解除；若采用低压断路器自带的保护功能，则应将各种保护装置的动作值整定好，并符合要求。

6.6.1.2 低压断路器运行中的检查项目及注意事项

低压断路器在运行中，要加强巡检，及时发现异常和缺陷并进行处理，防止异常和缺陷转化为事故。具体检查项目如下：

（1）低压断路器各导体连接部位应接触良好，无发热现象。

（2）绝缘部分应清洁、干燥，无放电现象。

（3）操作机构和各机械部件应无损伤和锈蚀，安装牢固，调整符合要求。

（4）动、静触头应无烧损现象。

（5）检查有无异常声音和放电声。

（6）灭弧装置应无破裂或松动现象。

（7）合闸电磁铁（或电动机）以及电动合闸机构应良好。

（8）外壳接地应良好。

6.6.1.3 低压断路器异常及事故处理

1. 低压断路器与导体连接处过热

（1）原因：低压断路器在运行中，不仅有负荷电流流过，而且在低压断路器所在的电气线路或设备发生短路等事故时，还会受到短路电流的冲击。当低压断路器与导体连接处接触不良时，则接头处的接触电阻增大，加速接触部位的氧化和腐蚀，使接触电阻进一步加大，形成恶性循环。这种恶性循环的结果将使低压断路器与导体连接处过热。

低压断路器与导体连接处发热的原因，绝大多数是因为连接不良造成的。

（2）危害：若低压断路器与导体连接处过热，会引起恶性循环，导致发热的进一步加剧。发热长期得不到处理，最终会严重到连接处熔断，造成停电或电气设备损坏的重大事故。因此，电气运行人员在日常巡视中，应密切观察各连接处的发热情况，防止连接处因发热而烧断。

（3）预防和处理：预防的办法是加强巡视，密切关注各连接部位的发热情况。一旦发现发热现象，应及时减小负荷。发热到一定程度，发热部位会变色，运行人员可通过颜色的变化来判断各连接处是否发热。

发现低压断路器与导体连接处发热后，在可能的情况下，应设法降低流经发热处的电流。发热严重时，在可能的情况下应尽快将低压断路器停电检修。具体处理方法如下：

1）若是由于连接处导体氧化、腐蚀引起，则拆开连接处，对导体（铜排或铝排）进行去除氧化、腐蚀层并清理后，涂上导电膏，然后重新紧固连接即可。

2）若是由于导体连接处螺栓没有拧紧引起，则拧紧螺栓。

说明：即使是由于导体连接处螺栓没有拧紧引起，但由于发热会促使氧化或腐蚀现象的产生和发展。任何原因引起发热，一般都会伴随着导体氧化或腐蚀现象的产生。因此，即使是由于导体连接处螺栓没有拧紧引起发热的处理，最好也将导体连接处拆开，对导体（铜排或铝排）进行检查，是否有氧化或腐蚀现象。若有氧化或腐蚀现象，则去除氧化、腐蚀层并清理后，涂上导电膏，然后重新紧固连接即可。

2．低压断路器触头有严重烧灼现象

（1）原因：一般是由于负荷过大或低压断路器触头没有调整好（如合闸后触头压力偏小，动、静触头错位等）导致接触电阻过大造成的。

（2）危害：与低压断路器与导体连接处发热的危害相同。

（3）预防和处理：预防的办法是加强巡视，一旦发现触头有发热现象，应及时减小负荷。发热严重时，在可能的情况下应尽快将低压断路器停电检修。具体处理方法如下：

1）若是由于负荷过大引起，则尽量将负荷减小到允许范围，该断路器不必退出运行。

2）若是由于低压断路器触头没有调整好引起，则应将该低压断路器退出运行进行检修或更换相关部件。

3．低压断路器绝缘部分闪络或爬电

（1）原因：低压断路器在运行中，发生绝缘部分闪络或爬电的原因，主要是由于绝缘部分表面脏污、受潮使绝缘部分表面等效爬电距离下降，或者是绝缘部件存在缺陷造成的。

（2）危害：低压断路器发生绝缘部分闪络或爬电现象，如果得不到及时处理，随着闪络或爬电的进一步发展，会引起接地故障，从而导致停电事故。

（3）预防和处理：预防的办法是加强运行中的巡视，力争在闪络或爬电的初期（还没有发生导电部分与地之间的贯通性闪络）就能得到处理，以防止接地事故的发生。处理办法是：若闪络或爬电是由于绝缘部分表面脏污、受潮引起，停电（某些时候也可以不停电，但要遵守电业安全规程及相关操作规程）后，对绝缘部分进行清理、干燥；若闪络或爬电是由于绝缘部件存在缺陷所造成，则将断路器停电后修复或更换相关绝缘部件。

4．低压断路器拒绝分、合闸

（1）原因：低压断路器操作机构（含控制回路）异常或故障。

（2）危害：若低压断路器拒绝合闸，没有多大危害。若低压断路器拒绝分闸，当所在线路或设备发生故障时，则必须由上一级保护配合上一级断路器切断故障，扩大停电范围。若低压断路器用于控制电动机，当电动机发生过载时，一般情况下达不到上一级保护的动作值，因此电动机就会因失去过载保护而损坏。

（3）预防和处理：预防的办法是：加强日常维护，提高检修质量。处理办法是：将该低压断路器退出运行，对其操作机构（含控制回路）进行检修。

6.6.2　低压隔离开关的运行及事故处理

低压隔离开关又称为刀开关。低压隔离开关一般采用手动操作，因此没有控制回路和合闸回路。另外它也没有灭弧装置或只有简单的灭弧装置，不能用来开断故障电流和短路电流，也不能用来开断和接通较大的负荷电流，有些情况下可用来开断和接通较小的负荷电流。因此它必须与熔断器（或低压断路器）串联配合使用。

低压隔离开关种类很多，按极数可分为：单极、双极和三极等；按有无灭弧装置可分为：带灭弧罩和不带灭弧罩；按操作方式可分为：直接手柄操作和带杠杆机构式操作；按用途可分为：单投和双投。

低压隔离开关的运行维护和事故处理与低压断路器基本相同，只是少了控制回路部分。但当低压隔离开关与低压断路器配合使用时，其操作应遵守倒闸操作的相关规定：

停电时，应先断开低压断路器，然后再断开低压隔离开关；送电时，应先合上低压隔离开关，然后再合上低压断路器。

6.6.3　接触器的运行及事故处理

接触器是利用电磁吸力实现电路通断的低压开关。接触器操作简便，动作迅速，灭弧性能好，主要用于远距离接通和控制分断额定电压在 500V 及以下的交、直流电路和大容量的控制电路。其主要控制对象为电动机，也可以用来控制其他负载。接触器自己不带保护单元，但可以与继电保护（或热继电器）配合开断故障电流和短路电流，也可以与继电器配合来实现自动控制。

接触器一般由铁芯线圈、主触头、辅助触头和灭弧栅组成。当线圈两端接上额定电压时，因线圈通过电流而使铁芯吸合，从而带动主、辅触头动作。实现电路的通断控制。

接触器分为交流和直流两种。其中交流接触器使用最为广泛。

接触器与断路器不同，接触器在运行中其线圈必须始终通电以保持接触器处于吸合状态，线圈一旦失电或线圈两端电压低于一定值时，接触器就会释放，从而断开主电路；而断路器一旦合闸后，是靠机械机构保持在合闸状态，合闸线圈不再需要通电。因此接触器在运行中，若电压（一般情况下，接触器的控制电源直接从主电源中引接）消失或低于一定值时（即使是瞬时），接触器就会释放，因此在电压波动较大的场合不宜使用接触器，如所在电网有大型电动机且变压器容量较小时，大型电动机起动过程中电网电压会显著下降，从而导致接触器非正常释放，断开主电路，影响正常生产。

接触器的操作、运行维护及事故处理与低压断路器基本相同。

6.6.4 漏电断路器和漏电保护器的运行及事故处理

目前在低压配电系统和用电系统中，越来越多地使用漏电断路器和漏电保护器，漏电断路器和漏电保护器是用于低压电网中防止人身触电或防止因漏电而引发火灾、爆炸事故的安全保护电器。

漏电断路器的主要结构是在一般低压断路器中增加了一个高灵敏的零序电流互感器和漏电脱扣器。漏电保护的原理是：在三相电路中，将三相电线或中性线穿过零序电流互感器，在正常情况下，三相电流的相量和为零，漏电脱扣器不动作；当线路或电气设备因绝缘损坏而发生漏电、接地故障或人身触及带电部分时，三相电流的相量和不为零，这时零序电流互感器检出不平衡电流（即漏电电流），当漏电电流达到或超过脱扣器的动作值时，漏电脱扣器立即动作，开关切断电源，从而直到漏电保护的作用。在单相电路中，使用漏电保护器，其保护原理与三相电路中的漏电断路器基本相同。

漏电断路器和漏电保护器在运行中应定期进行保护动作试验。其他的操作、运行维护及事故处理与一般低压开关电器基本相同。

6.7 负荷开关的运行及事故处理

负荷开关是一种带有简单灭弧装置的开关电器。负荷开关的开断和接通电流的能力介于断路器与隔离开关之间，它能在额定电压下接通和开断负荷电流，但不能开断故障电流和短路电流，真空式和SF_6气体式负荷开关能开断较小的过负荷电流。负荷开关的结构比较简单。

高压负荷开关按使用场所的不同可分为户内型和户外型；按使用的灭弧介质的不同可分为压气式、产气式、真空式和SF_6气体式四种。

在大多数情况下，负荷开关和高压熔断器配合使用，由负荷开关接通和开断负荷电流和不大的过负荷电流，由熔断器切断短路电流和较大的过负荷电流。

产气式负荷开关是目前我国使用最为广泛的一种负荷开关，但由于其只能开断正常的负荷电流而不能开断过负荷电流，与熔断器配合存在死区。当过负荷电流大于负荷开关的额定开断电流而又小于熔断器的熔断电流时，两者都不能开断。而真空式和 SF₆ 气体式负荷开关不仅能开断正常的负荷电流，同时也能开断一定程度下的过负荷电流，两者与熔断器配合没有死区。真空式负荷开关在性能上与 SF₆ 式负荷开关基本相同，在某些指标上还超过 SF₆ 气体式负荷开关，且价格却比 SF₆ 气体式负荷开关便宜。因此，真空式负荷开关在我国是最有发展前途的一种负荷开关。表 6－6 列出了 35kV 真空式负荷开关与产气式负荷开关的性能比较。

表 6－6　　　　　　　真空式负荷开关与产气式负荷开关的性能比较

项目 名称	额定开断 电流	开断最大 转移电流	带负荷 操作次数	灭弧性能	与熔断 器配合	维护
产气式	400A	无指标	＜30 次	一般	不易 （有死区）	定期更换 灭弧材料
真空式	1000A	3150A	10000 次	优良	容易 （无死区）	免维护

6.7.1　负荷开关的正常运行方式

负荷开关正常情况下应在其额定电压、额定电流下运行。由于负荷开关具有简单的灭弧装置，能接通和开断负荷电流，真空式和 SF₆ 气体式负荷开关还能开断一定范围内的过负荷电流。因此，可利用负荷开关进行下列操作：

（1）接通和开断空载长线路。

（2）接通和开断空载变压器。

（3）接通和开断电容器组。

（4）与限流熔断器串联组合可代替断路器。

（5）用作变电所 10kV 母线分段开关。

（6）用于配电线路上作为分段开关、旁路开关、联络开关带负荷操作。

6.7.2　负荷开关的运行及事故处理

6.7.2.1　负荷开关的操作及注意事项

（1）严禁用负荷开关来切断短路电流等。虽然负荷开关具有简单的灭弧装置，但只能接通和开断负荷电流，不能用来切断短路电流。

（2）负荷开关合闸操作及注意事项。若负荷开关没有电动操作机构，只有手动操作机构。那么在进行负荷开关合闸操作时必须迅速果断，但合闸终了时用力不可过猛，防止冲击过大损坏负荷开关及其附件。合闸后应检查是否已合到位，动、静触头是否接触良好等。

说明：如果在负荷开关合闸操作的过程中发现触头间有电弧产生（即误合负荷开关时），应果断将负荷开关合到位。严禁将负荷开关再拉开，以免造成带负荷拉刀闸的误操作。

（3）负荷开关拉闸操作及注意事项。若负荷开关没有电动操作机构，只有手动操作机构。那么在负荷开关拉闸操作的开始期间，要缓慢而又谨慎，当刀片刚刚离开静触头时注意有无电弧产生。若无电弧产生等异常情况，则迅速果断地拉开，以利于迅速灭弧。负荷开关拉闸后应检查是否已拉到位。

说明：

如果在负荷开关刀片刚刚离开静触头瞬间有电弧产生，应果断地将负荷开关重新合上，停止操作，待查明原因并处理完毕后再行进行合闸操作。

如果在负荷开关刀片刚刚离开静触头瞬间有电弧产生（即误拉负荷开关时），仍强行拉开负荷开关的话，可能造成带负荷拉刀闸的严重事故。

6.7.2.2 负荷开关运行中的检查项目及注意事项

负荷开关在运行中，要加强巡检，及时发现异常和缺陷并进行处理，防止异常和缺陷转化为事故。具体检查项目如下：

（1）负荷开关触头的应无发热现象。

（2）绝缘子应完整无裂纹，无电晕和放电现象。

（3）操作机构和各机械部件应无损伤和锈蚀，安装牢固。

（4）动、静触头的消弧部位应无烧伤、不变形。

（5）动、静触头无脏污、无杂物、无烧痕。

（6）动、静触头间接触良好。

（7）压紧弹簧和铜辫子无断股、无损伤。

（8）接地部分应接地良好。

（9）各辅助部分情况良好。

6.7.2.3 负荷开关异常及事故处理

1. 负荷开关接触部位过热

现场运行经验表明，负荷开关触头因发热而烧损的现象比较常见。负荷开关触头发热的原因及相应的处理方法如下：

（1）触头压紧弹簧性能（如弹性）下降。触头压紧弹簧弹性下降会使动、静触头间接触面压力不够，从而导致接触电阻的增大。接触电阻的增大又会使发热量增加，使接触面处温度进一步上升。温度的升高又会使压紧弹簧弹性进一步下降。形成恶性循环。这种现象如果得不到及时处理，就会酿成动、静触头烧损从而导致非正常停电的重大事故。

处理方法：更换或调整弹簧。

（2）动、静触头间接触不良（如触头氧化或腐蚀导致接触电阻增大）。动、静触头间接触不良，就会使动、静触头间的接触电阻增大。因此，动、静触头间接触不良情况的演变和后果，同触头压紧弹簧弹性下降一样。

处理方法：去除氧化层，并在结合面上涂导电膏。

（3）动、静触头间接触面积偏小，触头错位。动、静触头间接触面积偏小、触头错位，就会使动、静触头间的接触电阻增大。因此，动、静触头间接触面积偏小情况的演变和后果，同触头压紧弹簧弹性下降一样。

处理方法：重新调整触头，使动、静触头间全接触。

（4）负荷开关与铜排连接处接触不良（如连接处氧化或腐蚀导致接触电阻增大）。负荷开关与铜排连接处接触不良，就会使负荷开关与铜排连接处的接触电阻增大。接触电阻增大会使连接处发热量增加，使连接处温度上升。而温度上升又反过来使接触电阻进一步增大。形成恶性循环。这种现象如果得不到及时处理，就会酿成负荷开关与铜排连接处烧断，从而导致非正常停电的重大事故。

处理方法：去除氧化层，并在结合面上涂导电膏。

（5）负荷开关与铜排连接处固定不紧。负荷开关与铜排连接处固定不紧会导致连接处接触电阻增大。这种情况的演变和后果与负荷开关与铜排连接处接触不良相同。

处理方法：紧固连接。

2．支柱绝缘子闪络

负荷开关导电部分与基座之间是靠支柱绝缘子连接并形成绝缘的。当支柱绝缘子脏污或有裂纹时，就会产生爬电或闪络现象。如果爬电或闪络现象得不到及时处理，就会引起接地事故的发生。支柱绝缘子闪络产生的具体原因及相应的处理方法如下：

（1）绝缘子表面脏污或有杂物。绝缘子表面脏污或有杂物，使得绝缘子的绝缘性能下降，从而引发闪络事故。

处理方法：清洁绝缘子并擦干。

绝缘子的污秽闪络（即由脏污引起的闪络）的进一步演化过程如下：

1）绝缘子表面的污染过程。

2）绝缘子表面受污层的湿润过程。

3）局部放电过程。

4）局部放电发展为贯穿性放电的过程。

常用的防污闪技术措施如下：

1）调整绝缘子的爬电距离。或更换成抗污闪性能更好的绝缘子，如大爬距绝缘子、防尘绝缘子等。

2）清扫、净化绝缘子。

3）采用各种防污闪涂料。如硅油、硅脂地蜡等。

（2）绝缘子表面有裂纹。绝缘子表面有裂纹，也会使得绝缘子的绝缘性能下降，从而引发闪络事故。

处理方法：更换绝缘子。

说明：绝缘子发生闪络现象后，闪络处温度会上升，导致绝缘子因各部位不均匀受热、温度差异较大而爆裂。

3．负荷开关拒绝分、合闸

负荷开关拒绝分、合闸，一般是由于负荷开关操作机构故障或控制回路（若为电动操作机构）故障所引起。具体原因及相应的处理方法如下：

（1）负荷开关操作机构故障。

处理方法：修复操作机构。

（2）负荷开关传动机构故障。

处理方法：修复传动机构。

（3）控制设备或控制回路故障。

处理方法：修复控制设备或控制回路。

6.8　电力电容器与电容补偿柜的运行及事故处理

在电力系统和工业企业用户中，电力电容器主要用来提高电网的功率因数。众所周知，绝大多数用电设备不仅需要消耗有功功率，而且还需要消耗一定的无功功率。一般情况下，用电设备消耗的无功功率主要为感性无功功率。在电网中通过并联电容器或电容器组，可以提高电网的功率因数，从而降低线路损耗和电压损失，提高电网运行的经济性和电能质量。

电容补偿柜是把补偿电容器与开关电器和控制电器组装在一面柜内。

6.8.1　通过并联电容器或电容器组提高功率因数的原理

电力电容器与电网或用电设备并联运行，提高电网运行的经济性和电能质量的原理是：利用电容器或电容器组产生的容性无功功率来补偿电网中的感性无功功率的方法，从而减小电能传输过程中的电流，提高功率因数，减少电网损耗，减小线路的电压损失。分析如下。

视在功率 S 与有功功率 P 及无功功率 Q 三者之间的关系如下

$$S = \sqrt{P^2 + Q^2} \tag{6-1}$$

式中 S——视在功率；

P——有功功率；

Q——无功功率。

有功功率 P 和无功功率 Q 与功率因数 $\cos\varphi$ 和视在功率 S 的关系如下

$$P = S\cos\varphi \tag{6-2}$$

$$Q = S\sin\varphi \tag{6-3}$$

$$Q = Q_L - Q_C \tag{6-4}$$

式中 φ——功率因数角；

$\cos\varphi$——功率因数；

Q_L——电网所需的感性无功功率；

Q_C——电容器或电容器组提供的容性无功功率。

三相电路中电流 I 如下

$$I = \frac{S}{\sqrt{3}U} \tag{6-5}$$

式中 I——电路中的电流；

U——电网的电压。

由式（6-4）可以看出：当电容器或电容器组提供的容性无功功率合适时，电网总无功功率 Q 小于补偿前的无功功率 Q_L。而从式（6-1）可得出：电网总无功功率 Q 的减小，使电网的总视在功率 S 减小（假设有功功率 P 不变），从而使电路中的电流 I 减小（见式6-5），线路损耗 $P_{损}$（与线路中的电流的平方成正比）和线路电压降 ΔU（与线路中的电流成正比）减少，从而提高电网运行的经济性和电能质量。

此外，由式（6-2）可以看出：当有功功率 P 不变时，若视在功率 S 减小，则功率因数 $\cos\varphi$ 上升。

若电网的功率因数从 0.6 提高到 0.8，线路损耗几乎下降一半。由此可见，通过并联电容器或电容器组提高功率因数带来的经济效益是十分明显的。

6.8.2 电力电容器的运行及事故处理

6.8.2.1 电力电容器的操作及注意事项

1. 新装电容器或电容补偿柜投入运行前的检查

（1）新装电容器或电容补偿柜投入运行前应按交接试验项目进行试验并合格（检修后的电容器或电容补偿柜投入运行前应按预防性试验项目进行试验并合格）。

（2）电容器或电容补偿柜及附属设备情况良好，电容器无渗、漏油现象。

（3）各连接部位接触良好，连接牢固。

（4）放电电阻的容量和电阻值应符合规程要求，并经试验合格。

（5）保护配备完整并动作正常。

（6）所处环境通风良好、干燥。

（7）接地部分接地良好。

2．电容器或电容补偿柜的操作

电容器在操作过程中会产生操作过电压和合闸涌流，该涌流可达电容器组额定电流的几倍，甚至几十倍，以致引起所在电网电气设备绝缘损坏和电容器击穿。因此，在电容器组或电容补偿柜的操作过程中应特别仔细。

（1）电容器组或电容补偿柜的投入或退出是根据所在电网电压和功率因数决定的，当变电所全部停电操作时，应首先拉开电容器组或电容补偿柜，然后再进行其他电气设备的停电操作；当变电所恢复供电时，应首先将其他电气设备投入运行，再根据电压和功率因数情况决定是否投入电容器组或电容补偿柜以及投入的组数（若电容器组或电容补偿柜带有自动控制装置，则会根据电压和功率因数情况自动投入合适的组数）。

（2）发生下列情况之一时，应立即将电容器组或电容补偿柜退出运行：

1）电容器组母线电压超过其额定电压的 1.1 倍或超过规程规定值。

2）通过电容器组的电流超过电容器组额定电流的 1.3 倍。

3）电容器温度超过规定的允许值。

4）周围环境温度超过规定的允许值。

5）电容器内部有异常声音或放电声。

6）电容器外壳明显膨胀。

7）电容器瓷套管发生严重放电或闪络。

8）电容器喷油、起火或油箱爆炸。

（3）发生下列情况之一时，在没有查明原因的情况下不得将电容器组或电容补偿柜投入运行：

1）当电容器或电容器组开关跳闸后。

2）熔断器熔丝熔断后。

（4）禁止带电荷进行合闸操作。电容器组或电容补偿柜在每次拉闸后，必须通过放电装置进行放电，待电荷消失后才能再进行合闸操作。

6.8.2.2　电力电容器运行中的检查、维护项目及注意事项

电力电容器在运行中，要加强检查和维护，及时发现异常和缺陷并进行处理，防

止异常和缺陷转化为事故。具体检查项目如下：

(1) 各连接部位应接触良好，无发热现象。

(2) 电容器或电容补偿柜及附属设备情况良好。

(3) 电容器无渗、漏油现象。

(4) 电容器内部无异常声音或放电声。

(5) 电容器瓷套管无放电或闪络现象。

(6) 电容器外壳应无变形。

(7) 带有自动控制装置的电容器组或电容补偿柜应能根据电压和功率因数的变化，自动控制电容器的投入运行的组数，使电压和功率因数在规定的范围内。

(8) 接地部位接地良好。

6.8.2.3　电力电容器异常及事故处理

1．电容器与导体连接处过热

(1) 原因：连接部位松动或氧化、腐蚀。

(2) 危害：长期发热可能会导致连接处熔断。

(3) 预防和处理：预防的办法是加强运行中的巡视，及早发现发热现象并进行紧固和去氧化、腐蚀处理，并涂上导电膏。

2．瓷套管放电或闪络

(1) 原因：瓷套管放电或闪络的原因有：瓷套管表面脏污、受潮，瓷套管损坏（如有裂纹等）。

(2) 危害：放电或闪络长期得不到处理，会导致导电部分发生接地故障。

(3) 处理：若是由于脏污、受潮引起，则将电容器组或电容补偿柜退出后运行进行清洁、干燥处理；若是由于瓷套管损坏（如有裂纹等）引起，则将电容器组或电容补偿柜退出运行后更换损坏部件。

3．电容器渗、漏油

(1) 原因：外壳因质量不合格、长期得不到维护引起锈蚀等导致外壳破损而引起渗、漏油。

(2) 危害：导致电容器因内部油量减少而电容量下降、绝缘下降。长期得不到处理会造成电容器失效或损坏。

(3) 处理：更换电容器。

4．电容器温度急剧上升，严重时电容器向外喷油

(1) 原因：一般是由于电容器过电流或通风不良造成。

(2) 危害：长期得不到处理会造成电容器失效或损坏。

(3) 处理：若为过电流引起，则查明原因后进行处理；若为通风不良造成，则设

法保持通风良好。

5. 电容器外壳膨胀

（1）原因：一般是由于电容器内部有严重故障引起。

（2）危害：电容器失效，补偿作用下降。

（3）处理：更换电容器。

6. 电容器爆炸

（1）原因：一般是由于电容器内部有严重故障引起。

（2）危害：电容器失效，补偿作用下降，甚至引发火灾。

（3）处理：更换电容器。

7. 母线电压和功率因数异常

（1）原因：一般是带自动控制装置的电容器组或电容补偿柜的自动控制装置故障，从而导致控制失调引起。

（2）危害：不仅起不到补偿无功功率的作用，还会使电网质量下降、经济性变差。

（3）处理：将电容器组或电容补偿柜退出运行后，修复自动控制装置。

6.9 直流系统的运行及事故处理

在电力系统中，为了供给控制、信号、保护、自动装置、事故照明、直流事故油泵和交流不间断电源等用电，要求配备可靠的直流电源。为此，发电厂和变电所通常采用具有可充电性能的蓄电池作为直流电源。目前，充电装置一般采用可控硅高频充电装置；蓄电池一般采用免维护铅酸电池，运行维护工作量大大简化。

在电力系统中，直流系统一般由充电装置、蓄电池组及各种测量、控制、保护和信号单元等组成。

图 6-2 所示为某一热电厂的直流系统图。该直流系统由两组高频充电电源、一组蓄电池组和若干控制、保护及测量和信号装置以及绝缘监测装置等组成。

直流系统根据所用直流电源的不同，主要分为下列几类：

（1）蓄电池直流系统。主要用于发电厂和 110kV 及以上变电所。

（2）电容储能直流系统。主要 110kV 以下的终端变电所和用直流电源的单个设备。

（3）复式直流系统。主要 110kV 以下的终端变电所和用直流电源的单个设备。

本书主要讨论蓄电池直流系统。对于其余类型的直流系统，请参考相关书籍。目前一般采用免维护铅酸电池组，因此，其运行、维护较为简单。

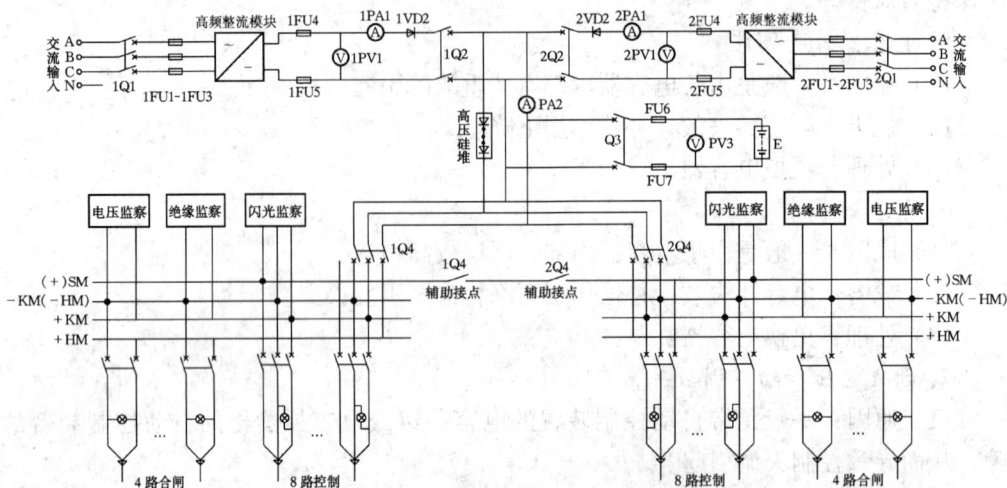

图6-2 某热电厂的直流系统图

6.9.1 直流系统运行中的检查、维护项目及注意事项

为了保证直流系统投入使用后，能安全可靠地工作，以确保电气设备的控制、保护及信号装置和自动装置动作正常，直流系统在投入运行前必须经过仔细、全面的检查，具体要求如下：

（1）蓄电池室通风应良好，并应经常保持清洁。

（2）各连接部位连接良好，无松动现象。

（3）每节蓄电池液位在正常范围内，无渗、漏液现象。

（4）各组成部分工作正常。

（5）蓄电池本体无裂纹、无脏污及无破损现象。

（6）控制部分动作正常。

（7）应定期对蓄电池组进行充、放电试验。

6.9.2 直流系统异常及事故处理

1．直流系统有关导体连接处过热

（1）原因：连接部位松动或氧化、腐蚀。

（2）危害：长期发热可能会导致连接处熔断。

（3）预防和处理：预防的办法是加强运行中的巡视，及早发现发热现象并进行紧固和去氧化、腐蚀处理，并涂上导电膏。

2．蓄电池组温度偏高

（1）原因：一般是由于直流过负荷或通风不良造成。

（2）危害：长期得不到处理会造成蓄电池寿命下降或损坏。

（3）处理：若为直流过负荷引起，则应减少直流负荷；若为通风不良造成，则设法保持通风良好。

3．蓄电池外壳膨胀

（1）原因：一般是由于蓄电池内部有严重故障引起。

（2）危害：长期得不到处理会造成蓄电池损坏或直流电压不正常。

（3）处理：更换蓄电池。

4．蓄电池爆炸

（1）原因：一般是由于蓄电池内部有严重故障导致蓄电池严重发热引起。

（2）危害：造成蓄电池损坏或直流电压不正常，甚至引发火灾。

（3）处理：更换蓄电池。

5．母线电压异常

（1）原因：一般是高频直流电源控制系统故障所致。

（2）危害：影响电气设备的控制、保护及信号装置和自动装置的正常工作，严重时，会导致控制、保护及信号装置和自动装置失灵。

（3）处理：将高频直流电源退出运行后，修复控制装置。

6．蓄电池渗、漏油

（1）原因：外壳因质量不合格、外壳受到撞击等导致外壳破损而引起渗、漏液。

（2）危害：长期得不到处理会造成蓄电池失效或损坏。

（3）处理：更换蓄电池。

7．绝缘监测装置报警

（1）原因：某一直流回路绝缘下降超过规定值。

（2）危害：直流系统发生一点接地不会影响正常使用，但长期得不到处理，就有可能发生第二点接地，从而导致直流系统短路。

（3）处理：检查相关回路，将绝缘处理合格。

小　　结

母线在运行中应注意检查其各连接部位有无发热现象，一旦发现发热现象，应及时处理。

隔离开关严禁带负荷拉、合闸。隔离开关不能用来接通和开断负荷电流和故障电流。因此，除特殊情况外，隔离开关必须与断路器配合使用。

电压互感器在运行中，其二次回路严禁短路；电流互感器在运行中，其二次回路严禁开路。

电抗器和消弧线圈都是电感元件，但两者的用途不同。限流电抗器主要用来在电气回路发生短路故障时，限制短路电流，提高母线电压的；而消弧线圈则是用来补偿电网的对地电容电流。

重合器和分断器都能接通和开断负荷电流，而重合器又能接通和开断故障电流，但分断器只能接通故障电流却不能开断故障电流。分断器往往和重合器配合使用，在配合中分断器的动作次数应比重合器少一次或以上。在重合器、分断器投入运行前，应整定好动作次数。

防雷装置的工作原理就是，设法将各种类型的雷击引向防雷装置自身，并通过接地装置将高电压、大电流的雷电波引入大地，从而使被保护的电气设备免遭雷击。或者将高电压、大电流的雷电波在入侵电气设备前，通过防雷装置及其附属的接地装置引入大地，使被保护的电气设备免遭雷电波入侵。防雷装置必须与接地装置配合使用方能起到防雷的作用。此外，在电力系统中，为了防止电气设备因绝缘损坏而导致设备外壳带电，从而威胁人身安全，一般都将电气设备的外壳接地或接零。另一方面，为了保证电力系统正常工作，在某些情况下也需要接地。如：变压器中性点直接接地或通过消弧线圈接地，防雷装置的接地等。

电气设备某部分经导体与大地良好的连接称为接地，它是由接地装置来实现的。

低压断路器与高压断路器一样既能接通和开断负荷电流，又能接通和开断故障电流。低压隔离开关不能用来接通和开断不负荷电流和故障电流。

接触器是一种可以频繁起动的控制电器，主要用于电动机的控制。

负荷开关是一种带有简单灭弧装置的开关电器。负荷开关的开断和接通电流的能力介于断路器与隔离开关之间，它能在额定电压下接通和开断负荷电流，但不能开断故障电流和短路电流。

电力电容器组和电容补偿柜是用来提高电网的功率因数，以减少电网的损耗和线路电压损失。电力电容器组或电容补偿柜一般是并联在母线上或直接并联在负荷（如电动机）处，它应根据电压和功率因数的变动情况调整投入运行的电容器组数。

在电力系统中，直流系统是用来供给各个电气设备的控制、信号、保护、自动装置电源和事故照明、直流事故油泵和交流不间断电源等用电。

在电力系统中，蓄电池直流系统一般由充电装置、蓄电池组及各种测量、控制、保护和信号单元等组成。

6－1　母线及其绝缘子在运行中的检查项目有哪些？

6－2　简述母线连接处发热的原因及其危害？如何预防母线连接处发热？母线连接处发热如何处理？

6－3　为什么不能用隔离开关来拉、合负荷电流和故障电流？

6－4　隔离开关在运行中的检查项目有哪些？

6－5　简述隔离开关和断路器配合操作及注意事项。

6－6　在拉开隔离开关的操作过程中，若在动、静触头刚刚分开的瞬间有电弧产生，应如何处理？

6－7　互感器的主要用途是什么？

6－8　无论是电压互感器，还是电流互感器二次侧必须有一端接地，为什么？

6－9　简述电压互感器熔丝熔断的原因、后果及处理方法。

6－10　为什么电流互感器在运行中，其二次回路严禁开路？

6－11　电流互感器在运行中的检查项目有哪些？

6－12　电抗器的主要作用是什么？

6－13　简述电抗器支持瓷瓶炸裂的原因及处理方法。

6－14　简述在系统过补偿方式运行时线路停、送电操作时操作步骤。

6－15　简述在系统欠补偿方式运行时线路停、送电操作时操作步骤。

6－16　必须立即将消弧线圈退出运行的故障有哪些？

6－17　重合器具有哪些功能？

6－18　简述重合器与导体连接处发热的原因、危害预防措施和处理方法。

6－19　简述分段器的操作及注意事项。

6－20　举例分析重合器与分段器的配合使用。

6－21　简述防雷装置的工作原理。

6－22　防雷装置主要由哪些部分组成？

6－23　低压断路器在运行中的检查项目有哪些？

6－24　为什么不能用低压隔离开关接通和开断负荷电流和故障电流？

6－25　接触器由哪些部分组成？

6－26　负荷开关的特点是什么？

6－27　简述采用在电网上并联电容器组或电容补偿柜补偿无功功率，提高电网的功率因数的原理。

6‐28 电容补偿装置是根据什么来决定投入运行的电容器组数的？

6‐29 在电力系统中，直流电源系统的作用是什么？

6‐30 简述直流电源系统在运行中的检查项目和注意事项。

第 7 章

电动机的运行及事故处理

在工农业生产的各行各业中，大量使用各种类型的电动机，而其中绝大部分是鼠笼型异步电动机。因此，掌握鼠笼型异步电动机的操作、运行管理及异常和事故处理就显得尤为重要。

7.1 电动机的运行方式

7.1.1 电动机的运行方式

电动机的运行方式大致可分为：正常运行方式（一般情况下指额定运行方式）、异常运行方式和事故运行方式三大类。

1. 电动机的正常运行方式

（1）电动机的正常运行方式：是指电动机在该运行方式下，各种运行参数都在该电动机所允许的范围内。如：加在该电动机上的电压等于其额定电压；电动机的电流不大于该电动机的额定电流；电动机的输出功率不大于其额定功率。除上述电气参数外，在正常运行情况下还要求电动机的温度、温升以及振动等均不得超过其允许值（一般情况下都明显小于其允许值）。

一台合格的电动机在正常运行方式下，可以长期、连续运行。

（2）电动机的额定运行方式：电动机的额定运行方式是正常运行方式的一种特例。是指电动机的各种电气运行参数（电压、电流及功率等）均为其额定值；而电动机的温度、温升以及振动等均不得超过其允许值。

在额定运行方式下，电动机的效益最高。因此，应尽量使电动机处于额定运行状态。

（3）电动机的空载运行方式：电动机的空载运行方式，也是正常运行方式的一种特例。是指电动机不带负载（即负载为零）的一种运行方式。

2．电动机的异常运行方式

电动机的异常运行方式是指电动机在运行中，某一项（或若干项）参数超过其允许值的一种运行方式。如加在电动机上的电压不等于其额定电压；电动机的电流超过其额定电流；电动机的输出功率大于其额定功率等；或者电动机的温度、温升以及振动等超过允许值。

异常运行会缩短电动机的使用寿命。大多数情况下，异常运行若得不到及时处理，会转化为事故。因此，电气运行人员应密切监视电动机的运行状态，一旦发现异常运行现象应及时处理，防止转化为事故。

3．电动机的事故运行方式

电动机的事故运行方式是指运行中的电动机的某一项（或若干项）参数超过其允许值的程度已达到足以使电动机损坏的程度。

电动机的事故主要分为：短路、断线、绝缘击穿等电气事故以及各种机械故障（如轴承损坏、转子断裂和电动机扫膛——即定子与转子相摩擦等）。

只要电动机的保护配置合理，动作正常，电动机一旦发生事故，就会自动停机。因此，从某种意义上来讲，电动机不存在事故运行方式。但是，电动机总是在发生事故以后保护才动作停机的。而且，分析和处理事故，防止事故的进一步扩大是电气运行人员所必须掌握的知识。因此，在本书中，我们把电动机的事故作为一种运行方式。

7.1.2 电动机的绝缘电阻允许值

构成电动机绕组的各导体间、各绕组间以及绕组与铁芯间均有对应的绝缘要求。在电动机制造、安装的相应环节，都应测量电动机的绝缘电阻，以作为判定电动机的制造质量和安装质量。此外，长期停运的电动机有可能因受潮等原因而使电动机的绝缘下降。因此，为了防止电动机因绝缘下降而发生相间或相对地（如外壳、铁芯等）发生短路或接地电动机在投入运行前，运行人员应测量其绝缘电阻，以检查其绝缘的好坏。

交付运行的电动机的绝缘电阻要求如下：

（1）额定电压为 380V 的电动机的绝缘电阻：不小于 0.5MΩ（用 500 伏摇表测量）。

（2）额定电压大于等于 3kV 的电动机的绝缘电阻：每千伏不小于 1MΩ（用 1000 伏摇表测量）。

（3）绝缘电阻低于允许值，电动机不允许投入运行。

7.1.3　电动机对电源电压、频率的要求

7.1.3.1　允许运行参数

电动机要能正常工作，对电源电压、频率有一定的要求。电动机在运行中，加在电动机定子绕组上的电压最好能维持在额定电压；频率为额定工频（我国工频为50Hz）。然而，电网电压和频率总是在一定的范围内变化的，因此加在电动机上的电压并非是固定不变的，但电动机对电源电压、频率的变化范围有一定的要求，电源电压、频率超出了要求的范围，电动机就会进入异常运行状态，严重时会产生事故。

（1）电源电压大小的要求：要求电源电压在 $-5\%\sim+10\%$ 的额定电压范围内。当电源频率在允许范围内时，电源电压在 $-5\%\sim+10\%$ 的额定电压范围内变化时，电动机的额定带负载能力不受影响。

（2）电源频率的要求：要求电源频率偏离额定频率的范围在 $\pm0.5Hz$ 范围内。当电源电压在允许范围内时，电源频率在偏离额定频率 ±0.5 Hz 范围内时，电动机的额定带负载能力不受影响。

（3）相间电压不平衡性要求：要求相间电压的不平衡度不超过 5%。当其他各项参数满足要求时，只要相间电压的不平衡度不超过 5%，电动机的额定带负载能力不变。

（4）对电流的要求：要求电流不大于电动机的额定电流。

（5）相间电流不平衡性要求：当其他各项参数满足要求时，只要相间电流的不平衡度不超过 10%，并且任何一相电流值不超过额定值时，电动机的额定带负载能力不变。

上述各项要求中，电源频率主要由电力系统决定，用户较难干预；电压的大小除主要由电力系统决定外，用户可通过调整用户变压器的分接头或无功补偿程度（若装设有无功补偿装置的话）来进行调节；至于相间电压不平衡性和相间电流不平衡性超过要求，往往说明电动机或其供电回路异常或故障。在运行中，电动机最易发生的是电流超过额定值——即电动机过载运行，因此，电气运行人员在对上述参数进行监视时，应重点监视电动机的电流，防止电动机过载运行。

7.1.3.2　电压变化对电动机运行性能的影响

电动机在运行中，若遇到电压升高或降低，会对电动机的性能产生影响。下面分别说明电压偏离额定值时，对电动机有关性能的影响。为了简单起见，在讨论电压变化的情况时，假定电源的频率不变，电动机的负载力矩也不变。

1. 电源电压下降对电动机运行性能的影响

假设电动机的负载力矩恒定不变，若电压降低，则电动机的电磁力矩下降，使电

动机从图 7-1 中的 1 点变到 2 点运行。由于 2 点的电磁力矩 M_{dc} 小于负载力矩 M_{FZ}，必然引起电动机转速的下降，转差率 s 的增加。当转差率从 s_1 点增加到 s_3 点时，电动机的电磁力矩 M_{dc} 与负载力矩 M_{FZ} 相平衡，则电动机进入新的稳定点 3 运行。

在进入点 3 运行后，由于转差率增加（$s_3 > s_1$），使电动机转子感应电动势增加，转子电流增加，从而引起定子电流的增加，于是电动机绕组的温度就会上升（有可能超过允许值），对电动机的正常运行不利。所以，要求电动机所接的电源电压不得低于额定电压的 5%。

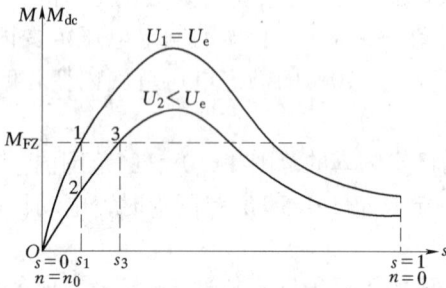

图 7-1 电压下降时电动机的
电磁力矩曲线

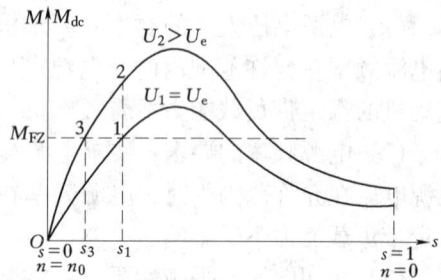

图 7-2 电压上升时电动机的
电磁力矩曲线

注意：若电动机所带的负载为可变负载（如发电厂的送风机、引风机等），电源电压下降，虽然电动机的定子电流、转子电流不会增加，电动机绕组的温度也不会上升，但会使电动机的出力下降，影响正常的生产。因此，电源电压下降超过一定值也是不利的。

2. 电源电压上升对电动机运行性能的影响

如图 7-2 所示，假设电动机所带的负载力矩恒定不变，若电压上升，则电动机的电磁力矩上升，使电动机从图 7-2 中的 1 点变到 2 点运行。由于 2 点的电磁力矩 M_{dc} 大于负载力矩 M_{FZ}，必然引起电动机转速的上升，转差率 s 的减小。当转差率从 s_1 点减小到 s_3 点时，电动机的电磁力矩 M_{dc} 与负载力矩 M_{FZ} 相平衡，则电动机进入新的稳定点 3 运行。

在进入点 3 运行后，由于转差率减小（$s_3 < s_1$），使电动机转子感应电动势减小，转子电流减小，定子电流也因此而降低，于是电动机绕组的温度也下降了。但另一方面，由于电源电压的升高，又使电动机定子铁损增加（定子铁损与电压的平方成正比），则铁芯的温度就会上升。只要电源电压升高不超过额定电压的 10%，虽然铁芯的温度上升，但由于绕组的温度下降，对电动机总体的温度影响不大。但是，如果电

源电压升高超过额定电压的 10%，则会引起铁芯的深度饱和，使激磁电流急剧上升，定子铁芯的温度也随之急剧上升，这样，由于铁损产生的高温，就会影响电动机的绝缘水平和使用寿命。因此，电动机所加的电源电压不得超过额定电压的 10%。

3．电压变动对电动机各项参数的影响

（1）对磁通的影响。电动机铁芯中磁通的大小决定于感应电动势的大小，磁通和感应电动势成正比地变化。而在忽略定子绕组漏阻抗压降的前提下，电动势就等于电动机的电压。所以，磁通与电压成正比。电压升高，磁通增大；电压下降，磁通减小。

（2）对电磁力矩的影响。不论是起动电磁力矩、运行时的电磁力矩或是最大电磁力矩，都与电压的平方成正比。电压越低，电磁力矩越小。由于电压降低，起动力矩减小，会使电动机的起动时间延长。如当电压降低 20% 时，起动时间将增加 3.75 倍。要注意的是：当电压降低到一定程度时，电动机的最大力矩小于阻力力矩，于是电动机就会停止运转。而在某些情况下（如负载是在有水压情况下的水泵时），电动机还会发生倒转，从而引起事故。

（3）对转速的影响。从前面的分析可知，当电压降低时，电动机的转速会下降（转差率上升），因为电压降低使电磁力矩减小。但电压的变化对转速的影响较小。例如，对于额定转差率为 2% 而最大力矩为两倍额定力矩的电动机，当电压降低 20% 时，电动机的转速仅下降 1.6%。

（4）对出力的影响。电动机的出力即电动机机轴的输出功率，它与电压的关系和转速与电压的关系相似。随着电压的下降出力也下降。但是，电压在一定范围内变化对出力的影响不明显，然而当电压降低严重时，出力下降明显，甚至使电动机停止运转。

（5）对定子电流的影响。电动机定子电流是空载电流与负载电流的向量和。其中负载电流与转子电流相对应，负载电流的变化与电压的变化相反。即电压升高，负载电流减小；电压降低，负载电流增大。而空载电流（即电动机的激磁电流）的变化趋势与电压的变化相同。即电压升高，空载电流增大；电压降低，空载电流减小。这是因为空载电流与磁通的变化相同，而磁通又与电压的变化相同。

当电压降低时，电磁力矩减小，转差增大，转子电流和定子负载电流都增大，而空载电流减小。通常前者占优势，因此，当电压降低时，定子电流通常是增大的。

当电压升高时，电磁力矩增大，转差减小，转子电流和定子负载电流都减小，而空载电流增大。但电压升高时要分两种情况：当电压偏离额定值不大时，磁通增大不多，铁芯尚未进入饱和，空载电流的增长与电压成比例，此时，负载电流占优势，定子电流总的趋势是减小的；但当电压偏离额定值较大时，磁通增大很多，铁芯进入饱和（甚至深度饱和），导致空载电流快速上升，以致空载电流的上升占据了主导地位，这时，定子电流总的趋势是增加。所以，当电压升高时，定子电流开始略有减小，而后上升。此时，功率因数变坏（下降）。

（6）对无功功率的影响。电动机吸取的无功功率，一是漏磁无功功率（建立漏磁场），二是磁化无功功率（建立主磁场），主磁场使电动机定、转子之间实现电磁能量的转换成为可能。

漏磁无功功率与电压的平方成反比地变化，而磁化无功功率与电压的平方成正比地变化，作为一台合格的电动机，无功功率中绝大部分是磁化无功功率。根据实测情况：电压在一定范围内变化时，从系统吸取的总的无功功率变化不大。但当电压升高到一定程度时，由于铁芯饱和的影响，磁化无功功率可能不与电压的平方成正比地变化，增加一定量的磁通所需的激磁电流急剧上升，导致电动机从系统吸取的总的无功功率大大增加。

（7）对电动机效率的影响。根据实测情况：若电压降低，电动机在负载较轻时（<40%），效率会增加一些；而当负载在正常情况下，随差电压的降低，效率开始快速下降。

（8）对发热的影响。在电压变化不大时，铁耗和铜耗基本可以互相抵消，温度变化不大，因此，当电压在额定值的±5%范围内变化时，电动机的额定出力可保持不变。但当电压降低超过额定值的5%时，就要限制电动机的出力，否则，由于定子电流的升高，可能导致电动机定子绕组过热；当电压升高超过额定值的10%时，由于磁饱和，使铁耗大大增加，这时也要限制电动机的出力，以降低铜耗，用来补偿铁耗的增加。

7.1.3.3 频率变化对电动机运行性能的影响

当电源电压为额定值时并保持不变时，电动机的感应电动势与频率的关系如式（7-1）

$$E = 4.44KfN\Phi \tag{7-1}$$

式中　K——电动机定子绕组系数；

　　　N——电动机定子绕组匝数。

对于某一电动机而言，K 和 N 均为常数。

式（7-1）可以变化为

$$f\Phi = \frac{E}{4.44KN} = \frac{E}{K'}$$

根据电动机的原理，当电动机的外加电压不变时，电动机的感应电动势 E 基本不变。因此，上式可以转化为

$$f\Phi = \frac{E}{4.44KN} = K'' \qquad (7-2)$$

式中，$K'' = E/(4.44KN)$ 为一常数，因此，当电动机的外加电压不变时，频率与磁通成反比。

当电动机的外加电压为额定值且不变时，由式（7-2）可知：外加电源频率的下降必然导致电动机每极磁通 Φ 的相应增加，而磁通 Φ 的增加，又会使产生磁通的激磁电流增加。由于激磁电流是无功增加性质的电流，激磁电流的增加会引起无功电流的增加，从而引起功率因数（$\cos\varphi$）的下降。另一方面，由异步电动机的转速公式

$$n = n_1(1-s)$$

$$n_1 = \frac{60f}{p}$$

式中　p——电动机的磁极对数，对于某一电动机而言，p 为常数；

　　n_1——电动机的同步转速。

由于上面两式可知：当电源频率下降时，电动机的同步转速 n_1 亦随之下降，从而引起电动机的转速 n 下降，而电动机转速的下降又会引起电动机风扇提供的风量减小，使电动机散热困难，温升增加。

总之，频率过低，将使电动机的定子电流增加、功率因数下降、效率降低和温度升高。所以，电源频率过低是不允许电动机投入运行的。

此外，频率升高亦会对电动机带来不利的影响。但在目前的电力系统中，频率升高到超过允许程度的情况已很少发生，故在此不再分析。

7.1.3.4　三相电压、电流不平衡对电动机运行性能的影响

电压不平衡的原因，主要是由于电源电压的不对称引起的；而三相电流的不平衡的原因，则往往由于负荷（如电动机）的不对称引起的。无论是电压不平衡，还是电流不平衡，都会导致电动机磁通的不对称分布，引起电动机的局部发热，并使电动机的振动增加。严重情况下会损坏电动机。三相电压不平衡计算公式如下

$$\Delta U\% = \frac{U_x - U_p}{U_p} \times 100\% \qquad (7-3)$$

其中

$$U_p = \frac{U_a + U_b + U_c}{3}$$

式中　U_x——任一相的相电压；

　　U_p——三相平均电压。

$$\Delta I\% = \frac{I_x - I_p}{I_p} \times 100\% \qquad (7-4)$$

其中
$$I_p = \frac{I_a + I_b + I_c}{3}$$

式中　I_x——任一相的相电流；

　　　I_p——三相平均电流。

对电动机三相电压不平衡的要求是：$\Delta U\% \leqslant 5\%$；对电动机三相电流不平衡的要求是：$\Delta I\% \leqslant 10\%$。此外，电动机任一相的相电压和相电流的大小也要求在允许范围内。

根据笔者在日常检修、安装中的经验，若接于同一配电系统中的其他电动机三相电压正常，而某台电动机的三相电压不正常（一般是某一相或两相偏低），往往是该电动机的一次供电回路有接触不良现象，如电缆连接不良、开关接触不良等。若电动机的三相电压正常，而三相电流不平衡，往往是该电动机的一次供电回路有接触不良现象，如电缆连接不良、开关接触不良等，或者是电动机内部有断线（断线相电流偏小，甚至为零）或局部短路现象（局部短路相电流偏大）。若电动机的三相电压正常，而电动机的三相电流均超过允许值，往往是负载偏大造成的，此时要设法减小电动机的负载，使电动机的负载在额定负载范围内。

7.1.4　电动机的允许温度及温升

电动机在运行中，总是存在着铁损（即铁芯损耗，由磁通引起）和铜损（即电流流经电阻的损耗），铁损和铜损都会转化为热量，从而引起电动机温度的升高。因此，电气运行人员应密切监视运行中的电动机的温度及温升。防止电动机的温度或温升超过允许值。

7.1.4.1　电动机发热的原因及危害

电动机在运行中，其定子绕组和转子绕组中均有电流流过，由于定子绕组和转子绕组中都有电阻的存在，因此，电流流过绕组就会在电阻上产生功率损耗（称为铜损），这部分功率损耗全部转化为热量。另一方面，电动机在运行中，定子铁芯和转子铁芯中存在着磁通，磁通的存在会是电动机产生铁芯损耗（简称为铁损），铁芯损耗也都转化为热量。铁损和铜损属于电气损耗。此外，电动机在转动时，由于轴承的摩擦、风扇与空气的阻力摩擦都将产生机械损耗，其大小由电动机的转速决定。转速越快，机械损耗越大。机械损耗也都转化为热量。电气损耗和机械损耗都将转化为热量，从而使电动机的温度上升。

此外，电动机在运行中虽然温度相同，但在不同的环境温度下，其温升并不相同。温升比温度更能反映出电动机的发热量，从而更能反映出电动机的异常和故障。

所谓温升，就是电动机的温度与周围环境介质温度的差值。

综上所述，电动机在运行中所产生的电气损耗和机械损耗都以热能的形式表现出来，都将转化为热量，从而使电动机的温度上升。由于电动机的绝缘材料在高温的作用下会加速其老化、变脆、开裂，从而导致电动机绝缘的下降。过分的高温会使电动机的绝缘当即损坏，从而造成电动机绕组间或绕组对铁芯（或外壳）间的绝缘击穿，损坏电动机。所以，对运行中的电动机应密切监视其温度和温升。电动机在运行中，即不能使温度超过允许值，也不能使温升超过允许值。

7.1.4.2 电动机温度和温升的测量和计算

电动机的额定出力是由制造厂规定的。其允许值是在周围环境介质的温度（计算值有 35℃ 和 40℃ 两种）下设计而成的。温度和温升直接影响差电动机的出力。

电动机各部分的温度的测量方法，有电阻测量法、温度计测量法等。日常工作中，人们还常用手感法来大致判断电动机的温度。

在一般的日常运行监视中，因电阻法测量比较麻烦。因此，在绝大多数情况下较少使用。只有在有特别要求的情况下才使用。在日常运行管理中，电气运行人员判断电动机温度或温升（用测量的温度减去周围环境温度即可）往往是先用手感法来大致判断电动机的温度，当怀疑温度或温升有可能超过允许值的时候，再用温度计法进行测量计算。

1. 电阻法

先用电桥测量出电动机绕组的冷态（所谓冷态，即电动机温度与周围环境介质温度一致的状态，该状态下电动机不产生热量。）直流电阻 R_1，再测量出电动机绕组的热态（所谓热态，即电动机处于运行中的状态，该状态下电动机产生热量。）直流电阻 R_2，最后利用公式（7-5）计算电动机绕组的温升值 θ。

$$\theta = \frac{R_1 - R_2}{R_1}(t - K) \tag{7-5}$$

式中　θ——绕组的温升值，℃；

　　　t——周围环境的温度，℃；

　　　K——温度系数，（铜线：$K=235$；铝线：$K=228$）。

用电阻法测量后计算出来的温升加上 5℃，就是电动机绕组最热点的温升。

2. 温度计测量法

用酒精温度计测量，将温度计插入电动机的吊装孔内进行。用温度计测量出来的温度，再加上 10℃，就是电动机绕组最热点的温度。用此温度减去周围环境温度就是最大温升。

3. 手感测量法

所谓手感测量法，就是用手去触摸电动机的各个部位来感测温度的一种方法。这种方法虽然精度不高（其精度与电气运行人员的经验有密切关系），但却是日常运行中最常用，也是最简便，同时也最需要经验的一种温度测量法。因此，作为电气运行人员应经常用手去触摸电动机的各个部位来感测温度，以提高自己的运行经验。此外，手感法还可用来大致判断电动机的振动情况。

电动机在运行中允许的温度和温升如表 7-1 所示。

表 7-1　　　　三相异步电动机最高允许的温度和温升（环境温度为 40℃ 时）

电动机部位	A级绝缘				E级绝缘				B级绝缘				F级绝缘				H级绝缘			
	T		θ		T		θ		T		θ		T		θ		T		θ	
	t	R	t	R	t	R	t	R	t	R	t	R	t	R	t	R	t	R	t	R
定子绕组	95	100	55	60	105	115	65	75	110	120	70	80	125	140	85	100	145	165	105	125
定子铁芯	100	100	50	60	105	115	65	75	110	120	70	80	125	140	85	100	145	165	105	125
滑动轴承	80	100	40	60	80	115	40	75	80	120	40	80	80	140	45	100	80	115	40	125
滚动轴承	95	100	55	60	95	115	55	80	95	120	55	80	95	140	55	100	95	165	55	125

注　1. t——用温度计法进行测量；R——用电阻法测量；T——最高允许的温度，℃；θ——最大允许温升，℃。

2. 对于滚动轴承的允许温度，还与轴承所用的润滑脂有关，对于某一特定的润滑脂，超过一定温度，润滑脂会熔化。

需要注意的是：当温度突然变化（一般是升高）时，即使电动机的温度和温升并没有超过允许值，也往往预示着电动机存在异常或故障。因此，当电气运行人员在巡视中发现电动机的温度突然升高时，应加强监护，分析原因、找到原因，并采取相应的措施，直到停止运行。

7.1.5　环境温度对电动机的性能的影响

环境温度对电动机带负载的能力具有很大的影响。电动机的出力，也即电动机带负载的能力并不总是按电动机的额定出力来衡量的，它受多种因素的影响。即使是一台完全合格的电动机，其带负载的能力也要受到环境温度的影响。通常所说的额定功率，是指电动机在周围冷却空气的温度为额定值（40℃），以及电源电压、频率也为额定值的情况下，电动机在确保正常寿命的前提下所能达到的出力。如前所述，电动机要保证正常的使用寿命且能安全运行，电动机的温度及温升都不能超过允许值，否则就会使电动机的绝缘加速老化甚至损坏。电动机某部位的温度和温升的关系如下

$$t = (t_0 + \theta)$$

式中　θ——电动机某部位的温升值，℃；

　　　t_0——周围环境的温度，℃；

　　　t——电动机某部位的温度，℃。

当电动机在出力不变的情况下，其某部位的温升 θ 基本恒定（或变化很小），这时，若周围环境温度 t_0 上升，则电动机某部位的温度 t 也跟着上升，在同样出力的情况下，电动机某部位的温度 t 就有可能超过允许值。为了保证电动机某部位的温度不超过允许值，只有降低电动机的允许温升，从而降低电动机的出力。因此，当周围环境温度高于设计温度时，电动机应当降低出力；同样，当周围环境温度低于设计温度时，电动机允许适当提高出力。当周围环境温度变化时电动机的定子电流（在电压不变时，电动机的定子电流允许值与出力基本成正比）可参照表 7-2 运行。

表 7-2　　　　　　　周围环境温度变化时电动机定子电流允许值

t（℃）	25 及以下	30	35	40	45	50
I/I_N（%）	108	106	104	100	94	86

注　t——电动机周围环境温度，℃；I/I_N——电动机定子电流允许值与额定电流之比。

值得注意的是：如因周围环境温度低于设计温度而提高电动机的出力时，电动机的温升就有可能超过允许值，使电动机各部分的温差加大。温升超过过高，会使电动机各部分的温差过大。而过大的温差又会使电动机各部位的应力过分增大，从而导致电动机使用寿命的减少甚至损坏。因此，根据运行经验，在没有必要的情况下，即使电动机周围环境温度低于设计温度，也不要轻易提高电动机的出力；但当周围环境温度高于设计温度时，则必须降低电动机的出力，以保证电动机的安全运行及正常使用寿命。

当运行中发现电动机的温度或温升超过允许值，而又因生产的需要无法降低负荷时，可采用加强通风冷却的方法来降低电动机的温度和温升，以保证正常生产。但这时应密切监视电动机的温度和温升，确保安全。

7.1.6　电动机的振动允许值

电动机在运行中，因电磁场的不平衡或机械负荷的不平衡，会产生振动。振动超过一定程度，就有可能损坏电动机。因此，电气运行人员应注意观察运行中的电动机的振动情况，发现异常及时处理。电动机振动的允许值与电动机的额定转速有密切的关系。电动机振动（轴承处的振动双振幅值）允许值不得大于表 7-3 中所列的数值。

表 7-3　　　　　　　　　　　　　　电动机振动最大允许值

电动机额定转速（r/min）	3000	1500	1000	750
径向振动双振幅值（mm）	0.050	0.085	0.100	0.120
轴向串值（mm）	4.000	4.000	4.000	4.000

注 1. 径向振动：垂直于电动机转轴方向的振动。

2. 轴向串动：顺轴方向的串动。

此外，电动机的振动与电动机定、转子之间的空气间隙及空气间隙的平衡度有密切关系。而电动机空气间隙及其平衡度的调整属于制造厂家、安装人员或检修人员的工作，考虑到本书的篇幅，在此不再讨论。

7.2　电动机的操作及运行维护

7.2.1　电动机的起动

当异步电动机接入电源，转子从静止状态开始旋转，升速直到稳定运行于某一转速，这一过程，称为电动机的起动。起动性能是评价电动机性能好坏的主要指标之一。

7.2.1.1　电动机的起动电流

异步电动机在起动瞬间，因转子尚未转动，此时的转差率 $s = 1$，电动机的转子电流和定子电流（称为起动电流）都达到最大值（等于电动机堵转时的电流）。电动机的起动电流 I_{dq} 可达到额定电流的 4～7 倍❶。随着电动机转速的提高，起动电流 I_{dq} 迅速下降。电动机起动过程所需的时间约在十几秒左右❷。过大的起动电流会引起电动机所在电网电压的显著下降，从而影响同电网其他电气设备的正常运行。因此，在某些情况下（如电动机容量在电网中所占比例过大等），有必要限制电动机的起动电流。对鼠笼型异步电动机来说，常用的限制起动电流方法是采用降压起动。

7.2.1.2　电动机的起动方式

三相异步电动机的起动方式有各种各样，本书主要介绍鼠笼型异步电动机的起动方式，有关其他类型电动机（如绕线式电动机等）的起动方式，本书不作介绍。鼠笼

---

❶　根据编者的经验，绝大多数电动机的起动电流常常达到电动机额定电流的 10 倍左右。

❷　根据编者的经验，电动机轻载起动的起动时间在十几秒左右，而重载起动的起动时间常常达到几十秒。因此，按理论计算出来的电动机过电流保护的动作值和动作时间，常常躲不过电动机的起动时间，从而引起电动机在起动过程中因过电流保护动作而使起动困难。

型异步电动机的起动方式主要分为：直接起动、降压起动、变频起动等三种。

1. 直接起动

直接起动就是通过开关电器将电动机直接投入到具有额定电压的电源上的起动方式。由于这时施加到电动机上的是额定电压，因此，又称为全压起动。

直接起动虽然起动电流较大，但可以缩短电动机的起动时间。而且一般情况下，电动机的起动过程不会太长，所以起动电流对电动机本身不致引起破坏作用，但起动电流会引起所在电网电压的下降（下降程度不仅与电动机起动电流的大小有关，还与所在电网的结构、容量以及阻抗等参数有关）。因此，能否采用直接起动，主要考虑的是起动电流对同一电网中所接的其他电气设备的影响。

具体来说，能否采用直接起动，主要受供电变压器的容量的限制。供电变压器的容量越大，起动电流在供电回路中引起的电压降越小。一般情况下，只要直接起动的起动电流在电力系统中引起的电压降不超过 $10\% \sim 15\%$，就可以采用直接起动。

在各种起动方式中，直接起动方式操作最简单，投资及维护成本最低，因此，在可能的情况下应优先考虑采用直接起动方式。

2. 降压起动

当供电变压器的容量较小，而电动机的起动电流又相对较大，直接起动引起的电压降有可能使同一电网其他电气设备无法正常工作时，就要采用能降低起动电流的起动方式，如降压起动、变频起动等。

所谓降压起动方式，就是在电动机起动时，采用相应的方法，使电动机定子绕组上所加的电压低于额定电压，从而减小电动机起动电流的一种起动方法。常用的降压起动方法主要有：①在定子回路串接电抗器起动；②星形—三角形起动；③自耦变压器降压起动等方法。下面分别加以叙述。

（1）定子回路串接电抗器降压起动。这种降压起动方法的原理比较简单，起动时在电动机定子回路中串入电抗器，利用定子电流在电抗器上产生的压降来起到分压的作用，使电动机定子绕组实际承受的起动电压降低，从而减小起动电流。

采用这种降压起动方法，在电动机起动完毕后，应切除（用开关电器短接）电抗器，以使电动机恢复到额定电压正常运行。

（2）星形—三角形起动（Y—△起动）。这种起动方法仅适用于正常运行时电动机的定子绕组采用三角形（△）接法的电动机。

其具体方法是：起动时用开关电器（如转换开关等）将定子绕组临时改接成星形（Y）接法，使每相绕组承受的电压为线电压（线电压等于电网电压）的 $1/\sqrt{3}$，待电动机起动完毕后，再用开关电器将定子绕组恢复为三角形（△）接法，使电动机的定子绕组在额定电压下正常运行。

星形—三角形起动（Y—△起动）方法的起动电流值为直接起动方法起动电流的三分之一。

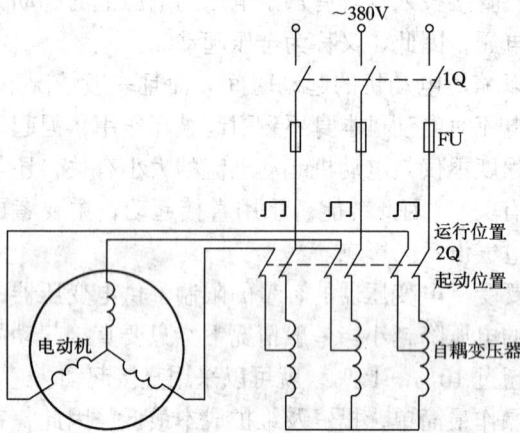

图7-3　自耦变压器降压起动的原理接线图

（3）采用自耦变压器降压起动。在异步电动机的降压起动中，常常采用自耦变压器降压起动方法，自耦变压器降压起动的原理接线如图7-3所示。

这种起动方法的操作步骤如下：先合上电源开关1Q，再将转换开关2Q切换至"起动位置"，这时电动机从自耦变压器的抽头处引接电源，降压起动。待电动机达到全速时，再将转换开关2Q切换至"运行位置"，退出自耦变压器，电动机接入电源电压（即全压），使电动机在额定电压下正常运行。

在实际电路中，自耦变压器降压起动电路常常采用接触器来代替转换形状2Q来进行起动电压与运行电压的切换，接触器可实现自动控制功能。

综上所述，鼠笼型异步电动机降压起动主要有三种方式。无论何种降压起动方法，都能减小电动机的起动电流，以减小电动机起动过程对电网的影响。但降压起动在减小起动电流的同时，也减小了起动转矩，这对要求较高起动转矩的生产工艺是不适合的。不过，对起动电流、起动转矩的要求是设计人员的工作，作为电气运行人员只需要定性了解，没有必要定量分析。

3. 变频起动

随着科学技术的发展，目前在一些需要调速的场合，大量使用变频器，通过调节加入到电动机的三相电源的频率来调节电动机的转速。因此，变频器主要用在需要调速的电动机回路。变频器具有0～50（60）Hz的调频范围，众所周知，电动机的转速与加到电动机的电源频率有关密切的关系，其关系式如下

$$n = \frac{60f}{p}(1-s)$$

式中　n——电动机的转速，r/min；

　　　　f——加到电动机的电源频率，Hz；

　　　　p——电动机的磁极对数；

s——电动机的转差率。

从两者的关系可看出：在其他因素不变的情况下，电动机的转速 n 与加到电动机绕组的电源频率 f 成正比。因此，带有变频器的电动机起动时，可将频率从 0Hz 缓缓升到额定值，从而大大减小起动电流。通过变频器变频起动是一种软起动方法，起动电流很小。然而，虽然目前变频器的价格较以前已下降很多，但仍较昂贵，除了在一些需要调速的场合外，仅仅为了减小起动电流而采用变频器还不够经济。

7.2.2 电动机的起动操作

作为运行人员，首先要掌握的是电动机的操作。电动机的正常操作主要包括开机操作（即起动操作）、运行中调节和停机操作（即停止电动机运行）等。其中起动操作要求相对较高，因此，下面主要讲述起动操作前的检查和起动操作的步骤。

7.2.2.1 起动前的检查

（1）对于停机时间较长或大修后的电动机在投入运行前，应当采用摇表测量其绝缘电阻；对于备用中的电动机要定期测量其绝缘电阻。

1）低压电动机采用 500V 摇表测量，其绝缘电阻不得低于 0.5MΩ。

2）高压电动机采用 2500V 摇表测量，其绝缘电阻不得低于 1MΩ/kV。

（2）确定电动机及其所属设备（如供电回路设备）已无人工作，周围无杂物。

（3）收回检修工作票，并检查各检修用安全措施已撤除（如接地线、标示牌等）。

（4）确认电动机所带机械设备状态良好，机械设备无检修等工作。

（5）手动转动电动机转子以检查电动机转动是否灵活，转动部位与静止部位应无摩擦现象。

（6）检查电动机各冷却系统（如轴承冷却系统等）设备正常，相关油位（水位）在正常位置。

（7）检查电动机供电回路及二次控制回路情况正常。

说明：

（1）摇表测量电动机绝缘电阻时，应注意将摇表放置平整，其转速应保持均匀，并基本稳定在 120r/min 左右。

（2）良好的测量电动机绝缘电阻的习惯（测量其他电气设备也一样）是：即使没有要求也随便估算一下吸收比。从开始摇计时，分别读取 15s 和 60s 时的绝缘电阻值 R_{15} 和 R_{60}。并大致估算其吸收比以粗略判断电动机（或其他电气设备）是否受潮。吸收比的计算公式如下

$$K = \frac{R_{60}}{R_{15}}$$

式中　K——吸收比；

　　　　R_{60}——60s 时的绝缘电阻，$M\Omega$；

　　　　R_{15}——15s 时的绝缘电阻，$M\Omega$。

一般情况下，没有受潮且绝缘状态良好的电动机的吸收比不小于 1.25。

7.2.2.2　起动操作及起动过程中的检查项目

在完成起动前的检查项目且情况良好后，即可通过控制设备远方或就地控制开关电器合闸起动电动机，由于电动机在起动过程中最易发生故障，因此，应加强监视。

在起动过程中的检查项目及注意事项如下：

（1）在起动过程中，应密切监视电动机的电流，如发现电流长时间不能下降到额定值或以下，应停机查明原因并处理后，再进行起动操作。

电流长时间不能下降到额定值或以下往往暗示着负载过重或机械转动部分有异常（如轴承系统异常等）。

（2）对于大型或重要的电动机，在起动过程中，应派人在电动机旁检查起动过程中的情况，发现异常情况应及时停机查明原因并处理后，再进行起动操作。检查主要项目如下：

1）转动是否灵活。

2）振动是否在允许范围内。

3）串动是否在允许范围内。

4）各部位声音是否正常。

5）各部位温度及其上升情况是否正常等（温度上升情况的判断主要凭经验）。

说明：

（1）对于中、小型电动机，在起动过程中，最好也能派人在电动机旁检查起动过程中的情况。

（2）电动机声音和温度的检查应重点放在轴承系统。

（3）虽然电动机的起动过程只有十几秒至几十秒，但电动机在起动后的 0.5h 内，其各部位的温度等一些参数尚未达到稳定值。因此，在起动后的 0.5h 内应加强巡视，经常用手去感触轴承等部位的温度变化及振动、声音等情况，若发生突变或超过允许值，应随时查明原因并进行处理。必要时应停机通知检修人员处理。

说明：上述所说的 0.5h 是某些运行规程的要求。但笔者多次遇到在起动后超过0.5h（2h 内）轴承等部位的温度或振动发生突变的现象。因此，运行人员最好在起动后 2h 内加强巡视。

（4）鼠笼型异步电动机在冷、热状态下允许的起动次数，应按制造厂的规定进行。一般情况下，电动机在冷态下允许起动两次，两次起动间隔不得小于 5min。若需要进行第三次起动，则必须间隔 0.5h 以上，以便使电动机冷却。电动机在热态下只允许起动一次。若需要进行第二次起动，则必须间隔 0.5h 以上，以便使电动机冷却。严格禁止对电动机进行频繁起动。

7.2.3 电动机在运行中的监视和维护

电动机在运行中，应做好监护和维护工作，以便及时发现异常和缺陷并进行处理。完善的巡回检查制度，对电动机的安全运行非常重要。为此，运行值班人员在值班期间应对下列各项内容进行认真监视和检查。

7.2.3.1 电动机运行中的监视项目

（1）电动机的电流。在其他参数不变的情况下，电动机的电流（间接反映了电动机的出力）直接决定了电动机的温度和温升。因此，运行人员应密切监视电动机的电流，将电流严格控制在额定值及以下。

（2）电动机各部位的温度和温升。电动机各部位的温度和温升都必须控制在允许值范围内。

（3）电动机各部位的声音。根据电动机运转过程中声音的变化可判断电动机是否异常。不同的声音反映了不同的故障类型，如电气故障还是机械故障。对声音的判断主要依靠运行经验。

（4）电动机各部位的振动和串动。电动机各部位的振动和串动值都必须控制在允许值范围内。

（5）检查并确保润滑系统工作应正常。

（6）检查并确保冷却系统工作正常。保证电动机通风良好，进风口、出风口应畅通无阻。

（7）检查并确保电动机供电回路及设备、控制回路及设备和其他附属设备工作正常。

（8）保证电动机及其附属设备周围清洁无杂物。

7.2.3.2 电动机停运中的维护项目

本处所说的停运，指的是生产工艺要求的停运，不是指电动机处于检修状态的停运。在该种停运状态下，根据生产工艺的要求，电动机随时准备投入运行。

（1）应定期检查电动机轴承中的润滑油（或润滑脂），对润滑油应保证油质合格；对润滑脂，应每半年更换一次。

（2）定期测量电动机的绝缘电阻，保证绝缘电阻合格。若电动机受潮，应进行烘干处理。

（3）对处于备用状态的电动机，应经常进行检查，定期切换使用，保证能随时起动。

7.3 电动机异常运行分析及事故处理

电动机由于在运行中的机械损伤、绝缘受潮和长期过载等原因，都有可能使电动机发生异常或事故，从而影响正常的生产。为此，运行人员必须掌握电动机发生异常和事故停机的原因分析，并掌握处理简单故障或事故的方法。

7.3.1 电动机的异常运行及其处理

7.3.1.1 电动机不能起动

在电动机的起动过程中，只有当电磁力矩大于阻力矩的情况下，才能使电动机转子转动并升速至额定转速。这里所说的阻力矩包括摩擦力矩和负载力矩。从根本上说，起动不起来的原因一定是阻力矩大于电磁力矩的缘故。有关电动机不能起动的现象、原因和分析处理，我们分两种情况进行讨论。

1. 电动机不能起动，并伴有"嗡嗡"声

若通电后，电动机不能起动，但却有"嗡嗡"声，产生这种现象，可排除控制回路及其设备的故障。因为，电动机起动中的"嗡嗡"声是一种电磁声，有这种声音至少说明了电动机已受电。产生这种异常现象的原因有如下几种：

（1）电动机所受电源缺相：此时，电动机绕组内不能建立旋转磁场（两相电建立的是脉动磁场），故而不能产生起动转矩。所以只有"嗡嗡"声而不能起动。

（2）电源电压过低：因为电磁力矩与电压的平方成正比，当电动机所接的母线电压过低时，电磁力矩低于阻力矩，电动机就不能起动。在此情况下，有时还可能因电流过大，导致过流保护动作跳闸而无法起动。

（3）定子与转子相碰：电动机定子与转子相碰，从而导致阻力矩大大增加，超过电动机的电磁力矩，使得电动机无法起动。这可能是定子内腔掉进东西或轴承损坏造成偏心所致。检修时，端盖的几个螺丝紧得不好，使端盖内圆和轴咬住，也可能造成起动困难。

（4）电动机轴承卡死：电动机轴承卡死，导致阻力矩大大增加，使电动机无法起动。

（5）电动机定子绕组断线：电动机定子绕组断线相当于缺相。因此，其现象与电动机所受电源缺相相同。

（6）电动机转子绕组断线：转子绕组断线使转子电流减小，而起动转矩与转子电流成正比，所以起动转矩下降，致使电动机转不起来。

(7) 电动机所带机械设备故障（如卡住等）：当电动机所带机械设备卡住时，因负载力矩大大增加，使电磁力矩无法克服阻力矩，从而导致电动机无法起动。

电动机不能起动，但却有"嗡嗡"声的原因分析及处理：

(1) 先检查供电网络母线电压，若供电网络母线电压偏低，则故障原因属于电源电压过低。处理办法是设法恢复母线电压即可。

(2) 若母线电压正常，再检查三相电流是否平衡。若三相电流不平衡，则故障原因属于电动机所受电源缺相和电动机定子绕组断线；若三相电流平衡，则故障原因属于定子与转子相碰、电动机转子绕组断线和电动机所带机械设备故障（如卡住等）。

一般情况下，电动机只在一相装设电流表，此时检查三相电流是否平衡可用钳形电流表进行分相测量。若电动机三相均装设有电流表，则直接读取数据即可。

(3) 若三相电流不平衡，接着可打开电动机接线盒的盖子（注意安全，而且只适用于低压电动机），在接线盒处测量各相电压。若各相电压严重不平衡甚至某相没有电压，则故障原因属于电动机所受电源缺相。这时，应检查电动机供电回路设备及电缆。如供电回路某相熔断器熔断、开关某相触头接触不良以及电缆某相断线等。查明部位并进行修复即可。若在接线盒处测量各相电压发现各相电压平衡，则故障原因属于电动机定子绕组断线。处理办法是：修复电动机。

对于高压电动机，绝对不能采用在电动机接线盒处测量各相电压的办法。这时可先用肉眼检查供电回路设备（如熔断器、开关等）是否故障。若没有找到原因，则将电动机停电后，打开电动机接线盒的盖子，用电桥或万用表测量电动机各相直流电阻。若某相直流电阻明显增大或为无穷大，则说明电动机定子绕组断线；若三相直流电阻平衡，则可断定为供电回路断相，再对供电回路分段检查即可。

需要注意的是：即使是低压电动机，为了安全起见，也尽量不要采用带电在电动机接线盒处测量各相电压的办法。尽可能通过停机检查电动机三相直流电阻的方法来区分是电动机定子绕组断线，还是供电回路断相。

(4) 若电源电压正常且电动机三相电流平衡，那么将电动机停电后，用手盘电动机（带机械负载）来判断。若能正常盘动，则起动不起来的原因可能是电动机转子绕组断线（如鼠笼式转子端环开焊、鼠笼条断条等）；若不能盘动或虽能盘动但比过去正常时阻力矩明显增大，则故障原因属于电动机轴承卡死、电动机定子与转子相碰和电动机所带机械设备故障（如卡住等）等几个原因之一。这时，可将电动机与机械负载间的联轴器拆开，分别单独盘电动机和机械负载以判断是机械故障，还是电动机故障。若为机械故障，通知机械检修人员修复；若为电动机故障，则打开电动机轴承盖，检查轴承是否正常。若轴承损坏，更换轴承即可；若轴承良好，则可断定为电动机定、转子之间相碰擦。

2. 电动机不能起动，并且没有任何声响

若通电后，电动机不能起动，并且没有任何声响，产生这种现象，多数情况下是由于电动机没有得到电源所致（这种情况往往是由于控制回路及其设备的故障，从而导致供电回路开关没有合上）。但是，电动机缺两相电的情况也是如此。如图7-4所示，假如电动机供电回路在A、B处断线，那么供电回路就无法构成电流流通的回路，电动机内也就没有电流流过（即使没有断线那相也没有电流）。因此，即使开关电器Q处于合闸位置，电动机也跟没有通电的情况一样。既不能起动，也没有任何声音。产生电动机不能起动，并且没有任何声间这类异常的具体原因分析如下：

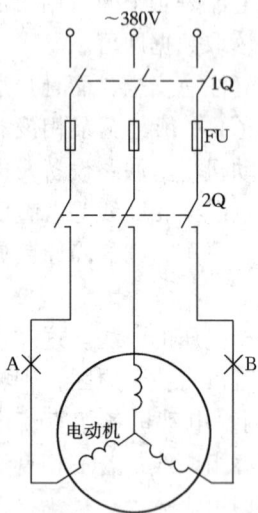

图7-4 三相电动机
一次回路接线图

（1）控制回路及其设备的故障：当电动机控制回路及其设备发生故障（具体指没有向开关电器发出合闸指令），因而，开关电器（如断路器、接触器等）就不会合闸。这种情况下，供电回路实际上没有向电动机供电，因此，电动机也就不能起动，同时也没有任何声音。这种情况可细分为：

1）开关电器合闸后又返回分闸位置，产生这种现象的原因有如下几种：

a）电动机保护动作跳闸。

b）合闸时间太短。

c）合闸电源电压偏低。

d）开关内部合闸机构有问题。

2）发出合闸指令后，开关没有丝毫反应，产生这种现象的原因有如下几种：

a）控制回路故障，开关实际上没有接到合闸指令。

b）开关合闸线圈已烧毁或断线。

控制回路及其设备发生故障是发出合闸指令后，电动机不能起动，并且没有任何声响的最常见的原因。

（2）供电回路（一次回路）及其设备的故障：当发出合闸指令后，虽然开关电器已经合闸，但由于电动机供电回路（一次回路）及其设备有故障，如电缆断裂、隔离开关或断路器损坏等。实际上电动机同样没有得到电源，因而不能起动，且没有任何声响。这种情况可细分为：

1）三相电均没有送入电动机。

2）电动机缺两相电。

（3）电动机内部断线（两相及以上断线）：这时的情况与供电回路两相及两相以上断线完全一样。虽然电源已完全送入电动机，但因电动机内部两相及两相以上断线，电动机内部无法构成电流流通的回路，因而电动机不能起动，并且没有任何现象。

电动机不能起动，并且没有任何声响的原因分析及处理：

(1) 首先区分是控制回路及其设备发生故障，还是一次回路及其设备发生故障，具体方法如下：检查开关电器是否处于合闸位置。

若开关电器处于合闸位置，则说明控制回路及其设备没有故障，故障出在一次回路及其设备；若开关电器处于分闸位置，则说明控制回路及其设备（含开关电器内部与控制有关的部分）有故障。

(2) 假若开关电器处于分闸位置，则根据发出合闸指令时，开关电器有无动作进行分析。

1) 若开关电器处于分闸位置，并且在合闸过程中，开关电器没有丝毫反应，则说明：

a) 控制回路或控制设备故障，如控制熔断器熔断等。

处理办法：检查控制回路及其设备，并进行处理修复部位。

b) 开关合闸线圈已烧毁或者断线。

处理办法：更换合闸线圈。

2) 若开关电器处于分闸位置，但在合闸过程中，开关动作后又返回分闸位置，则说明：

a) 合闸时间太短。

处理办法：重新合闸（适当延长合闸时间）。

b) 合闸电源电压偏低。

处理办法：使电源电压必得正常值。

注意：若电源电压无法必得正常值，则电动机不得再行合闸，必须待电源电压必得正常后，才能投入运行。

c) 开关内部合闸机构有问题，这种故障一般是合闸机构的机械部分有问题。

处理办法：检查并处理合闸机构的机械部分，使之必得正常。

d) 电动机继电保护动作（保护动作可能是误动作，也可能是电动机及其一次回路有故障导致保护动作）。

处理办法：若保护为误动作，则应对保护回路进行检查修复。如保护定值重新校验整定、回路接线检查等。

7.3.1.2 电动机起动后达不到额定转速

1. 电动机起动后达不到额定转速的原因

(1) 电源电压过低。在本章 7.1 节中已经讨论过，电动机的电磁力矩与电压的平方成正比。当电源电压低于一定数值时，电动机的电磁力矩下降，导致转差率增加，转速下降。电压越低，转速下降越多。电压低于一定数值时电动机停止运转，并发出"嗡嗡"声。

（2）电动机转子鼠笼条断条。鼠笼式电动机常因铸铝质量较差或铜笼焊接质量不良发生转子断条故障。电动机转子鼠笼条断条在断裂的根数不多的情况下，电动机尚能起动，但起动后达不到额定转速。若大量鼠笼条断条，则电动机无法起动。

转子断条后电动机除转速下降外，还有如下现象：定子电流时大时小，呈现周期性摆动；机身振动；仔细倾听，不能听到周期性的"嗡嗡"声。定子电流摆动和"嗡嗡"声的周期 T 与转差率 s 有关。若转子断条一根，周期 T 大约在零点几秒左右。

电动机转子鼠笼条断条后，电动机转子磁场不对称，因此，导致定子电流周期摆动和周期性的"嗡嗡"声的产生。其周期 T 与转速差（与转差率相对应）有关

$$s = \frac{n_1 - n}{n_1} \times 100\% = \frac{\Delta n}{n_1} \times 100\%$$

$$\Delta n = n_1 - n = s \times n_1$$

式中　　s——转差率；

　　　　n_1——电磁转速，r/min；

　　　　n——电动机转子转速，r/min；

　　　　Δn——电磁转速与电动机转子转速之差，r/min。

一般 s 为百分之几到百分之十几之间（正常运行时，为百分之几），故

$$\Delta n = 0.1 n_1 \ 左右$$

由

$$n = \frac{60f}{p}$$

得

$$f = \frac{np}{60}$$

$$\frac{T}{T_1} = \frac{f_1}{f} = \frac{n_1}{\Delta n}$$

式中　　f——泛指频率，Hz；

　　　　f_1——电源频率，Hz；

　　　　T——定子电流摆动周期（对应电磁转速与电动机转子转速之差），s；

　　　　T_1——电源周期，s。

电动机转速下降后，$n_1/\Delta n$ 一般在 10 左右，而 T_1 为 0.02s，故 T 为 0.2s左右。

（3）电动机轴承异常或损坏。电动机轴承异常或损坏（含润滑脂变质或流失），导致阻力矩增加，电磁力矩小于阻力矩，从而引起电动机的转速下降。

(4) 电动机定、转子之间相碰擦（俗称扫膛）。电动机定、转子之间相碰擦，导致阻力矩增加，电磁力矩小于阻力矩，从而引起电动机的转速下降。电动机定、转子之间相碰擦严重时，电动机无法起动或运行中的电动机突然停止转动。

(5) 负载过大或所带机械负载故障。电动机负载过大或所带机械负载故障，导致阻力矩增加（阻力矩等于负载力矩与摩擦力矩之和），电磁力矩小于阻力矩，从而引起电动机的转速下降。情况严重时，电动机无法起动或运行中的电动机突然停止转动。

2. 电动机起动后达不到额定转速的原因判断和处理

(1) 电源电压过低。

判断：测量电源电压。电源电压过低常伴有定子电流的增大。

处理：恢复电源电压至正常值。

(2) 电动机转子鼠笼条断条。

判断：鼠笼条断条会引起电动机定子电流的周期性摆动、电动机振动和周期性"嗡嗡"声的产生（鼠笼条断条所产生的"嗡嗡"声与其他故障时产生的"嗡嗡"声周期不同，不过依据声音判断必须有足够的经验）。在电动机起动后达不到额定转速（运行中转速下降也一样）的原因中，只有鼠笼条断条才会引起电动机定子电流的周期性摆动。

处理：修复或更换转子。

(3) 电动机轴承异常或损坏。

判断：电动机轴承异常或损坏，或者润滑脂（油）变质或流失，会使轴承处的发热增加，用手感触轴承盖处的温度便可判断。

处理：若为轴承损坏，则更换轴承；若为润滑脂变质或流失，则更换或添加润滑脂；若电动机采用润滑油润滑，则对润滑油系统进行检查修复。

(4) 电动机定、转子之间相碰擦（俗称扫膛）。

判断：电动机定、转子之间相碰擦必会产生机械碰擦声，可用铜棒仔细倾听电动机来判断。

处理：电动机定、转子之间相碰擦往往是由于轴承严重损坏或电动机转子弯曲变形造成。也可能是安装或检修质量问题。根据具体问题予以修复。

(5) 负载过大或所带机械负载故障。

判断：负载过大或所带机械负载故障会引起电动机定子电流的增大。

说明：虽然电动机轴承异常或损坏，电动机定、转子之间相碰擦等，也会引起电动机定子电流的增大，但电动机轴承异常或损坏会引起轴承处发热严重，电动机定、转子之间相碰擦倾听电动机会有机械碰擦声，而负载过大或所带机械负载故障则没有上述现象。

处理：若为机械负载过大引起，则减负荷；若为所带机械负载故障，则检查机械负载，排除机械故障。

7.3.1.3　电动机运行中温度过高或冒烟

电动机运行中由于负载过重、轴承损坏等原因，会导致温度过高甚至冒烟情况的产生。电动机温度过高可分为局部温度过高和整体温度过高两种情况。

1. 电动机运行中局部温度过高的原因

（1）轴承异常或损坏。电动机轴承异常或损坏除了阻力矩大大增加外，还会因轴承转动不良而导致热量的大量产生，从而引起轴承周围温度上升。严重时，在轴承处还会冒烟。

（2）轴承内润滑脂变质或流失。轴承内润滑脂变质或流失，使轴承润滑不良，也会因轴承干摩擦而产生热量使轴承周围温度上升。采用润滑油润滑的电动机，情况与润滑脂润滑的大致相同。

（3）电动机定子铁芯硅钢片间绝缘损坏。电动机定子铁芯硅钢片间绝缘损坏会导致损坏部位涡流损耗增大，从而引起损坏部位加发热而温度升高。

2. 电动机运行中局部温度过高的原因判断和处理

（1）轴承异常或损坏。

判断：若轴承部位温度升高，用铜棒仔细倾听，能听到轴承部位有金属声，则多半是轴承异常或损坏。这种故障一般情况下，电动机定子电流都会明显增大。

处理：更换轴承。

（2）轴承内润滑脂变质或流失。

判断：若轴承部位温度升高，用铜棒仔细倾听，能听到轴承有干摩擦的声音，但没有金属声。那么，可基本判断轴承内润滑脂变质或流失。这种故障一般情况下，电动机定子电流会增大，但不一定增大很多。

（3）电动机定子铁芯硅钢片间绝缘损坏。

判断：若电动机本体某处（非轴承处）温度过高，而其他各处温度明显低得多，则往往是该处定子铁芯损坏（一般是硅钢片间绝缘损坏）。这种故障一般情况下，电动机定子电流不会增大。

处理：电动机大修。一般需要送电机制造厂处理。

3. 电动机运行中整体温度过高的原因

凡是能导致电动机运行转速下降的原因，几乎都同时会导致电动机整体发热，从而导致电动机整体温度上升。因为，转速下降使定、转子之间的转速差（转差率）增大，从而导致鼠笼条切割磁力线的速度加快，使转子感应电流增大。而转子感应电流增大又使得定子电流增大，使电动机的铜损增加，发热增加而导致整体温度的上升。如：

（1）电源电压过低。

（2）电动机转子鼠笼条断条。

（3）电动机轴承异常或损坏。

如果轴承异常不严重，则只有轴承处温度明显上升，而电动机其他部位温度变化不大；但如果轴承异常严重或损坏，致使阻力矩明显增加时，也会引起电动机整体过热。但轴承处温度必定高于其他部位的温度。

（4）电动机定、转子之间相碰擦（俗称扫膛）。

（5）负载过大或所带机械负载故障。

除了上述原因外，电动机整体温度过高的原因还有：

（1）电动机冷却系统故障。

（2）电动机定子匝间或相间短路。

（3）电动机缺相运行。在缺一相电的情况下，电动机无法起动；但在运行中的电动机如发生缺一相电的情况，在负载不是太大的情况下还能运行，但转速明显下降，其余两相电流明显增加，从而导致电动机整体温度上升。

（4）电动机起动过于频繁，起动次数过多。

4. 电动机运行中整体温度过高的原因判断及处理

造成电动机整体温度过高的这些原因的判断和处理，除"电动机起动过于频繁，起动次数过多"这一条外，其余各条前面都已介绍，不再重复。而"电动机起动过于频繁，起动次数过多"的判断和处理，相信大家不需要介绍。

7.3.1.4 电动机运行中有不正常的振动和异音

1. 电动机在运行中有不正常的振动和异音的原因

（1）地基不平、基础不坚固和地脚螺丝松动。

（2）轴承损坏。

（3）电动机与所带机械负载的中心不一致。

（4）机组失去平衡。

（5）电动机定、转子之间有摩擦。

（6）电动机所带的机械设备损坏。

（7）电动机定子某个绕组有局部短路。

2. 电动机在运行中有不正常的振动和异音的处理

（1）检查地基及安装情况，加固地基；检查地脚螺丝，进行紧固。

（2）更换轴承。

(3) 校正中心。

(4) 进行动平衡校验。

(5) 更换电动机转子。

(6) 修复所带机械设备。

(7) 修复故障点或更换电动机。

7.3.1.5 电动机外壳带电

1. 电动机外壳带电的原因

电动机外壳带电的原因尽管有多种，但都是由于电动机带电部分与外壳绝缘损坏造成的。如果电动机外壳接地良好，对于接于中性点直接接地电力系统中的低压电动机来说，保护会动作使电动机停机；对于接于中性点不接地或小接地的电力系统中的高压电动机来说，保护会动作发信号"电动机单相接地"。

(1) 电动机引出线或接线盒处的接线端子绝缘损坏。

(2) 大修后的电动机绕组的端部过长并与机壳相碰。

(3) 槽口绝缘损坏。

(4) 外壳没有可靠接地。

(5) 电动机长期过热使绝缘老化严重而损坏。

(6) 电动机绕组受潮、脏污使绝缘电阻下降。

2. 电动机外壳带电的处理

(1) 将绝缘损坏部位的绝缘重新包扎、定型，并消除导致绝缘损坏的原因。

(2) 将电动机外壳可靠接地，接地电阻符合要求。

(3) 清理电动机，并进行烘干去潮，使电动机各部分的绝缘电阻重新符合规程要求。

7.3.2 电动机事故处理

7.3.2.1 电动机自动跳闸的原因及处理

1. 电动机自动跳闸的原因

(1) 电动机保护动作跳闸。具体保护配置因具体电动机而定，但通常有：①电流速断保护动作（或熔断器熔断）；②低电压保护动作；③过电流保护动作（或热继电器动作）。

(2) 电动机控制回路及其设备故障。

(3) 断路器跳闸机构故障并自动断开断路器。

2. 电动机自动跳闸的原因判断和处理

(1) 电动机保护动作分为两种情况：保护正常动作和保护误动作。电动机继电保护动作的判断比较简单。因为保护都配有指示何种保护动作的装置（如信号继电器等），下面主要介绍电动机保护动作跳闸后如何对电动机及其所属电气回路、设备进行检查、处理。

1）电流速断保护动作（或熔断器熔断）。电流速断保护（或一次回路熔断器）是用来反映电动机及其一次回路短路事故的。一旦电流速断保护动作（或一次回路熔断器熔断），应首先仔细检查电动机及其一次回路，排除短路并修复后，才能重新起动电动机。若经过检查发现电动机及其一次回路没有异常现象，那么往往是保护误动作，检查保护回路及其设备，并予以修复。

2）低电压保护动作。低电压保护是用来反映电动机供电电压的，防止电动机在低电压情况下运行而损坏。低电压保护动作后，应首先检查为电动机供电的电源电压，若电源电压过低，那么恢复电源电压至正常值后，即可再次起动电动机。若电源电压正常，那么往往是保护误动作。检查保护回路及其设备，并予以修复。

3）过电流保护动作（或热继电器动作）。过电流保护动作（或热继电器动作）是用来反映电动机过载的。一旦发生过电流保护动作（或热继电器动作），应首先仔细检查电动机是否过载，若为过载，则排除过载后可再次起动电动机。若经过检查发现电动机没有过载现象，那么往往是保护误动作。检查保护回路及其设备，并予以修复。

（2）电动机控制回路及其设备故障。若电动机自动跳闸后，没有保护动作的信号，并且经过仔细、全面的检查，发现电动机及其一次回路没有异常情况（如电动机及其一次回路绝缘良好、没有短路现象，电动机连带机械负载用手盘动转动灵活等），那么电动机自动跳闸往往是由于控制回路及其设备的故障造成的。检查控制回路及其设备，消除故障原因。

对于采用接触器开、合（一般接触器控制电源采用交流电）的电动机来说，电动机在正常运行中，接触器线圈始终处于带电吸合状态。若接触器线圈断电或电压过低，接触器会自动释放而导致电动机自动跳闸。因此，应自动重点检查接触器线圈通电回路是否开路（如控制熔丝熔断、合闸回路断线等）和控制电源电压是否过低两个方面。

对于采用断路器开、合（一般断路器控制电源采用直流电）的电动机来说，电动机在正常运行中，断路器的跳、合闸线圈都不带电。即使控制电源消失（如控制熔丝熔断等）也不会引起电动机自动跳闸。因此，应重点检查断路器跳闸线圈通电回路是否有短路现象等。断路器的自动跳闸与断路器的合闸控制回路无关。

（3）断路器跳闸机构故障并自动断开断路器。断路器的操作机构（分电磁操作机构、弹簧操作机构和液压操作机构等）比较复杂，调整比较麻烦。若断路器操作机构中的跳闸机构发生故障或没有调整好，也会引起电动机的自动跳闸。因此，当电动机自动跳闸后，经过仔细、全面的检查，发现电动机及其一次回路、二次控制回路都正常且保护没有动作时，则很有可能是断路器的操作机构中的跳闸机构发生故障。检查并修复、调整跳闸机构。

电动机自动跳闸后，若是采用断路器（含低压万能式空气开关）开、合的电动机，运行人员应将自动跳闸的断路器的控制开关切换至"跳闸后"位置，使绿灯"闪光"转变为绿灯"平光"，接着拉开已跳闸电动机一次回路的主隔离开关，使电动机及其所属设备处于检修状态，然后对电动机及其所属设备进行仔细、全面的检查。

对于采用接触器开、合的电动机，电动机跳闸后，运行人员应拉开已跳闸电动机一次回路的主隔离开关并拔除熔丝，使电动机及其所属设备处于检修状态，然后对电动机及其所属设备进行仔细、全面的检查。

若经过对跳闸电动机从电源、机械及绝缘方面进行仔细、全面的检查后，证明电动机及其所属电气回路、设备一切正常。则电动机的自动跳闸是由于保护误动作造成的。

当电动机所带负载属于一类负荷时，一般都备有备用机组（如火力发电厂的给水泵等），电动机自动跳闸后，备用机组会自动起动。当电动机所带负载属于一类负荷而又没有备用机组或备用机组因故没有起动或起动失败时，为了保证正常的生产，可将已跳闸的电动机再强送电（合闸）一次，但具有下列情况之一时，严禁强送电：

（1）电动机及其一次回路有明显的短路或损坏现象。

（2）发生需要立即停机的人身事故。

（3）电动机或所带机械损坏等情况。

电动机自动跳闸后，若没有查明原因，一般情况下绝对不允许再次起动电动机。

7.3.2.2　电动机应立即停机的情况

电动机在运行中，若发生下列情况之一，应立即停机：

（1）发生需要立即停用电动机的人身事故。

（2）电动机或其所带机械负载损坏严重，不停机将发生危险。

（3）电动机或其所属电气回路、设备等着火或冒烟。

（4）轴承温度超过允许值，并经处理无效时。

（5）电动机定、转子扫膛。

（6）电动机强烈振动。

（7）电流表急剧摆动。

（8）电动机转速急剧下降、温度剧烈上升。

（9）电动机发出机械摩擦声或特大噪音。

（10）电动机缺相运行。

（11）电动机三相电流不平衡＞10％。

7.3.2.3 重要电动机可先起动备用机组，然后再停机的情况

电动机在运行中，若发生下列情况之一，对重要电动机可先起动备用机组然后停机：

（1）电动机发出不正常的声音或绝缘有烧焦气味。

（2）电动机内或起动器内有火花或冒烟时。

（3）定子电流超过额定值。

（4）电动机出现强烈振动。

（5）电动机冷却系统故障。

（6）电动机轴承温度超过允许值。

7.3.3 电动机着火处理

一旦发现电动机着火时，首先应立即切断电源，然后使用电气设备专用的灭火器进行灭火。无专用灭火器时，可以用消防水机，喷射散开如雾状的细水珠进行灭火。禁止用大股的水注入电动机内部来进行灭火，以防止电动机冷却不均匀而导致变形。

小 结

电动机的运行方式大致可分为：正常运行方式（一般情况下指额定运行方式）、异常运行方式和事故运行方式三大类。

电源电压变化超过允许值会电动机影响电动机的性能（如出力、发热、转速等），因此，电源电压变化要求在额定值的－5％～＋10％范围内。

电源频率变化超过允许值会电动机影响电动机的性能（如效率、发热、转速等），因此，电源频率变化要求在额定值的±0.5Hz范围内。

电动机的电压不对称分为两种情况：一种是电源电压不对称；另一种是电动机自身绕组断线。后者使电动机功率因数下降，效率降低，发热严重，出现振动和啸叫声，并且无法正常起动。

鼠笼型异步电动机的起动方式有：直接起动、降压起动和变频起动等。其中常用的降压起动方法主要有：①在定子回路串接电抗器起动；②星形—三角形起动；③自耦变压器降压起动等方法。降低电压起动可以减小电动机的起动电流，减小对电动机所属电网的影响。

电动机自动跳闸后，若没有查明原因，一般情况下绝对不允许再次起动电动机。

一旦发现电动机着火时，首先应立即切断电源，然后使用电气设备专用的灭火器进行灭火。

练 习 题

7-1 电动机的运行方式有哪些？

7-2 电动机的绝缘电阻允许值是多少？如何测量？

7-3 在低电压下运行对电动机性能有哪些影响？电压允许的变动范围是多少？

7-4 在低频下运行对电动机性能有哪些影响？频率允许的变动范围是多少？

7-5 环境温度对电动机的性能有什么影响？

7-6 电源电压不对称对电动机的运行有哪些影响？

7-7 鼠笼型异步电动机的起动方式有哪些？

7-8 鼠笼型异步电动机的降压起动方式有哪些？

7-9 为什么一相断线后，异步电动机无法正常起动？

7-10 一相断线对运行中的电动机有什么影响？

7-11 电动机起动前的检查项目有哪些？

7-12 电动机起动过程中的检查项目有哪些？

7-13 电动机运行中的监视项目有哪些？

7-14 电动机不能起动的原因有那些？如何判断？

7-15 电动机起动后转速达不到额定转速的原因有那些？如何判断？

7-16 电动机运行中温度过高的原因有那些？如何判断？

7-17 电动机自动跳闸的原因有那些？

7-18 一旦发现电动机着火或冒烟后，如何处理？

第8章

交流不停电电源（UPS）的
运行及事故处理

8.1 UPS 的 概 述

8.1.1 UPS 的作用和功能

　　交流不停电电源简称 UPS，目前已成为高要求计算机不可缺少的供电装置，还广泛应用于通信、信息处理系统、卫星地面站、数控系统以及复杂工厂的控制检测系统，对于电力系统中的微机控制与保护及微机管理与信号处理来讲，UPS 也是重要的供电装置。这些设备和系统对供电的可靠性、连续性有很高的要求，一般电网难以满足其要求，尤其是随着工矿企业的用电量增加，非线性负荷越来越多，对电网产生了种种干扰，致使电网波形畸变，电噪声日益严重，有时甚至突然中断供电，这将造成计算机停运、各种控制系统失控等一系列严重后果。UPS 装置就是由此而开发、发展起来的。它的主要功能是：提高供电质量，满足高要求用电设备的供电需要，在各种情况下均能保证可靠、连续地向用电装置供电。

8.1.2 UPS 的组成及工作原理

　　UPS 主要由整流器、蓄电池组、逆变器、静态开关、维修（手动）旁路开关组成。

　　UPS 装置的工作原理是：正常情况下，把电网交流电压经整流器和滤波器后送入逆变器，逆变器将输入的直流电变换成所需合格的交流电，再经交流滤波器滤去高次谐波后，向负载进行供电。机内采用反馈控制系统，以达到稳压恒频输出目的；当 UPS 的输入交流电中断或整流器故障时，可立即自动切换成蓄电池供电；当 UPS 需要检修或逆变器故障时，可自动切换到旁路备用电源供电，如果负载起动时电流太大，也可自动切换到备用电源供电，起动结束后，再自动恢复由 UPS 供电。

UPS 装置中的核心部件是逆变器，它决定了 UPS 的性能，它对 UPS 的输出波形及其谐波含量、装置效率、可靠性、对负荷变化瞬态响应能力、噪声，甚至装置的体积重量，均有决定影响。目前，已能制造多种形式的逆变器。其中有代表性的逆变器型式有：方波型、纯正弦型、准方波型（QSW）、稳压变压器型（CVT）、阶梯波型（SW）、脉宽调制型（PWM）、脉宽调制阶梯波型（PWSW）、微处理器控制合成正弦波型。

8.1.3 UPS 系统原理接线图

UPS 系统原理接线如图 8-1 所示。图中，供电电源为 3 路，其中 2 路交流电源来自厂用保安段（或其中 1 路来自一独立的市电电源），这两路交流电源可经静态开关自动切换或经手动旁路开关手动切换。第三路电源来自 220V 的直流屏，由蓄电池组供电，经隔离二极管 V 引到逆变器前。3 路电源配合使用，保证 UPS 系统在设备故障、电源故障乃至全厂停电时，均能不间断地向 UPS 配电屏的负荷供电。

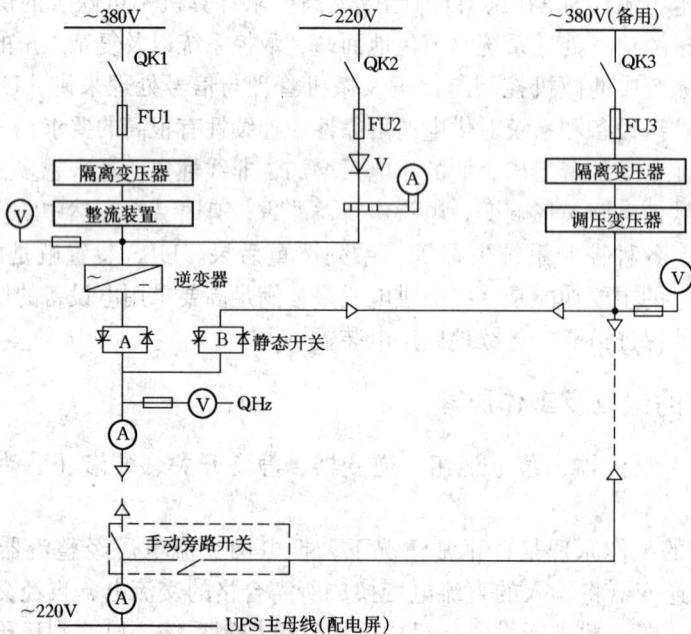

图 8-1 UPS 系统原理接线图

8.1.4 UPS 组成元件简介

1.整流装置

整流器又称充电器，按其接线有三相全控桥式整流形式，也有三相半控桥式整流形式。如为三相半控桥式整流器，当输入电压发生变化或负载电流发生变化时，它能向逆变器提供一稳定的直流电源。它由输入变压器、整流器及控制板、输出滤过器组成，其原理方框图如图 8-2 所示。

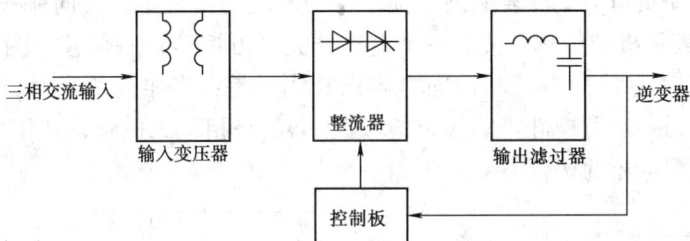

图 8-2 三相半控桥整流装置原理框图

(1) 输入变压器。用来改变交流电源输入电压的大小，以提供给整流器一个合适的电压值。

(2) 整流器。由三个二极管和三个可控硅组成三相全波半控桥式整流电路。在每个半波内以固定的时间发出触发脉冲来调节可控硅的导通角（导通时间）。改变导通角的大小，使设备能随输入的变化而维持恒定的输出，一个较长的导通时间能增大直流输出电压。相反，一个较短的导通时间能降低直流输出电压。

(3) 输出滤过器。用来减小整流器输出的波纹系数。该滤过器是由一个电感线圈和一组电容器组成的 L 型滤过器。

(4) 控制板。用来提供触发可控硅的脉冲，脉冲的相位角是可控硅输出电压的一个函数。控制板把整流器输出的电压值与内部的给定值比较，产生一个误差信号。用这个误差信号调整整流器可控硅的导通角。如果整流器的输出下跌，控制板产生了一个相应的信号量去增大可控硅的导通角，从而可以增加整流器的输出电压至正常值。控制板还有保护功能，若整流输出电压异常高，则能立即关闭触发脉冲。

2.逆变器

以稳压变压器型（CVT）逆变器为例，它由输入回路、功率开关、振荡器、输出回路组成。

(1) 输入回路。输入回路是一个直流电源滤过器，给功率开关提供稳定的直流电源。提供给逆变器的电源除交流电源（通过整流器整流的电源）外，还有蓄电池直流电源。这种逆变器的输入回路中还有一个逻辑二极管，由此二极管去控制蓄电池的投入或停用。

（2）功率开关。功率开关的交替反极性导通，将直流电源转换成功率很大的方波。它的工作过程可用机械开关来仿真，如图 8-3（a）所示。

图 8-3（a）中，开关 1 和 1′操作起来是同步的，开关 2 和 2′操作起来也是同步的。当开关 1 和 1′闭合时，开关 2 和 2′打开，负荷电流的方向如图中的箭头所示；开关 2 和 2′闭合时，开关 1 和 1′打开，负荷电流方向为逆反向。随着每一组开关交替地合上和打开，使负荷电流反复颠倒极性，一个电流的交替正、反向就被电路实现了。图 8-3（b）表示机械仿真开关被一个电气开关（可控硅）所代替。图 8-3（b）中的 L 和 C 分别表示换向电感和换向电容，其作用是：当相反的一对可控硅导通时，能可靠地关闭另一对可控硅。V1、V1′、V2、V2′是相位二极管，其作用是使负荷电压近似等于电源电压的幅值。

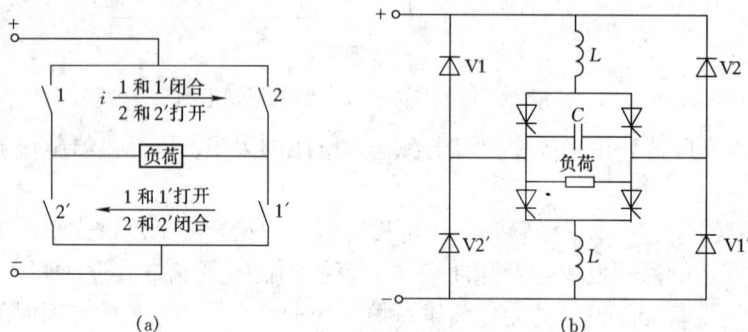

图 8-3 功率开关
（a）机械仿真功率开关；（b）电气功率开关

（3）振荡器。振荡器是逆变器的核心，由它发出一定频率的导通脉冲去控制功率开关电路。图 8-4 示出了一个振荡器的方框图。在图 8-4 中，由逆变器输入端取得的直流电源用启动多谐振荡器，多谐振荡器的输出被微分后送入集成电路触发器，触发器的输出去控制功率开关。触发器的输出波形是一个方波，触发器输出的方波频率与功率开关的输出频率相同，所以功率开关的输出频率由多谐振荡器确定。为了保证功率开关可靠导通，触发输出的方波必须经功率放大器放大至足够大的功率，而开关电路用来确保放大器在最初起动时，使触发电路能输出一个完整的脉冲。图 8-4 中的高频起动框被用来重复多谐振荡器频率，以防止逆变器输出回路铁磁谐振稳压器的饱和。

（4）输出回路。输出回路由恒压变压器及滤波电容器组成。其作用是滤去功率开关输出方波中的高次谐波，使输出波形近似于正弦波，并保持输出电压的恒定。

3．静态开关

静态开关电路如图 8‒5 所示。静态开关的基本元件由可控硅组成。一般机械开关有固有动作时间，而静态开关的动作时间为零，所以，静态开关提供了有效的零秒切换。当可控硅 V1、V2 导通时，由旁路电源向负荷供电。反之，由逆变器向负荷供电。由于静态开关的 V1、V2 和静态开关的 V3、V4 动作时间为零秒，而且静态开关还具有先闭合后断开的功能，故当由逆变器供电切换至旁路电源供电时，其间无供电中断，保证了供电的连续性。当然，静态开关的切换必须满足同步条件，即旁路电源与逆变器输出电压的频率和相位应相等。上述的一切过程都是自动完成的。

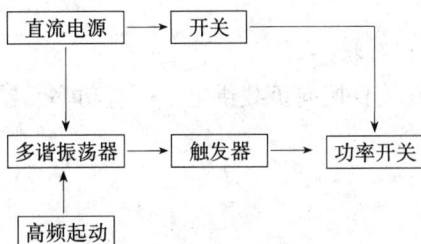

图 8‒4　振荡器方框图

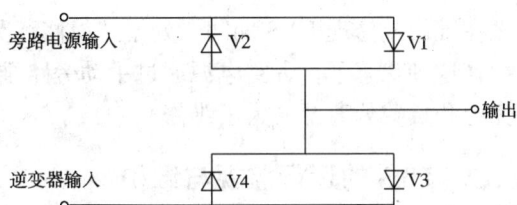

图 8‒5　静态开关电路

4．蓄电池组

在交流电源中断或整流器故障情况下由蓄电池供电。供电时间长短由蓄电池容量和实际负载决定。蓄电池可以根据需要采用独立的蓄电池组或用其他的蓄电池组。发电厂一般不采用单独的蓄电池组，而是直接从电厂直流母线取得直流电源。

8.2　UPS 的运行及操作

8.2.1　UPS 的运行方式

标准在线式 UPS 系统有四种不同的运行方式组成，这使 UPS 在各种情况下确保不间断地向负载供电，这四种运行方式相互间转换过程中 UPS 对负载的供电是不间断的。

1．正常运行

正常运行是 UPS 的标准运行方式。

主电源从电厂厂用电获得交流电源，供给整流器，整流器将其整流成直流电后送给逆变器，经逆变器逆变后向负载供电。

这种运行方式下，直流电源、旁路电源均处在备用状态。

2．蓄电池运行

当主电源或整流器故障时，UPS 处于这种运行状态。

这种状态下，整流器不供电，直接由蓄电池向逆变器供电，逆变器逆变后向负载供电，供电时间取决于蓄电池容量。

3．旁路运行

当逆变器故障或过载时，则 UPS 转换至"旁路运行"状态。

这种状态下，静态逆变开关自动断开，而静态旁路开关闭合。旁路电源经过静态旁路开关向负载供电。整流器对蓄电池充电。

4．维修旁路运行

在维修或修理 UPS 期间，处于"维修旁路运行"状态。

在这种状态下，旁路电源通过手动旁路维修开关直接向负载供电。一些功率元器件完全和负载分离开（为了维修）。

8.2.2 UPS 的运行监视与维护

（1）监视 UPS 装置运行参数正常。

（2）检查 UPS 装置开关位置正确，运行良好。

（3）保持 UPS 装置及母线室温度正常，清洁，通风良好。

（4）检查 UPS 装置内部各部分无过热，无松动现象；各灯光指示正确。

8.2.3 UPS 系统的操作

1．UPS 系统投入运行前的检查

（1）收回有关工作票，拆除与检修有关的临时安全措施，检查盘内清洁、无杂物，检测绝缘应符合要求。对新投入和大修后的 UPS 整流器，在投运前还应核对相序和极性。

（2）检查系统接线正确，接头无松动。

（3）检查系统各开关应均在"断开"位置。

（4）检查 UPS 柜内整流器电源输入电压应正常。

（5）检查 UPS 各元件完好，符合投运条件。

（6）检查旁路调压器升、降压调节应灵活、完好。

2．UPS 系统投入运行的操作

经过投入运行之前的检查且一切正常之后，UPS 系统投入运行的操作按下列顺序进行（见图 8-1）。

（1）合上 UPS 系统控制、保护及信号电源小开关（或熔断器）。

（2）合上 UPS 正常输入工作电源开关 QK1，装上电源熔断器 FU1。

（3）按下"充电器运行"按钮（即整流器充电按钮），充电器投入，对应的状态指示灯亮。

（4）合上直流电源（蓄电池组）至 UPS 系统的刀开关 QK2，装上直流电源熔断器 FU2，对应的指示灯亮。

（5）按下"逆变器运行按钮"，逆变器运行灯亮，大约 10s 后向负荷供电。

（6）合上 UPS 系统备用电源刀开关 QK3，装上备用电源熔断器 FU3，调整输出电压为规定值。

（7）检查同步灯亮（表示旁路电源与逆变器输出的频率和相位相等，满足静态开关切换所必须的同步条件）。

（8）全面检查 UPS 运行符合所需运行方式，各信号灯光指示正确。

3．UPS 系统退出运行的操作

（1）断开备用电源刀开关 QK3，取下备用电源熔断器 FU3。

（2）同时按下"逆变器停止"与"复归"按钮。使逆变器停止，全部报警器复位。

（3）断开直流电源刀开关 QK2，取下直流电源熔断器 FU2。

（4）按下"充电器停止"按钮，使充电器关机。

（5）拉开正常交流工作电源进线刀开关 QK1，取下电源熔断器 FU1。

（6）将手动旁路开关（手动备用开关）切换至"旁路位置"。

（7）全面检查，灯光熄灭，电源均断开。

4．UPS 系统切至旁路的操作

（1）检查 UPS 系统旁路回路正常，处于备用状态。

（2）按下"手动备用开关"，使 UPS 转入备用电源供电。

（3）8s 后，UPS 系统切至旁路运行。

（4）检查灯光指示正确，输出电压正常。

（5）拉开正常交流工作电源进线刀开关 QK1。

（6）全面检查。

8.3　UPS 系统异常运行及事故处理

8.3.1　充电器故障

1．故障现象

"充电器故障"红灯闪光；自动切换至 220V 直流电源向逆变器供电，"蓄电池运行"红灯闪光。

2．故障原因

充电器短路、充电器断相、充电器晶闸管温度高。

3．故障处理

（1）按下"复归"按钮，先复位信号灯。

（2）按下"手动备用开关"与"逆变器停止"控制按钮。

（3）检查 UPS 应已转至备用电源供电，逆变器已关机。

（4）按下"充电器停止"按钮。

（5）检查充电器关机。

（6）拉开 UPS 正常交流工作电源进线刀开关 QK1，取下电源熔断器 FU1。

（7）通知检修部门处理故障。

8.3.2 逆变器故障

1．故障现象

"逆变器故障"红灯闪光；静态开关动作，系统切换至旁路电源供电，"备用电源供电"红灯闪光。

2．故障原因

逆变器输入电压超限；逆变器输出电压超限；逆变器晶闸管温度过高。

3．故障处理

（1）按下"复归"按钮，复位各信号灯。

（2）按下"手动备用开关"，UPS 切向备用电源供电。

（3）～（7）同于充电器故障处理的（3）～（7）。

8.3.3 静态开关闭锁

1．故障现象

"静态开关闭锁"红灯闪光。

2．故障原因

系统切至备用电源后，静态开关多次（4min 内连续 8 次）切向逆变器供叫均未成功，静态开关闭锁在备用电源侧，不能实现从备用电源向逆变器供电的转换。

3．故障处理

（1）按下"复归"按钮，复归信号灯亮。

（2）按下"手动备用开关"，系统切向备用电源供电。

（3）检查是否为过载引起，如系过载，则应减载。

（4）如非系过载所致，应查出原因并排队故障。

8.3.4 其他异常及故障

（1）由于充电器停止运行，转达由蓄电池直流供电。

（2）三相交流输入，直流输入电源均失去，静态开关自动将系统切至旁路电源供电。

（3）逆变器输出过流，当过电流倍数为额定电流的 1.2 倍（可整定为 1、1.2、1.3、1.5 倍）时，静态开关自动将系统切至旁路备用电源供电。

（4）输入直流电压低于 210V，整流器输出电压低于 240V，旁路电源故障及冷却风机故障等均发报警信号。

小　　结

1. UPS 系统的运行方式

UPS 是交流不间断电源系统，它的作用是向负载提供不间断的、高质量的交流电，是高要求计算机不可缺少的供电装置，目前在许多行业广泛应用。

UPS 主要由整流器、蓄电池组、逆变器、静态开关、维修（手动）旁路开关组成。

UPS 系统有四种运行方式：正常运行方式、蓄电池运行方式、旁路运行方式、维修旁路运行方式。这四种运行方式能保证 UPS 向负载不间断地供电。

发电厂中的 UPS 在正常运行方式下，主电源从电厂厂用电获得交流电源，供给整流器，整流器将其整流成直流后送给逆变器，经逆变器逆变后向负载供电。

2. UPS 的运行维护

UPS 系统运行时，应监视其运行参数不超过允许值，运行中应检查 UPS 各开关位置是否正确，信号指示是否正常，装置通风是否良好，各元件应完好、无过热现象。

3. UPS 的特性

UPS 充电器故障时能自动切到 220V 直流电源运行，逆变器故障能自动切至旁路备用电源运行，故障消除恢复正常后能自动切回原正常方式运行；当逆变器输出与旁路电源输出同步时，可手动由逆变器输出切换至旁路电源输出，亦可从旁路电源返切至逆变器输出；当逆变器需检修时，可用手动旁路开关切换至旁路电源供电，并断开 UPS 配电屏至静态开关之间的开关。所以，UPS 是非常可靠的交流不停电电源装置。

练 习 题

8-1 填空题

(1) UPS装置主要由_____、_____、_____、_____、_____等部分组成。

(2) 当UPS输入交流电源中断或_____故障时，可立即_____成蓄电池组供电。

(3) 在UPS系统原理接线图中，有_____路供电电源，其中_____路_____电源来自厂用电，有_____路来自_____，由电厂的_____供电。

(4) 在发电厂的UPS系统中直流电源一般不采用_____，而是从电厂的_____取得直流电源。

(5) 逆变器输出与旁路交流电源输出同步是指_____。

8-2 判断题

(1) 在维修或修理UPS期间，UPS处于"旁路运行"状态。（ ）

(2) 充电器故障，UPS自动切至直流电源供电。（ ）

(3) 逆变器故障，UPS自动切至旁路电源供电。（ ）

(4) 逆变器输出和旁路电源输出，两者之间可以手动切换。（ ）

(5) UPS在正常运行方式时，可手动切至旁路电源运行。（ ）

8-3 问答题

(1) 说明UPS装置的工作原理。

(2) 说明UPS装置平常运行维护的内容。

(3) 说明UPS装置的四种运行方式的特点。

(4) 叙述UPS装置的投入运行的操作步骤。

(5) 叙述UPS装置的退出运行的操作步骤。

第 9 章

二次回路的运行

9.1 二次回路的运行与检查

9.1.1 二次回路的巡视检查

二次回路是指变电所的测量仪表、监察装置、信号装置、控制和同期装置、继电保护和自动装置等所组成的电路。二次回路的任务是反映一次系统的工作状态，控制一次系统并在一次系统发生事故时能使事故部分迅速退出工作。二次回路的巡视检查往往会被值班人员忽视。运行经验证明，所有二次回路在系统运行中都必须处于完好状态，应能随时对系统中发生的各种故障或异常运行状态作出正确的反应，否则造成的后果是严重的。

9.1.1.1 二次回路综合检查项目

（1）检查二次设备应无尘土，以保证其绝缘良好。应定期对二次线、端子排、控制仪表和继电器等进行清扫。清扫时要谨慎，严防误触电或引起误动。

（2）检查表针指示是否正确，有无异常。

（3）检查监视灯、指示灯是否正确，光字牌是否良好，保护压板是否在要求的投、切位置。

（4）检查信号继电器是否掉牌。

（5）检查警铃、蜂鸣器是否良好。

（6）检查继电器的触点、线圈外观是否正常，继电器运行是否有异常现象。

（7）检查保护的操作部件，如熔断器、电源小刀闸、保护方式切换开关、连接片、电流和电压回路的试验部件是否处在正确位置并接触良好。

（8）检查各类保护的工作电源是否正常可靠。

9.1.1.2 继电保护和自动装置投停操作的有关规定

正常情况下，继电保护和自动装置投入运行或退出运行的操作，应遵照值班调度员或值长的命令执行。在投入前必须对其回路进行周密检查。检查的内容包括：

（1）该回路无人工作，工作票已经结束、收回。

（2）继电器外壳盖好，全部铅封。

（3）保护定值符合规定数值。

（4）二次回路拆开的线头已恢复等。

值班人员若需投入继电保护和自动装置时，应先投入交流电源（如电压或电流回路等），后送上直流电源。此后应检查继电器接触位置是否正常，信号灯表计指示是否正确，然后加入信号连接片；若需将保护投入跳闸位置或将自动装置投入运行位置时，须用高内阻直流电压表或万能表测定连接片两端无电压后，方能投入连接片。继电保护和自动装置退出时的操作顺序与此相反。

9.1.1.3 带电清扫二次线时的注意事项

值班员带电清扫二次线时，使用的清扫工具应干燥，金属部分应包好绝缘，工作时应将手表摘下（特别是金属表带的手表），清扫工人应穿长袖工作服，带线手套，工作时必须小心谨慎，不应用力抽打，以免损坏设备元件或弄断线头及防止继电器振动而误动。不允许用压缩空气吹尘的方法，以免灰尘吹进仪器仪表或其他设备内部，或将灰尘吹落到已清洁的设备上。

9.1.2 二次回路异常运行及分析

9.1.2.1 继电保护装置异常

1. 保护拒动

设备发生故障后，由于继电保护的原因使断路器不能动作跳闸，称为继电保护拒动。拒动的可能原因有：

（1）继电器故障。

（2）保护回路不通，如电流回路开路，保护连接片、断路器辅助触点、继电器触点等接触不良及回路断线。

（3）电流互感器变化选择不当，故障时电流互感器严重饱和，不能正确反映故障电流的变化。

（4）保护整定值计算及调试中发生错误，造成故障时保护不能起动。

（5）直流系统多点接地，将出口中间继电器或跳闸线圈短路。

2. 保护误动

（1）直流系统多点接地，使出口中间继电器或跳闸线圈励磁动作。

（2）运行中保护定值变化，使保护失去选择。

（3）保护接线错误，或极性接反。

（4）保护整定值计算或调试不正确，如整定值过小，用户负荷增大过多；双回路供电线路其中一回停电，另一条线路运行保护未按规定改大定值等造成误跳闸。

（5）保护回路工作的安全措施不当，如：未断开应拆开的接线端子和联跳连接片，误碰、误触及误接线等，使断路器误跳闸。

（6）电压互感器二次断线，如电压互感器的熔断器熔断，有些断线闭锁不可靠的保护可能误动，此情况下，一般会有"电压回路断线"信号、电压表指示不正确。

9.1.2.2　自动装置异常

重合闸拒动，其原因主要有：

（1）重合闸失掉电源。

（2）断路器合闸回路接触不良。

（3）重合闸装置内部时间继电器或中间继电器线圈断线或接触不良。

（4）重合闸装置内部电容器或充电回路故障。

（5）重合闸连接片接触不良。

（6）防跳跃中间继电器的常闭触点接触不良。

（7）合闸熔断器熔断或合闸接触器损坏。

9.1.2.3　继电保护回路常见的异常

继电保护回路常见的异常有：

（1）继电器故障，线圈冒烟，回路断线。

（2）继电器触点粘连分不开或接触不良。

（3）保护连接片未投、误投、误切。

（4）继电器触点振动较大或位置不正确。

继电保护回路出现上述异常时应立即停用有关保护及自动装置，并尽快报告调度员及保护专责人员，以便进行处理。

9.1.2.4　中央信号装置异常

中央信号装置是监视变电所电气设备运行中是否发生了事故和异常的自动报警装置。当电气设备或系统发生事故或异常时，相应的信号装置将会发出各种灯光及音响信号，以使运行值班人员能迅速准确地判断处理。

中央信号装置按用途可分为事故信号、预告信号和位置信号三类。事故信号包括音响信号和发光信号，例如当断路器跳闸后，蜂鸣器发生音响，通知值班人员有事故发生，同时跳闸的断路器位置指示灯闪光，光字牌亮，显示出故障的范围和性质。预告信号包括警铃和光字牌，例如当电气设备发生危及安全运行的情况时，警铃发生音响，同时光字牌显示电气设备异常的种类。位置信号是监视断路器的开合状态及操作把手的位置是否对应。

中央信号运行中的异常主要有以下两种：

1. 事故音响信号不响

断路器自动跳闸后，蜂鸣器不能发出音响，其原因有：

（1）蜂鸣器损坏。

（2）冲击继电器发生故障。

（3）跳闸断路器的事故音响回路发生故障，如信号电源的负极熔断器熔断，断路器辅助触点、控制开关触点接触不良。

（4）直流母线电压太低。

2. 预告信号不动作

电气设备发生异常时，相应的预告信号不动作，其原因有：

（1）警铃故障。

（2）冲击继电器故障。

（3）预告信号回路不通等。

9.1.3 二次回路故障处理

9.1.3.1 控制、信号回路常见的异常

（1）控制、信号回路熔断器熔断。信号回路熔断器熔断后，信号灯熄灭；控制回路熔断器熔断后，有预告信号和光字牌"控制熔断器熔断"出现。此时，值班人员应尽快更换熔断器。更换时，注意应当使用同样电流的备用件熔断器。

（2）端子排连接松动。二次回路中任何端子排都应安装牢固，接触良好。若发现二次回路端子排连接松动，以及有发热现象，应立即紧固。注意紧固时，不要误碰其他端子排，更不要造成端子间的短路。

（3）小母线引线松脱。小母线引线松脱是巡视检查中不易发现的缺陷。变电所中小母线很多，因此，应根据仪表、信号灯、光字牌等出现的现象来分析、判断小母线引线接触不良的情况。

（4）指示仪表卡涩、失灵。指示仪表是运行人员的眼睛，如果指示错误，将会造成值班人员的错误判断。仪表无指示的原因可能有：①回路断线，接头松动；②熔断器熔断；③表针卡死；④表针损坏。

发现以上现象应尽快处理。

9.1.3.2 二次回路故障

（1）正常运行中，发现母差保护有任何异常情况时，应立即进行检查，并汇报当

值调度员，当发出"交流电流回路断线"信号时，应停用母差保护。

(2) 距离保护运行中，不得使其失去交流电压。当"交流电压消失"信号发出时，应立即进行检查处理。如不能复归，则应将距离保护停用。

(3) 低频减负荷装置动作开关跳闸后，应做好记录，汇报调度员，变电所值班员不得试送。若系统频率下降到规定值，低频减负荷装置未正确动作，值班员应立即汇报调度，然后拉开相应断路器。

(4) 录波器动作以后，运行人员应作好记录，并通知专业人员取出冲洗。

(5) 录波器电压二次回路断线或失压后，应在故障排除后按"复归"按钮。禁止在排除故障前，按"复归"按钮，以免引起录波器重复动作。

(6) 录波器发生"灯丝回路断线或直流电源消失"信号时，当值人员应立即进行检查处理若光源电压表有指示，说明是灯丝断线。此时不得按"光源"按钮，以免烧坏电压表，而应汇报调度员将装置停用。若仅有信号而无指示，说明是直流电源消失。

(7) 继电保护和自动装置运行中，发现有下列故障情况之一时，值班人员应立即退出有关装置，然后报告值长或调度，并通知继电保护负责人进行处理：①继电器线圈冒烟；②接点振动较大或位置不正确，潜伏误动作的危险；③电压回路断线或失去交流电电压时，退出可能误动的保护；④保护和自动装置出现异常可能误动作或已发生误动时。

9.1.4 二次回路查找故障的一般步骤和方法

在二次回路中查找的故障工作时，必须遵守电业安全工作规程和现场规程中有关规定，同时应注意以下问题：

(1) 必须按符合实际的图纸进行工作。

(2) 在电压互感器二次回路上查找故障时，必须考虑对继电保护及装置的影响，防止因失去交流电压而使保护误动作。

(3) 拔直流电源熔断器时，应同时拔掉正负极熔断器，以利于分析查找。

(4) 带电用表计测量方法查找回路故障时，必须使用高内阻电压表（如万用表），防止误动跳闸，禁止使用灯泡查找故障。

(5) 防止电流互感器二次开路和电压互感器二次短路及接地。

(6) 使用工具应合格且绝缘良好，尽量使必须外露的金属部分减少（可包绝缘），防止发生接地或短路及人身触电。

(7) 拆动二次接线端子，应先核对图纸及端子标号，作好记录和明显标记，及时恢复所拆接线并核对无误，检查接触是否良好。

（8）不许触动继电器的机械部分。

二次回路故障查找，重在分析判断，有正确的分析判断，才能正确处理少走弯路。先根据接线的情况、故障象征、设备状态及信号等情况分析判断可能出现故障的范围后，再用正确方法、步骤检查，以缩小范围。检查、测量中根据其结果和现象进行再分析判断，并加以恰当的方法检查测量和其他手段证实判断，从而能准确无误地查出故障点。

确定检查顺序时，先查发生故障可能性大的、较容易出问题的部分。如回路不通时，先查电源熔断器是否熔断或接触不良，可动部分、经常动作的元件及薄弱点等。

经上述检查未查出问题，应用缩小范围法检查，缩小范围后再继续检查直至查明故障点。因此，二次回路查故障的一般步骤如下：

（1）根据故障现象分析原因。

（2）保持原状进行外部检查和观察。

（3）检查出故障可能性大的、易出问题、常出问题的部分和元件。

（4）用"缩小范围法"缩小范围。

（5）查明具体故障点并消除故障。

9.2　微机保护的运行

9.2.1　微机保护的运行管理

微机型继电保护是继电保护技术发展的重要方向，今后微机保护逐步替代常规型继电保护已是不可逆转的趋势。因此必须加强微机保护的运行和技术管理，确保真正实现电力系统的安全稳定运行。

9.2.1.1　微机保护的运行巡视

微机保护巡视周期可定为 24h 一次，巡视检查的内容有：

（1）检查运行中的微机保护装置的运行灯是否亮。

（2）检查运行中的微机保护装置的自检信息和报告信息，如有不正常请继保人员处理。

（3）检查运行中的微机保护装置的时钟是否准确，如有误差应及时调准。

（4）检查运行中的线路微机保护装置与收发信机配合的高频通道是否正常，如有告警应及时通知继保人员进行处理。

（5）检查保护 CPU 与管理单元通信是否正常，即检查巡视中断灯和告警灯是否已亮。

（6）检查微机保护装置电源指示灯及工作电源是否正常工作。

（7）检查微机保护装置的连接片，切换把手是否在正确位置。

9.2.1.2　微机保护运行的主要技术规定

微机保护装置在运行中往往因保护装置使用不当等人为因素造成电力系统的不安全，在电力行业标准中制定了 DL/T587—1996《微机继电保护装置运行管理规程》，对微机保护运行做出若干条规定。在本小节中列出其中有关值班人员运行的技术规定如下（不含其他运行管理规定），供运行值班及管理人员参考。

（1）现场运行人员应定期对微机保护装置进行采样检查和时钟校对，检查周期不得超过一个月。

（2）微机继电保护动作后（指跳闸或重合闸），现场运行人员应做好记录和复归信号，并将动作情况和测距结果立即向主管调度汇报，然后复制总报告和分报告。

（3）微机保护装置出现异常时，当值运行人员应根据该装置的现场运行规程进行处理并立即向主管调度汇报，继电保护人员应立即到现场进行处理。

（4）微机保护装置插件出现异常时，继电保护人员应采用备用插件更换插件，在更换备用插件后应对整套保护装置进行必要的检验。严禁现场修理保护插件后再投入运行，异常插件必须送维修中心或制造厂家检验。

（5）在下列情况应停用整套微机继电保护装置：

1）在微机继电保护装置使用的交流电压、交流电流、开关量输入、开关量输出回路作业。

2）在装置内部作业。

3）继电保护人员输入定值（指现场更改定值）。

（6）带高频保护的微机线路保护如需停用直流电源，应在两侧高频保护装置停用后才允许停直流电源。

（7）运行中的微机继电保护装置直流电源恢复后，时钟不能保证准确时，应校对时钟。

9.2.2　微机保护的使用注意事项

（1）微机保护在打印报告时，如需中途停止应按"Q"键退回上一菜单，而不应按"RST"复位键，只有在不得已时才按"RST"键。特别在"不对应"或调试状态下，在 MONI－TOR 人机接口板上按"RST"键，容易引起各 CPU 告警。

（2）微机保护在调试结束后应封上插件的卡条，严禁带电插拔插件。

（3）保护投退可通过断开出口硬连接片及通过整定将相应开关型定值（软开关）整定为 OFF 两种方法来实现。对有人值班变电所，应尽量使所有保护出口都有硬连接片，保护投退操作必须操作硬连接片。对无人值班变电所，可使用软开关方式在远方投退保护，但软开关投退保护的前后都必须远方先查看保护软开关实际状态。无人值班变电所在保护现场检修、整定工作前也应按规程规定退出硬连接片，待工作结束后再投入硬连接片。

小　　结

本章首先介绍了二次回路的概念，即它是由测量仪表、监察装置、信号装置、控制和同期装置、继电保护和自动装置等所组成的电路。并阐述了其作用以及在运行中对其巡视检查的重要性。其次介绍了二次回路在运行中的综合检查项目以及常见的异常运行情况，如继电保护装置异常、自动装置异常、继电保护回路常见的异常、中央信号装置异常等，并分析其造成异常的原因和查找故障的方法。

微机保护装置因其优异的性能正在全面取代传统的模拟式保护装置，它是继电保护技术发展的重要方向，因此本章最后对微机保护的运行单独作了阐述，如微机保护的运行巡视检查内容、运行中的主要技术规定以及使用时必须注意的一些事项。

练 习 题

9-1　是非题

(1) 在断路器控制回路中，红灯监视合闸回路，绿灯监视跳闸回路。(　　)

(2) 二次回路的每一支路的绝缘电阻不应小于 0.5MΩ。(　　)

(3) 二次回路的任务是反映一次系统的工作状态，控制和调整二次设备，并在一次系统发生事故时，使事故部分退出工作。(　　)

(4) 测量二次回路的绝缘电阻时，被测系统内的其他工作可不暂停。(　　)

(5) 双灯光字牌内两只灯泡，在发预告信号亮光字牌时是并联工作的，在检查光字牌时是串联工作的。(　　)

9-2　填空题

(1) 测量二次回路的绝缘电阻值宜用＿＿＿＿伏摇表。二次回路绝缘电阻的标准是：运行中的设备不低于＿＿＿＿；新投入的设备，在室内不低于＿＿＿＿；在室外不低于＿＿＿＿。

(2) 微机保护装置运行环境温度范围为＿＿＿＿。

(3) 二次回路的绝缘导线和控制电缆的工作电压不应低于＿＿＿＿ V。

(4) 二次回路接线时，每个接线端子的每侧接线不得超过＿＿＿＿根。

(5) 配电盘、柜内的二次回路配线应采用截面积不小于_____mm² 铜芯导线。

9-3 问答题

(1) 继电保护和自动装置投、停操作的有关规定是什么?

(2) 继电保护和自动装置常见的异常有哪些?

(3) 继电保护和自动装置误动的原因及处理方法有哪些?

(4) 试述二次回路查找故障的一般步骤和方法。

(5) 微机保护的运行巡视检查的内容有哪些?

(6) 微机保护的使用注意事项有哪些?

参 考 文 献

1 艾新法主编. 变电设备异常运行及事故处理. 北京：北京科学技术出版社，1993
2 万千云等编. 电力系统运行实用技术问答. 北京：中国电力出版社，2003
3 钱振华编. 电气设备倒闸操作技术问答. 北京：北京科学技术出版社，1998
4 岳保良主编. 电气运行. 北京：中国水利水电出版社，1998
5 蒋胜安，云连方合编. 变电站电气运行. 北京：中国电力出版社，1999
6 潘龙德主编. 电气运行. 北京：中国电力出版社，1999